Peter Dörsam

Oberstufenmathematik leicht gemacht

Band 2:
Lineare Algebra/Analytische Geometrie

mit zahlreichen Abbildungen und Beispielaufgaben

5. überarbeitete Auflage

PD-Verlag Heidenau

Bibliografische Information der Deutschen Nationalbibliothek

Die Deutsche Nationalbibliothek verzeichnet diese Publikation in der Deutschen Nationalbibliografie; detaillierte bibliografische Daten sind im Internet über http://dnb.d-nb.de abrufbar.

1. Auflage November 1998 (ISBN 3-930737-61-2)
2. überarbeitete Auflage Juli 2001 (ISBN 3-930737-62-0)
3. überarbeitete und erweiterte Auflage März 2004 (ISBN 3-930737-63-9)
4. überarbeitete und erweiterte Auflage April 2007 (ISBN 978-3-86707-264-9)
5. überarbeitete Auflage Juli 2010, 22. - 28. Tausend

Tel. 04182/401037, FAX: 04182/401038
http://www.pd-verlag.de, E-Mail: mail@pd-verlag.de
Druck: CPI books, Leck

ISBN 978-3-86707-265-6

Vorwort

In diesem Buch werden die Grundideen der mathematischen Zusammenhänge dargestellt, denn es ist meine feste Überzeugung, dass sich viele Dinge in der Mathematik durchaus „begreifen lassen“. Diese Grundideen werden in der Regel anhand von Aufgaben erläutert. Erst nachdem auf diese Weise ein gewisses Verständnis vermittelt wurde, wird auf die allgemeineren Zusammenhänge eingegangen. Längere Beweisführungen gibt es in diesem Buch nur dort, wo sie für das Verständnis der Zusammenhänge nützlich sind.

Mit diesem zweiten Band wird in der Reihe „Oberstufenmathematik leicht gemacht“ nun der größte Teil des Lehrstoffes der Oberstufe dargestellt. Bei der 2. Auflage wurden lediglich einige Fehler beseitigt. Die 3. Auflage wurde hingegen einer gründlichen Überarbeitung unterzogen. Außer zahlreichen kleineren Überarbeitungen wurden auch einige Ergänzungen eingefügt. Zusätzlich wurden viele Grafiken verbessert. Bei der 4. Auflage wurden außer einigen kleineren Korrekturen insbesondere in den Bereichen Normalenform, Determinanten und im Anhang Erweiterungen vorgenommen. In der aktuellen 5. Auflage wurden lediglich einige kleine Überarbeitungen vorgenommen.

Einige Problemstellungen in der Linearen Algebra/Analytischen Geometrie lassen sich besonders einfach unter Zuhilfenahme von Determinanten lösen. Erfahrungsgemäß werden Determinanten aber nicht in jedem Kurs behandelt. In diesem Buch wurden für die verschiedenen Bereiche zunächst die Lösungsverfahren ohne Determinanten dargestellt. In einem gesonderten Kapitel am Ende des Buches werden dann Determinanten und ihre Anwendung behandelt.

Die Darstellungen und Bezeichnungen in der Mathematik sind nicht immer einheitlich. In diesem Buch wurde versucht, jeweils die gängigen Bezeichnungen zu wählen, auf alternative Varianten wird in der Regel verwiesen. Natürlich sollte sich jeder an die im Unterricht festgelegten Konventionen halten, denn diese sind in Klausuren anzuwenden.

Ich hoffe, dass dieses Buch sowohl für das Verständnis der Mathematik als auch für die Mathematikprüfungen eine echte Hilfestellung bietet. Für Verbesserungsvorschläge oder Hinweise auf Fehler bin ich stets dankbar.

Vielen Dank an dieser Stelle an Renate Dörsam für die Durchsicht des Manuskriptes.

Vielen Dank auch an alle, die mir Hinweise auf Fehler bzw. Verbesserungsvrschläge gaben. Insbesondere möchte ich Aaron August, Martin Baur, Fabian Beckmann, Ann-Christin Dähnke, Hendrick Neef, Uta Moog, Gesche Raabe und Werner Richter danken. Ein besonderer Dank gilt Udo Wenzel, der die 2. Auflage sehr genau durchgearbeitet hat und mir eine umfangreiche Liste mit Verbesserungsvorschlägen zukommen ließ.

Peter Dörsam

Inhaltsverzeichnis

1 Lineare Gleichungssysteme

Die lineare Algebra beschäftigt sich hauptsächlich mit dem Lösen von linearen Gleichungen. Algebra ist die Lehre der Gleichungen. Linear bedeutet, dass die Variablen in den Gleichungen nur in einfacher Potenz (x^1,y^1........; und nicht x^2, y^4, $x*y$ usw.) vorkommen. Grafisch bedeutet linear, dass die betrachteten Gebilde Geraden oder Ebenen sind.

Im Rahmen der später behandelten analytischen Geometrie sind immer wieder lineare Gleichungssysteme zu lösen. Die nachfolgend behandelten Zusammenhänge sind also nicht nur für spezielle Aufgaben zu linearen Gleichungssystemen von großer Bedeutung.

Obwohl sicherlich jeder lineare Gleichungen und lineare Gleichungssysteme in der Mittelstufe schon einmal im Mathematikunterricht gehabt hat, wird nachfolgend zunächst auf die entsprechenden Grundlagen eingegangen. Wer diese Grundlagen ausreichend beherscht, kann direkt bei Kapitel 1.2 weiterlesen.

Für den Gauß-Algorithmus wird dann zunächst ein einfaches Einführungsbeispiel gegeben. Anschließend werden verschiedene Varianten der Durchführung des Algorithmus beschrieben. Das grundlegende Verfahren wird dann schematisch dargestellt.

Im nächsten Abschnitt werden lineare Gleichungssysteme mit mehreren Lösungen und unlösbare lineare Gleichungssysteme behandelt.

Schließlich wird in Abschnitt 1.8 beschrieben, wie man mit Hilfe von Matrizen die Schreibarbeit vereinfachen kann. Die Darstellung mit Matrizen ist weitaus eleganter als das jeweilige Ausschreiben der ganzen Gleichungen. Sie bietet darüberhinaus auch viele weitere Anwendungs- und Vereinfachungsmöglichkeiten. Trotz der Vorteile der Matrizendarstellung wird diese erst am Ende des Abschnittes zum Gauß-Algorithmus behandelt. Auf diese Weise können diejenigen, die die Matrizendarstellung im Unterricht nicht behandeln, diesen Abschnitt auch auslassen. Weiterhin können eindeutig lösbare lineare Gleichungssysteme auch über die Berechnung von Determinanten gelöst werden. Die entsprechenden Zusammenhänge (Cramersche Regel) sind in Abschnitt 9 behandelt, denn auch Determinanten werden längst nicht in allen Kursen der Oberstufe behandelt.

1.1 Grundlagen aus der Mittelstufe

1.1.1 Einzelne lineare Gleichungen

Wenn eine lineare Gleichung nach einer Variablen aufgelöst werden soll, so sollten zunächst alle Terme mit dieser Variablen auf die eine Seite und alle anderen Terme auf die andere Seite der Gleichung gebracht werden. Als Beispiel sei folgende Gleichung betrachtet:

$$3x + 5x - 14 = x + 7 \mid -x$$

Der senkrechte Strich hinter der Gleichung steht für "das mache ich mit der Gleichung", dahinter ist also angeführt, welche Operation als nächstes durchgeführt wird. Wichtig ist, dass die entsprechende Operation immer auf beiden Seiten der Gleichung angewendet werden muss. Zunächst wird also auf beiden Seiten der Gleichung x abgezogen, dadurch wird erreicht, dass nur noch auf der linken Seite Terme mit x vorkommen. Es ergibt sich:

$$\Leftrightarrow 7x - 14 = 7 \mid +14$$

Das Zeichen „⇔" heißt äquivalent, es besagt, dass die Gleichung dieselbe Lösungsmenge wie die vorherige Gleichung hat. Nun wird die links verbliebene Zahl (-14) auf die andere Seite gebracht:

$$\Leftrightarrow 7x = 21$$

Nachdem die Variablen sortiert sind, kann durch den Faktor vor der Variablen geteilt werden:

$$\Leftrightarrow 7x = 21 \mid \div 7$$

$$\Leftrightarrow x = 3$$

1.1.2 Lineare Gleichungssysteme mit zwei Variablen

Bei linearen Gleichungssystemen sind mehrere lineare Gleichungen gegeben, die gleichzeitig erfüllt sein sollen. Zunächst wird ein einfaches Beispiel mit 2 Gleichungen angeführt:

$$\begin{aligned} 2x + y &= 9 \\ x - 3y &= 1 \end{aligned}$$

Aus den einzelnen Gleichungen kann man noch keine Werte für x und y bestimmen. Man muss mit geeigneten Verfahren eine Gleichung produzieren, in der nur noch eine der Variablen vorkommt.

Entweder kann eine Gleichung nach einer Variablen aufgelöst und das Ergebnis dann in die andere Gleichung eingesetzt werden (**Einsetzungsverfahren**), oder man kann beide Gleichungen nach einer Variablen auflösen und die Gleichungen dann gleichsetzen (**Gleichsetzungsverfahren**). Letztendlich ist das Gleichsetzungsverfahren allerdings nur ein Spezialfall des Einsetzungsverfahrens.

Weiterhin wurde in der Mittelstufe das **Additionsverfahren**[1] zum Lösen von Gleichungen verwendet. Hierbei addiert oder subtrahiert man zu der einen Gleichung ein Vielfaches der anderen Gleichung, so dass eine der Variablen aus der neu entstehenden Gleichung herausfällt. Das im nächsten Abschnitt behandelte Verfahren zum Lösen von linearen Gleichungssystemen basiert auf dem Additionsverfahren. Deshalb soll das betrachtete Beispiel hier mit dem Additionsverfahren gelöst werden.

Zunächst muss bei dem Additionsverfahren dafür gesorgt werden, dass eine Variable in den Gleichungen gleichoft vorkommt, durch die Addition oder Subtraktion der Gleichungen wird diese Variable dann eliminiert. Nachfolgend wird, um dieses zu erreichen, die zweite Gleichung mit 2 multipliziert:

$$\begin{aligned} 2x + y &= 9 \\ x - 3y &= 1 \quad | * 2 \end{aligned}$$

1: Es gibt im Grunde nur zwei Grundrechenarten, "plus" und "mal". "Minus" ist die inverse Operation zu "plus" und "geteilt" ist die inverse Operation zu "mal". Das Additionsverfahren beruht sowohl auf der reinen Addition (plus) als auch auf der inversen Addition (minus).

Somit ergeben sich die folgenden beiden Gleichungen;

$$2x + y = 9$$
$$2x - 6y = 2$$

Nun wird die zweite von der ersten Gleichung abgezogen, dabei ergibt sich:

$$\begin{array}{r} 2x + y = 9 \\ -(2x - 6y = 2) \\ \hline 0 + 7y = 7 \end{array}$$

Aus der so entstandenen Gleichung kann nun y berechnet werden:

$$7y = 7 \mid \div 7$$
$$\Leftrightarrow y = 1$$

Das Ergebnis für y kann nun in eine der beiden ursprünglichen Gleichungen eingesetzt werden, um auf diese Weise x zu berechnen. Hier wird in die erste Gleichung eingesetzt:

$$2x + y = 9$$
$$\Rightarrow 2x + 1 = 9 \mid -1$$

Diese Gleichung wird nun nach x aufgelöst:

$$\Leftrightarrow 2x = 8 \mid \div 2$$
$$\Leftrightarrow x = 4$$

Die Lösung des Gleichungssystems lautet also $x = 4$ und $y = 1$.

Man kann nun die gefundene Lösung noch überprüfen, hierzu setzt man die Werte in die Ausgangsgleichungen ein und überprüft, ob diese erfüllt sind. Hierbei ergibt sich:

$$2*4 + 1 = 9$$
$$4 - 3*1 = 1$$

Beide Gleichungen sind erfüllt.

1.1.3 Lineare Gleichungssysteme mit drei Variablen

In diesem Fall müssen zunächst zwei Gleichungen erzeugt werden, in denen nur noch zwei bestimmte Variable vorkommen. Diese beiden Gleichungen können dann so, wie zuvor für Gleichungssysteme mit zwei Variablen beschrieben, gelöst werden. Allerdings dürfen in den beiden Gleichungen nur noch zwei verschiedene Variable enthalten sein. Wenn in den beiden Gleichungen noch alle drei Variablen vorhanden sind, verzettelt man sich und kommt nicht weiter. Viele werden sich sicherlich noch an derartige Probleme beim Lösen von linearen Gleichungssystemen mit drei Variablen erinnern. Um derartige Probleme zu vermeiden, macht es Sinn, nach einem festen Schema vorzugehen. Ein solches Schema zur Anwendung des Additionsverfahrens ist der Gauß-Algorithmus. Dieser Algorithmus wird im nächsten Abschnitt behandelt. Da der Gauß-Algorithmus für Gleichungssysteme mit mehr als zwei Variablen in aller Regel das bessere Verfahren ist, wird auf die weniger systematischen Verfahren aus der Mittelstufe hier nicht weiter eingegangen.

1.2 Einführungsbeispiel zum Gauß-Algorithmus

Am Anfang war auf die Schwierigkeiten, die sich beim Lösen von Gleichungssystemen mit drei Variablen oft ergeben, hingewiesen worden. Die Gefahr, sich zu verzetteln, ist natürlich noch weit größer, wenn man 4, 5 oder noch mehr Gleichungen hat. Auch aus dieser Sicht macht es Sinn, ein Schema zu verwenden, dass die einzelnen Schritte zum Lösen eines Gleichungssystems genau vorgibt. Dies tut der Gauß-Algorithmus. Er gibt einem gewissermaßen die einzelnen Schritte bei der Anwendung des Additionsverfahrens vor. Nachfolgend wird dies zunächst an einem Beispiel demonstriert (die einzelnen Schritte werden hierbei sehr ausführlich beschrieben, damit das Verfahren verständlich wird; wenn man selbst Aufgaben löst, brauchen die Lösungen natürlich nicht so ausführlich dargestellt werden).

Es seien die drei folgenden Gleichungen gegeben:

$$\begin{aligned} 2x - 2y \quad &= 0 \\ 2x + 2y - 2 &= -4z \\ -y - x - z &= -1 \end{aligned}$$

Zunächst formt man die Gleichungen so um, dass alle Variablen auf der linken Seite und alle einzelnen Zahlen oder Konstanten auf der rechten Seite stehen. In dem Beispiel sind die erste und die dritte Gleichung bereits in der geforderten Form gegeben. Nur die zweite Gleichung muss umgeformt werden, für diese ergibt sich:

$$\begin{aligned} &2x + 2y - 2 = -4z \quad |+4z \\ &2x + 2y + 4z - 2 = 0 \quad |+2 \\ &2x + 2y + 4z = 2 \end{aligned}$$

Außerdem müssen die Variablen auf der linken Seite sortiert werden, so dass zuerst die Terme mit x, dann die mit y und dann die mit z auftreten. In dem Beispiel müssen bei der zweiten Gleichung noch y und x vertauscht werden.

Es ergibt sich nun insgesamt:

$$\begin{aligned} 2x - 2y &= 0 \\ 2x + 2y + 4z &= 2 \\ -x - y - z &= -1 \end{aligned}$$

Die Gleichungen wurden so geschrieben, dass alle Terme mit x (bzw. y oder z) genau untereinander stehen. Wenn ein Gleichungssystem in der beschriebenen Form sortiert ist, so sagt man auch, dass es in **Normalform** gegeben ist. Die Faktoren vor den Variablen nennt man die **Koeffizienten** des Gleichungssystems. Die Koeffizienten der zweiten Gleichung lauten z. B. 2, 2 und 4, die der erste Gleichung 2, -2 und 0.

Nun sollen mit dem Additionsverfahren zunächst in der zweiten und dritten Gleichung die Terme mit x eliminiert werden. Indem man die dritte Gleichung mit 2 multipliziert, erreicht man, dass in allen Gleichungen vor dem x der gleiche Koeffizient steht. Nachfolgend können die Terme mit x in den unteren Gleichungen einfach durch Addition oder Subtraktion eliminiert werden:

$$\begin{aligned} 2x - 2y &= 0 \\ 2x + 2y + 4z &= 2 \\ -x - y - z &= -1 \quad | *2 \end{aligned}$$

Es ergibt sich:

$$\begin{aligned} 2x - 2y &= 0 \\ 2x + 2y + 4z &= 2 \quad | -I \\ -2x - 2y - 2z &= -2 \quad | +I \end{aligned}$$

Nun wird die erste Gleichung von der zweiten Gleichung subtrahiert und zu der dritten Gleichung addiert. Um diese Schritte zu verdeutlichen wurde hinter der zweiten Gleichung -I geschrieben. Das "I" steht hierbei für die römische 1. Für die nachfolgenden Betrachtungen werden die Gleichungen generell mit römischen Zahlen durchnummeriert. Das -I hinter der zweiten Gleichung bedeutet also, dass von dieser die erste Gleichung abgezogen wird. Entsprechend steht das "+I" hinter der dritten Gleichung dafür, dass die erste Gleichung zu der dritten Gleichung addiert wird. Nach der Umformung ergeben sich für die zweite und dritte Gleichung (in sehr ausführlicher Darstellung):

$$\begin{array}{lrrrrl} \text{II:} & 2x - 2x & + 2y - (-2y) & + 4z - 0 & = & 2 - 0 \\ \text{III:} & -2x + 2x & - 2y + (-2y) & -2z + 0 & = & -2 - 0 \end{array}$$

Wenn man die einzelnen Terme ausrechnet, folgt also für die drei Gleichungen:

$$\begin{array}{rrrcrl} 2x & - 2y & & = & 0 & \\ & 4y & + 4z & = & 2 & \\ & - 4y & - 2z & = & -2 & \mid +\text{II} \end{array}$$

In den unteren beiden Gleichungen taucht jetzt kein x mehr auf. Mittels der zweiten Gleichung wird nun aus der dritten Gleichung das y entfernt. Da der Koeffizient vor dem y in beiden Gleichungen eine 4 ist, kann direkt die zweite Gleichung zu der dritten Gleichung addiert werden. Dies wurde hinter der dritten Gleichung durch den Ausdruck "+II" verdeutlicht. Nach dem Schritt ergibt sich:

$$\begin{array}{rrrcr} 2x & - 2y & & = & 0 \\ & 4y & + 4z & = & 2 \\ & & 2z & = & 0 \end{array}$$

Man nennt diese Form auch **Stufenform**, **Staffelform** oder **Dreiecksform**. Es können zur Veranschaulichung Treppenstufen unterhalb der verbliebenen Variablen einzeichnet werden:

$$\begin{array}{rrrcr} 2x & - 2y & & = & 0 \\ & 4y & + 4z & = & 2 \\ & & 2z & = & 0 \end{array}$$

Wichtig ist, dass es immer nur eine Stufe auf einmal runtergehen darf. Wenn es an einer Stelle noch um mehr als eine Stufe nach unten geht, ist man noch nicht fertig mit dem Gauß-Algorithmus, das Gleichungssystem ist dann noch nicht in Stufenform, und man muss weitere Terme eliminieren.

Aus der letzten Gleichung kann nun direkt eine Lösung für z berechnet werden:

$$\begin{aligned} & 2z = 0 \quad | \div 2 \\ \Leftrightarrow \quad & z = 0 \end{aligned}$$

Das Ergebnis für z kann nun in die vorletzte Gleichung eingesetzt werden:

$$\begin{aligned} & 4y + 4*0 = 2 \\ \Leftrightarrow \quad & 4y = 2 \quad | \div 4 \\ \Leftrightarrow \quad & y = 0{,}5 \end{aligned}$$

Schließlich werden in der ersten Gleichung die Werte für y und z ersetzt: (Da in diesem Fall in der ersten Gleichung kein z auftaucht, braucht man natürlich nichts für z zu ersetzen.):

$$\begin{aligned} & 2x - 2*0{,}5 = 0 \\ \Leftrightarrow \quad & 2x - 1 = 0 \quad | +1 \\ \Leftrightarrow \quad & 2x = 1 \quad | \div 2 \\ \Leftrightarrow \quad & x = 0{,}5 \end{aligned}$$

Die Lösung des Gleichungssystems lautet also x = 0,5; y = 0,5 und z = 0.

Man hätte statt des schrittweisen Einsetzens auch noch weiter mit den drei Gleichungen arbeiten können. Die zuvor angeführte Methode des schrittweisen Ersetzens dürfte allerdings leichter zu begreifen und durchzuführen sein. Der Vollständigkeit halber wird die andere Methode nachfolgend aber auch angeführt. Zum Lösen von linearen Gleichungssystemen reicht es natürlich aus, wenn man **eine** der beiden Methoden beherrscht.

Die drei Gleichungen lauteten:

$$\begin{aligned} 2x - 2y \quad &= 0 \\ 4y + 4z &= 2 \quad | \div 2 \\ 2z &= 0 \end{aligned}$$

Man kann nun die zuvor durchgeführten Schritte quasi auch von "unten nach oben" durchführen. Hierzu kann man zunächst in der ersten und zweiten Gleichung alle Terme mit z eliminieren. (In diesem Fall ist in der ersten Gleichung sowieso kein Term mit z.) Zunächst könnte man die dritte Gleichung mit 2 multiplizieren. Alternativ kann man auch die zweite Gleichung durch 2 dividieren (teilen); da alle Terme in der zweiten Gleichung durch zwei teilbar sind, ist dies hier das geeignetere Verfahren, denn es treten auf diese Weise nicht so hohe Zahlen auf:

$$\begin{aligned} 2x - 2y \quad\quad &= 0 \\ 2y + 2z &= 1 \quad | -\text{III} \\ 2z &= 0 \end{aligned}$$

Nun wird die dritte Gleichung von der zweiten Gleichung abgezogen:

$$\begin{aligned} 2x - 2y \quad\quad &= 0 \quad | +\text{II} \\ 2y \quad\quad &= 1 \\ 2z &= 0 \end{aligned}$$

Die zweite Gleichung wird zu der ersten Gleichung addiert:

$$\begin{aligned} 2x \quad\quad\quad\quad &= 1 \quad | \div 2 \\ 2y \quad\quad &= 1 \quad | \div 2 \\ 2z &= 0 \quad | \div 2 \end{aligned}$$

Schließlich muss man noch dafür sorgen, dass vor den Variablen keine Koeffizienten mehr stehen, denn dann kann man die Lösung direkt ablesen. In diesem Fall müssen die Gleichungen jeweils durch 2 geteilt werden (es ist natürlich nicht immer so, dass alle Gleichungen durch denselben Koeffizienten geteilt werden müssen):

$$\begin{aligned} x \quad\quad\quad\quad &= 0{,}5 \\ y \quad\quad &= 0{,}5 \\ z &= 0 \end{aligned}$$

Somit hat sich dieselbe Lösung wie zuvor schon auf dem anderen Weg ergeben.

1.3 Grundlagen des Gauß-Algorithmus

An dem vorherigem Beispiel kann man schon viele wesentliche Aspekte des Gauß-Algorithmus, den man wegen der schrittweisen Elimination der Variablen auch **Eliminations-Verfahren** nennt, erkennen. Das Beispiel war aber bewusst einfach gehalten worden. Zur Lösung wurde weiterhin, genauso wie man es von dem Additionsverfahren her gewöhnt ist, zunächst dafür gesorgt, dass die Variablen in allen Gleichungen mit dem gleichen Koeffizienten auftauchen. An dieser Stelle wird aber oft auch etwas anders verfahren. Man kann nämlich auch einfach ein Vielfaches einer Gleichung zu einer anderen Gleichung addieren. Im nächsten Abschnitt wird dies zunächst demonstriert. Nachfolgend wird das Verfahren leicht verändert, indem zunächst in der obersten Gleichung dafür gesorgt wird, dass die jeweilige Variable als Koeffizient eine 1 hat. Schließlich wird das Vorgehen schematisch dargestellt.

1.3.1 Addition von Vielfachen

Anhand des vorherigen Beispiels wird dieses Verfahren zunächst demonstriert. Nach der Sortierung hatten sich folgende Gleichungen ergeben:

$$\begin{array}{rrrcrl} 2x & -2y & & = & 0 & \\ 2x & +2y & +4z & = & 2 & \mid -I \\ -x & -\ y & -\ z & = & -1 & \mid +0{,}5I \end{array}$$

Von der zweiten Gleichung wird die erste Gleichung abgezogen und zu der dritten Gleichung 0,5 mal die erste Gleichung addiert. Man muss in diesem Fall also zu der dritten Gleichung jeweils nur den halben Wert der ersten Gleichung addieren, auf diese Weise verschwindet der Term mit x in der dritten Gleichung, auch ohne dass man diese Gleichung zuvor mit 2 multipliziert. Auf den Faktor 0,5 kommt man, indem man den Koeffizienten, der in der dritten Gleichung vor dem x steht (1), durch den Koeffizienten in der ersten Gleichung (2) teilt. Wenn man die Rechenschritte durchführt, ergibt sich:

$$\begin{array}{rrrcrl} 2x & -2y & & = & 0 & \\ & 4y & +4z & = & 2 & \\ & -2y & -\ z & = & -1 & \mid +\ 0{,}5\ II \end{array}$$

Nun werden die y in der dritten Gleichung eliminiert, indem die Hälfte der zweiten Gleichung addiert wird.

$$\begin{array}{rrrcr} 2x & -2y & & = & 0 \\ & 4y & +4z & = & 2 \\ & & z & = & 0 \end{array}$$

Jetzt kann man, wie zuvor beschrieben, entweder den Algorithmus weiter anwenden, um auch oberhalb der Diagonalen Nullen zu produzieren, oder aus der untersten Gleichung den Wert für z entnehmen und dann jeweils durch Einsetzen in die nächsthöhere Gleichung den Wert der nächsten Variablen ermitteln. Die Lösung ist natürlich dieselbe, die zuvor für dieses Beispiel berechnet wurde.

1.3.2 Addition von Vielfachen mit vorheriger Veränderung der oberen Gleichung

Man kann die vorherige Methode noch leicht variieren, indem man zunächst dafür sorgt, dass in der Gleichung, die nachfolgend zu den anderen Gleichungen addiert bzw. von ihnen subtrahiert wird, die relevante Variable eine 1 als Koeffizient hat. In dem Beispiel erreicht man das, indem zunächst die erste Gleichung durch 2 geteilt wird:

$$\begin{array}{rrrcrl} 2x & -2y & & = & 0 & | \div 2 \\ 2x & +2y & +4z & = & 2 & \\ -x & -\ y & -\ z & = & -1 & \end{array}$$

Durch die nachfolgend angegebenen Operationen werden nun die Terme mit x in den unteren Gleichungen eliminiert:

$$\begin{array}{rrrcrl} x & -\ y & & = & 0 & \\ 2x & +2y & +4z & = & 2 & | -2\mathrm{I} \\ -x & -\ y & -\ z & = & -1 & | +\mathrm{I} \end{array}$$

$$\begin{array}{rrrcrl} x & -\ y & & = & 0 & \\ & 4y & +4z & = & 2 & | \div 4 \\ & -2y & -\ z & = & -1 & \end{array}$$

Nachfolgend wird die zweite Gleichung zunächst durch 4 geteilt, damit der Koeffizient vor dem y in dieser Gleichung verschwindet:

$$\begin{array}{rcrcrcl} x & - & y & & & = & 0 \\ & & y & + & z & = & 0{,}5 \\ & & -2y & - & z & = & -1 \quad | +2\text{II} \end{array}$$

Nun werden die y in der dritten Gleichung eliminiert:

$$\begin{array}{rcrcrcl} x & - & y & & & = & 0 \\ & & y & + & z & = & 0{,}5 \\ & & & & z & = & 0 \end{array}$$

Durch schrittweises Einsetzen folgt nun weiter:

$$\begin{array}{ll} & z = 0 \\ \Rightarrow & y + 0 = 0{,}5 \Leftrightarrow y = 0{,}5 \\ \Rightarrow & x - 0{,}5 = 0 \quad | +0{,}5 \\ \Leftrightarrow & x = 0{,}5 \end{array}$$

An dem Beispiel konnte man gut sehen, dass diese Variante des Vorgehens zwei Vorteile hat. Zum einen braucht man nicht groß zu überlegen, das Wievielfache der jeweiligen Gleichung man gerade addieren oder subtrahieren muss, denn da die Variable in der oberen Gleichung genau einmal vorkommt, ergibt sich der entsprechende Faktor jeweils als Koeffizient der unteren Gleichung. Außerdem sieht man am Ende beim Auflösen, dass die Rechnungen einfacher sind, da die Koeffizienten vor den Variablen 1 sind. Daher wird nachfolgend zumeist diese Variante benutzt. Allerdings kann es bei dieser Variante auch vorkommen, dass sich viele Brüche ergeben, um diese zu umgehen, kann es von Vorteil sein, in allen Spalten auf das kleinste gemeinsame Vielfache zu multiplieren. Diese Variante wird in Abschnitt 1.6 gesondert beschrieben.

1.3.3 Schema

Zunächst seien hier die Schritte aufgeführt, die bei der Anwendung des Gauß-Algorithmus erlaubt sind:

Es dürfen nur Äquivalenzumformungen durchgeführt werden. Diese Umformungen verändern die Lösungsmenge des Gleichungssystems nicht. Die Äquivalenzumformungen sind:

1) Vertauschen zweier Gleichungen
2) Multiplikation einer Gleichung mit einer Zahl. (Diese darf allerdings nicht 0 sein)
3) Addition oder Subtraktion eines beliebigen Vielfachen einer Gleichung zu einer andern Gleichung

Nachfolgend wird das Verfahren für den Gauß-Algorithmus schematisch dargestellt. Aufgrund der Vorteile der zuletzt dargestellten Variante wird diese als Grundlage gewählt.

Für das Schema wird davon ausgegangen, dass die Variablen mit x, y ... benannt sind. Das x ist somit die "erste Variable" in den Gleichungen. Es steht in dem Schema stellvertretend für die erste Variable des Gleichungssystems, die natürlich auch anders bezeichnet werden kann (z.B. x_1).

1. Falls nötig, werden die Gleichungen **umgeformt**, so dass auf der einen Seite die Variablen nacheinander stehen und auf der anderen Seite alle Zahlen oder Konstanten.

2. **Falls** in der ersten Gleichung kein "x" auftaucht, so wird die erste Gleichung mit einer anderen Gleichung **vertauscht**, in der "x" vorhanden ist.

3. Die erste Gleichung wird **durch den Koeffizienten vor dem x geteilt.** Das x kommt in der Gleichung dann genau einmal vor. (Hierbei wird auch durch das Vorzeichen geteilt, wenn also z.B. in der ersten Gleichung $-5x$ steht, wird diese durch -5 geteilt.)

4. **Vielfache der ersten Gleichung werden von allen anderen Gleichungen subtrahiert beziehungsweise zu ihnen addiert**, so dass die Terme mit "x" in den Gleichungen verschwinden. (Steht z.B. in der

zweiten Gleichung 4x und in der dritten Gleichung −0,3x, so wird von der zweiten Gleichung 4 mal die erste Gleichung subtrahiert und zu der dritten Gleichung 0,3 mal die erste Gleichung addiert.

5. Nun nimmt man die zweite Gleichung und betrachtet "y". In allen Gleichungen unterhalb der zweiten Gleichung werden nun **die Terme mit "y" eliminiert.** Hierzu geht man genauso vor, wie es zuvor in Schritt 2 bis 4 für die Eliminierung der Terme mit x beschrieben wurde. Wenn mehr als 3 Gleichungen vorhanden sind, wird nachfolgend die dritte Variable in allen Gleichungen unter der dritten Gleichung eliminiert usw.

6. Fertig ist man, wenn das System in **Stufenform** (Dreiecksform) ist. Unterhalb der übriggebliebenen Variablen lassen sich dann "Treppenstufen" einzeichnen, wobei es immer nur "einen Schritt" nach unten gehen darf.

Die nachfolgenden Schritte sind hier nur in einer vereinfachten Form für eindeutig lösbare Gleichungssysteme angegeben. (Nur diese wurden bisher behandelt.) Später werden die verallgemeinerten Schritte angeführt.

7. Aus der letzten Gleichung erhält man direkt eine Lösung für die letzte Variable. Diese Lösung setzt man in die vorletzte Gleichung ein und berechnet auf diese Weise eine Lösung für die vorletzte Variable usw..

Alternativ kann man den Algorithmus auch weiter anwenden und auch oberhalb der Variablen in der Diagonalen alle Variablen eliminieren. Diese Variante wird auch **Gauß-Jordan-Algorithmus** genannt.

8. Schließlich sollte man die Lösung angeben.

(Wichtig ist, dass bei dem Schema noch nicht auf die Fälle eingegangen wurde, bei denen das lineare Gleichungssystem gar keine Lösung hat bzw. bei denen es unendlich viele Lösungen gibt. Diese Fälle werden später behandelt.)

1.3.4 Übungsaufgaben

Nachfolgend sind zwei Übungsaufgaben zur Anwendung des vorherigen Schemas angeführt. Die Lösungen zu diesen Aufgaben sind zwar mit angeführt, aber man sollte zunächst versuchen, sie selbst zu lösen.

1)
$$\begin{aligned} x + 3y + z &= 1 \\ -x + y - z &= -7 \\ 6x + 6y + 3z &= 54 \end{aligned}$$

2)
$$\begin{aligned} 4z - 2w &= 1 \\ 2x + 3y - 4z + 5w &= 5 \\ x + y + z + w &= 4 \\ x + 2y - 7z + 7w &= 0 \end{aligned}$$

Lösungsvorschläge:

1)
$$\begin{aligned} x + 3y + z &= 1 \\ -x + y - z &= -7 \quad | +I \\ 6x + 6y + 3z &= 54 \quad | -6I \end{aligned}$$

$$\begin{aligned} x + 3y + z &= 1 \\ 4y &= -6 \quad | \div 4 \\ -12y - 3z &= 48 \end{aligned}$$

$$\begin{aligned} x + 3y + z &= 1 \\ y &= -1{,}5 \\ -12y - 3z &= 48 \quad | +12 * II \end{aligned}$$

$$\begin{aligned} x + 3y + z &= 1 \\ y &= -1{,}5 \\ -3z &= 30 \end{aligned}$$

Durch schrittweises Einsetzen wird die Lösung nun berechnet:

$$-3z = 30 \mid \div(-3)$$
$$\Leftrightarrow \quad z = -10$$

$$\text{II} \quad \Rightarrow \quad y = -1{,}5$$

$$\text{I} \quad \Rightarrow \quad x + 3*(-1{,}5) + (-10) = 1$$
$$\Leftrightarrow \quad x - 4{,}5 - 10 = 1$$
$$\Leftrightarrow \quad x - 14{,}5 = 1 \mid +14{,}5$$
$$\Leftrightarrow \quad x = 15{,}5$$

Die Lösung lautet also $x = 15{,}5$; $y = -1{,}5$ und $z = -10$.

2)

$$\begin{array}{rrrrrl} & & 4z & -2w & = & 1 \\ 2x & +3y & -4z & +5w & = & 5 \\ x & +y & +z & +w & = & 4 \\ x & +2y & -7z & +7w & = & 0 \end{array}$$

In der ersten Gleichung taucht kein x auf, daher muss diese zunächst mit einer anderen Gleichung vertauscht werden. Nachfolgend wird sie mit der dritten Gleichung vertauscht:

$$\begin{array}{rrrrrl} x & +y & +z & +w & = & 4 \\ 2x & +3y & -4z & +5w & = & 5 \mid -2\text{I} \\ & & 4z & -2w & = & 1 \\ x & +2y & -7z & +7w & = & 0 \mid -\text{I} \end{array}$$

$$\begin{array}{rrrrrl} x & +y & +z & +w & = & 4 \\ & y & -6z & +3w & = & -3 \\ & & 4z & -2w & = & 1 \\ & y & -8z & +6w & = & -4 \mid -\text{II} \end{array}$$

$$\begin{array}{rrrrrl} x & +y & +z & +w & = & 4 \\ & y & -6z & +3w & = & -3 \\ & & 4z & -2w & = & 1 \mid \div 4 \\ & & -2z & +3w & = & -1 \end{array}$$

$$\begin{aligned} x + y + z + w &= 4 \\ y - 6z + 3w &= -3 \\ z - 0{,}5w &= 0{,}25 \\ -2z + 3w &= -1 \quad | +2*\text{III} \end{aligned}$$

$$\begin{aligned} x + y + z + w &= 4 \\ y - 6z + 3w &= -3 \\ z - 0{,}5w &= 0{,}25 \\ 2w &= -0{,}5 \end{aligned}$$

Durch schrittweises Einsetzen wird die Lösung nun berechnet:

$$\begin{aligned} & 2w = -0{,}5 \quad | \div 2 \\ \Leftrightarrow\ & w = -0{,}25 \end{aligned}$$

$$\begin{aligned} \text{III} \quad \Rightarrow\ & z - 0{,}5*(-0{,}25) = 0{,}25 \\ \Leftrightarrow\ & z + 0{,}125 = 0{,}25 \quad | - 0{,}125 \\ \Leftrightarrow\ & z = 0{,}125 \end{aligned}$$

$$\begin{aligned} \text{II} \quad \Rightarrow\ & y - 6*0{,}125 + 3*(-0{,}25) = -3 \\ \Leftrightarrow\ & y - 0{,}75 - 0{,}75 = -3 \\ \Leftrightarrow\ & y - 1{,}5 = -3 \quad | +1{,}5 \\ \Leftrightarrow\ & y = -1{,}5 \end{aligned}$$

$$\begin{aligned} \text{I} \quad \Rightarrow\ & x + (-1{,}5) + 0.125 + (-0{,}25) = 4 \\ \Leftrightarrow\ & x - 1{,}625 = 4 \quad | +1{,}625 \\ \Leftrightarrow\ & x = 5{,}625 \end{aligned}$$

Die Lösung lautet also $x = 5{,}625$; $y = -1{,}5$; $z = 0{,}125$ und $w = -0{,}25$.

1.4 Unlösbare und unterbestimmte lineare Gleichungssysteme

1.4.1 Unlösbare lineare Gleichungssysteme

Man mag vielleicht vermuten, dass ein lineares Gleichungssystem mit mehr Gleichungen als Variablen unlösbar, ein Gleichungssystem mit genauso viel oder weniger Gleichungen als Variablen hingegen stets lösbar ist. Dieses trifft aber so pauschal nicht zu.

Nachfolgend sei ein lineares Gleichungssystem mit zwei Variablen und zwei Gleichungen betrachtet:

$$\begin{aligned} 2x + y &= 3 \\ 4x + 2y &= 12 \end{aligned}$$

Ein derartiges System kann man sich natürlich auch geometrisch veranschaulichen. Die beiden Gleichungen beschreiben jeweils eine Gerade, so dass die beiden Gleichungen zusammen nur im Schnittpunkt der beiden Geraden erfüllt sind. Wenn man die beiden Gleichungen nach y auflöst, kann man sie sehr einfach zeichnen:

$$\begin{aligned} 2x + y &= 3 \quad | -2x \\ 4x + 2y &= 12 \quad | -4x \end{aligned}$$

$$\begin{aligned} y &= -2x + 3 \\ 2y &= -4x + 12 \quad | \div 2 \end{aligned}$$

Also lauten die beiden Gleichungen nach y aufgelöst:

$$\begin{aligned} y &= -2x + 3 \\ y &= -2x + 6 \end{aligned}$$

Die Zahl vor dem x gibt die Steigung der Geraden an, die einzelne Zahl am Ende den Achsenabschnitt (Schnittpunkt mit der y-Achse). Gezeichnet ergibt sich (Eine ausführliche Darstellung zu Geradengleichungen und der Darstellung von Geraden im Koordinatensystem findet sich in Band 1):

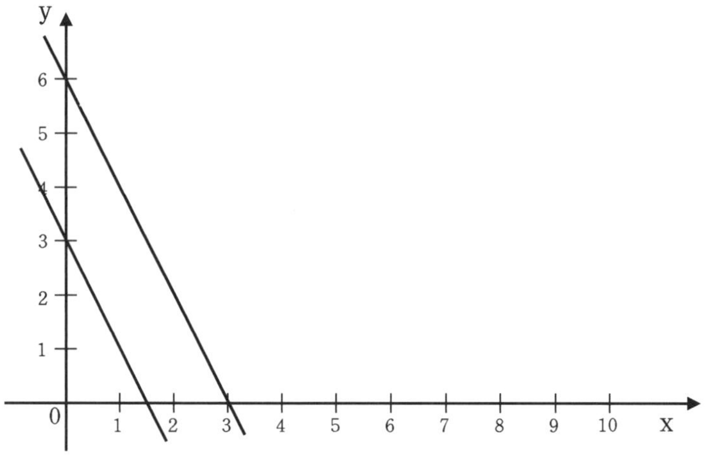

Die Geraden sind parallel (dies hätte man auch schon daran sehen können, dass sie dieselbe Steigung, aber nicht denselben Achsenabschnitt haben). Da es keinen Schnittpunkt gibt, können die beiden Gleichungen nie gleichzeitig erfüllt sein. Was passiert nun in einem derartigen Fall, wenn man nichtsahnend den Gauß-Algorithmus anwendet?

$$\begin{aligned} 2x + y &= 3 \quad | \div 2 \\ 4x + 2y &= 12 \end{aligned}$$

$$\begin{aligned} x + 0{,}5y &= 1{,}5 \\ 4x + 2y &= 12 \quad | -4 * II \end{aligned}$$

$$\begin{aligned} x + 0{,}5y &= 1{,}5 \\ 0 &= 6 \end{aligned}$$

Die untere Gleichung stellt einen Widerspruch dar, denn 0 ist nicht das Gleiche wie 6.

Allgemein lässt sich festhalten:

Bei nicht lösbaren Gleichungssystemen führt der Gauß-Algorithmus zu Widersprüchen, an denen man erkennen kann, dass das Gleichungssystem nicht lösbar ist. Diese Widersprüche sehen so aus, dass bei einer Gleichung, meist der untersten, alle Variablen herausfliegen, während auf der rechten Seite eine Zahl steht, die ungleich Null ist.

Man sieht also, dass der Gauß-Algorithmus auch zum Erkennen von unlösbaren Gleichungssystemen ein geeignetes Mittel ist.

Weiterhin zeigt sich an dem Beispiel, dass auch dann, wenn nicht mehr Gleichungen als Variable vorhanden sind, Gleichungssysteme unlösbar sein können. Dies ist bei zwei Variablen immer dann der Fall, wenn Gleichungen parallele Geraden beschreiben, denn in diesen Fällen gibt es keinen Punkt, der auf allen Geraden liegt, also alle Gleichungen erfüllt.

Wenn mehr Gleichungen als Variable vorhanden sind, so wird es sehr oft keine Lösung geben, auch ohne dass parallele Geraden vorliegen. Es seien beispielsweise die drei folgenden Gleichungen betrachtet:

$$\begin{array}{rcrcrl} x & + & 2y & = & 10 & \\ 8x & + & 4y & = & 24 & \mid -8*I \\ -3x & + & 6y & = & -6 & \mid +3*I \end{array}$$

Mit dem Gauß-Algorithmus ergibt sich:

$$\begin{array}{rcrcrl} x & + & 2y & = & 10 & \\ & & -12y & = & -56 & \\ & & 12y & = & 24 & \mid + II \end{array}$$

$$\begin{array}{rcrcrl} x & + & 2y & = & 10 \\ & & -12y & = & 56 \\ & & 0 & = & -32 \end{array}$$

Aus der letzten Gleichung ergibt sich ein Widerspruch, somit ist das Gleichungssystem nicht lösbar. Wieso das Gleichungssystem nicht lösbar ist, erkennt man am besten anhand einer Zeichnung der den Gleichungen entsprechenden Geraden. Um die Geraden zu zeichnen werden zunächst die Ausgangsgleichungen nach y aufgelöst:

$$\begin{array}{rcrcrl} x & + & 2y & = & 10 & \mid - x \\ 8x & + & 4y & = & 24 & \mid - 8x \\ -3x & + & 6y & = & -6 & \mid + 3x \end{array}$$

$$\begin{array}{rcrcrl} 2y & = & 10 & - & x & \mid \div 2 \\ 4y & = & 24 & - & 8x & \mid \div 4 \\ 6y & = & -6 & + & 3x & \mid \div 6 \end{array}$$

$$y = 5 - 0{,}5x$$
$$y = 6 - 2x$$
$$y = -1 + 0{,}5x$$

In der folgenden Grafik sind die drei Geraden dargestellt:

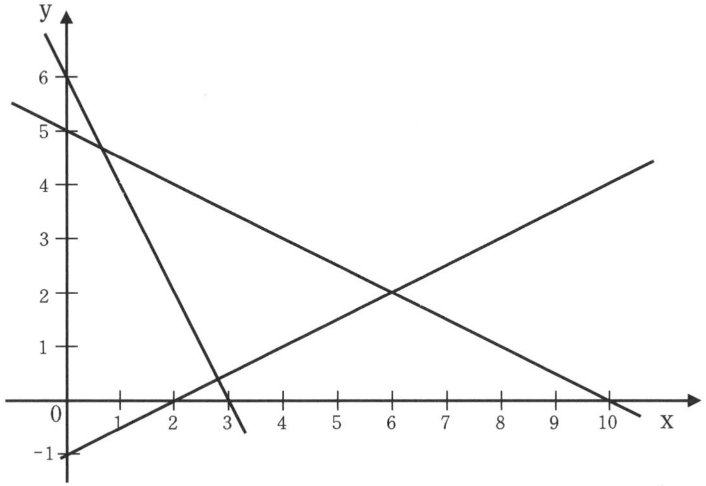

Eine Lösung für ein lineares Gleichungssystem mit drei Gleichungen und zwei Variablen gibt es genau dann, wenn es einen Punkt gibt, der auf allen durch die Gleichungen beschriebenen Geraden liegt. Wie in der Zeichnung deutlich zu erkennen ist, gibt es in diesem Fall keinen derartigen Punkt, es gibt nur jeweils Schnittpunkte zwischen zwei Geraden. Eine Lösung gäbe es, wenn sich alle drei Geraden in einem Punkt schneiden würden. Die Zeichnung dient in erster Linie zur Veranschaulichung, für die konkrete Überprüfung ist es einfacher, den Gauß-Algorithmus zu benutzen und durch den sich ergebenden Widerspruch die Unlösbarkeit zu zeigen.

1.4.2 Unterbestimmte lineare Gleichungssysteme

1.4.2.1 Grundlagen

Wenn ein lineares Gleichungssystem weniger Gleichungen als Variable hat, werden nicht alle Variablen festgelegt. Es sei z. B. bei zwei Variablen nur eine Gleichung gegeben:

$$x - y = 3$$

In diesem Fall ergeben sich unendlich viele Lösungen, denn man kann für eine der beiden Variablen einen beliebigen Wert wählen. Die andere wird dann durch die Gleichung bestimmt. Wie bereits im vorherigen Abschnitt zu unlösbaren Gleichungssystemen gezeigt wurde, stellt die Punktmenge der obigen Gleichung eine Gerade dar. Alle Punkte, die auf der Geraden liegen, bilden zusammen die Lösungsmenge dieses "Gleichungssystems" (das System besteht in diesem Fall nur aus einer einzigen Gleichung). Um die Gerade zu zeichnen wird die Gleichung nachfolgend nach y aufgelöst:

$$x - y = 3 \mid -x$$
$$\Leftrightarrow \quad -y = 3 - x \mid *(-1)$$
$$\Leftrightarrow \quad y = -3 + x$$

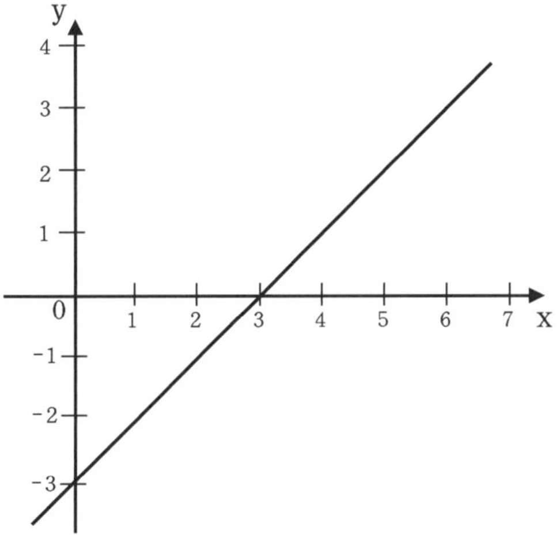

Nebenstehend ist diese Gerade gezeichnet worden. Der Achsenabschnitt ist -3, also schneidet die Gerade die y-Achse bei -3 und die Steigung ist 1. Alle Punkte, die auf der Geraden liegen, sind Lösungen des betrachteten Gleichungssystems. Z.B. sind die Punkte $(0|-3)$ und $(3|0)$ Lösungen.

Zuvor wurde ein Gleichungssystem mit nur einer einzigen Geraden betrachtet, es kann aber auch unendlich viele Lösungen geben, wenn man genauso viele Gleichungen wie Variable hat. Es seien nachfolgend zwei

Gleichungen mit zwei Variablen betrachtet:

$$\begin{aligned} x - y &= 3 \\ -3x + 3y &= -9 \quad |+3I \end{aligned}$$

Wenn man den Gauß-Algorithmus durchführt, ergibt sich:

$$\begin{aligned} x - y &= 3 \\ 0 &= 0 \end{aligned}$$

Wie zuvor bei dem unlösbaren Gleichungssystem sind bei der unteren Gleichung alle Variablen herausgefallen, so dass auf der linken Seite eine 0 stehen bleibt. Allerdings ergibt sich in diesem Fall kein Widerspruch, denn auf der rechten Seite hat sich auch eine 0 ergeben.

Obwohl bei dem Beispiel zwei Gleichungen gegeben waren, bleibt bei der Anwendung des Gauß-Algorithmus nur eine Gleichung übrig. Dies liegt daran, dass die beiden Gleichungen ein Vielfaches voneinander waren. Grundlage des Additionsverfahrens bzw. des Gauß-Algorithmuses ist aber gerade, dass man eine Gleichung mit einem Faktor multiplizieren kann, ohne dass sich die Lösungsmenge der Gleichung verändert. Die beiden Gleichungen haben also die gleiche Lösungsmenge, und es ist somit einsichtig, dass bei der Anwendung des Gauß-Algorithmus einfach eine der beiden Gleichungen verschwindet (bzw. eine der Gleichungen 0=0 lautet, diese Gleichung ist immer erfüllt).

Man kann den Zusammenhang auch sehen, indem man die beiden Ausgangsgleichungen nach y auflöst und die sich ergebenden Geraden zeichnet, wie es zuvor bei den beiden nicht lösbaren Gleichungen durchgeführt wurde. Die beiden Gleichungen werden nachfolgend nach y aufgelöst:

$$\begin{aligned} x - y &= 3 \quad |-x \\ -3x + 3y &= -9 \quad |+3x \end{aligned}$$

$$\begin{aligned} -y &= -x + 3 \quad |*(-1) \\ 3y &= 3x - 9 \quad |\div 3 \end{aligned}$$

$$\begin{aligned} y &= x - 3 \\ y &= x - 3 \end{aligned}$$

Für beide Gleichungen ergibt sich also die gleiche Geradengleichung. Es handelt sich somit um zwei identische Geraden.

Wie sieht nun die Lösungsmenge des Gleichungssystems aus? Bei der

Anwendung des Gauß-Algorithmus hatte sich folgendes ergeben:

$$\begin{aligned} x - y &= 3 \\ 0 &= 0 \end{aligned}$$

Die zweite Gleichung ist immer erfüllt und kann daher einfach weggelassen werden. Es war zuvor schon angeführt worden, dass man bei zwei Variablen und nur einer Gleichung eine Variable frei wählen kann. In diesem Fall soll y die frei wählbare Variable sein. Die erste Gleichung muss nun noch nach x aufgelöst werden:

$$\begin{aligned} & x - y = 3 \mid +y \\ \Leftrightarrow \quad & x = 3 + y \end{aligned}$$

Durch die Gleichung wird nun ausgedrückt, wie groß x jeweils sein muss, wenn für y ein bestimmter Wert gewählt wird. Die Lösungsmenge kann man nun folgendermaßen schreiben:

$$\mathbb{L} = \{(x, y) \mid x = 3 + y; y \in \mathbb{R}\}$$

Der senkrechte Strich in der Klammer bedeutet "für die gilt:". Lösungen sind also die Wertepaare (x, y) für die gilt: x = 3 + y, wobei y aus $\mathbb{R}$ frei gewählt werden kann (also jede beliebige "Zahl" sein kann).

Alternativ kann die Lösungsmenge auch folgendermaßen angegeben werden:

$$\mathbb{L} = \{(3 + y, y) \mid y \in \mathbb{R}\}$$

In diesem Fall wurde die Gleichung, die für x gelten muss, bereits am Anfang für x eingesetzt.

Zuvor wurde die Gleichung nach x aufgelöst und im folgenden die Lösungsmenge abhängig von y angegeben. Alternativ kann die Gleichung auch nach y aufgelöst werden:

$$\begin{aligned} & x - y = 3 \mid -x \\ \Leftrightarrow \quad & -y = 3 - x \mid *(-1) \\ \Leftrightarrow \quad & y = -3 + x \end{aligned}$$

Aus dieser Gleichung kann folgende Lösungsmenge ermittelt werden:

$$\mathbb{L} = \{(x, y) \mid y = -3 + x; x \in \mathbb{R}\}$$

Auch wenn es vielleicht anders ausschaut, dieses ist die gleiche Menge, wie die zuvor beschrieben Lösungsmenge. Jeder Punkt der in dieser Menge liegt, liegt auch in der zuvor angegebenen Menge und umgekehrt enthält diese Menge alle Punkte der vorherigen Menge.

1.4.2.2 Der Gauß-Algorithmus bei unterbestimmten Gleichungssystemen

Lineare Gleichungssysteme, bei denen, wie im Beispiel des vorherigen Abschnitts, weniger Gleichungen für die Beschreibung der Lösungsmenge notwendig sind, als Variable vorhanden, nennt man **unterbestimmte Gleichungssysteme**. Wie viel relevante Gleichungen ein lineares Gleichungssystem enthält, erkennt man, indem man den Gauß-Algorithmus durchführt und abzählt, wie viele Gleichungen übrig bleiben, die nicht 0=0 lauten.

Wenn die Anzahl der Gleichungen, die übrig bleiben, um eins kleiner als die Anzahl der Variablen ist, sagt man, das Gleichungssystem ist einfach unterbestimmt; wenn die Anzahl um zwei kleiner ist, wird von einem zweifach unterbestimmten Gleichungssystem gesprochen usw.

Wie man bei unterbestimmten Gleichungssystemen zu einer Lösung kommt, wird nachfolgend zunächst anhand eines Beispiels beschrieben:

Es sei folgendes lineare Gleichungssystem zu lösen:

$$\begin{array}{rcrcrcr|l} 2x & + & 4y & + & 6z & = & 8 & \div 2 \\ 5x & + & 6y & + & 7z & = & 8 & \\ 9x & + & 10y & + & 11z & = & 12 & \end{array}$$

Es werden zunächst die ganz normalen Schritte des Gauß-Algorithmus ausgeführt:

$$\begin{array}{rcrcrcr|l} x & + & 2y & + & 3z & = & 4 & \\ 5x & + & 6y & + & 7z & = & 8 & -5I \\ 9x & + & 10y & + & 11z & = & 12 & -9I \end{array}$$

$$\begin{array}{rcrcrcr|l} x & + & 2y & + & 3z & = & 4 & \\ & & -4y & - & 8z & = & -12 & \div(-4) \\ & & -8y & - & 16z & = & -24 & \end{array}$$

$$\begin{array}{rcrcrcr|l} x & + & 2y & + & 3z & = & 4 & \\ & & y & + & 2z & = & 3 & \\ & & -8y & - & 16z & = & -24 & +8II \end{array}$$

$$\begin{aligned} x + 2y + 3z &= 4 \\ y + 2z &= 3 \\ 0 &= 0 \end{aligned}$$

Es sind nur zwei Gleichungen übrig geblieben. Das Gleichungssystem ist somit einfach unterbestimmt. Bei einem einfach unterbestimmten Gleichungssystem muss man eine Variable als freien Parameter wählen. Am günstigsten ist es, hier die letzte Variable in dem Gleichungssystem, in diesem Fall also z, zu wählen. Man muss nun y und x so ausdrücken, dass sie nur noch von z abhängig sind. Dies wird am einfachsten erreicht, indem wieder von unten nach oben schrittweise in die Gleichungen eingesetzt wird.[1] Die unterste verbliebene Gleichung ergibt:

$$\begin{aligned} \text{II} \quad &\Rightarrow \; y + 2z = 3 \;|\; -2z \\ &\Leftrightarrow \; \mathbf{y = 3 - 2z} \end{aligned}$$

Für y hat man somit eine Lösung, die nur von z abhängig ist, ermittelt. Nun nimmt man die erste Gleichung und ersetzt darin y durch den eben ermittelten Ausdruck:

$$\begin{aligned} \text{I} \quad &\Rightarrow \; x + 2*(3 - 2z) + 3z = 4 \\ &\Leftrightarrow \; x + 6 - 4z + 3z = 4 \;|\; -6 \\ &\Leftrightarrow \; x - z = -2 \;|\; +z \\ &\Leftrightarrow \; \mathbf{x = -2 + z} \end{aligned}$$

Es wurden für x und y Ausdrücke gefunden, die nur noch von z abhängen. Man kann nun die Lösungsmenge des Gleichungssystems angeben. Sie lautet:

$$\mathbb{L} = \{(x, y, z) \,|\, x = -2 + z \wedge y = 3 - 2z;\; z \in \mathbb{R}\}$$

Die Lösungsmenge setzt sich folgendermaßen zusammen:

1) Da es sich um eine Menge handelt, erhält das "L" einen zusätzlichen senkrechten Strich, und um die Menge wird eine Mengenklammer { } geschrieben.

2) Das Gleichungssystem hat die Variablen x, y und z. Eine bestimmte Lösung ist also immer eine Kombination von Werten für x, y und z.

1: Alternativ könnte man auch wieder mit dem Gauß-Algorithmus (siehe Schema) weiterarbeiten.

Die Mengen besteht also aus den Werten (x, y, z), für die die Bedingungen $x = -2 + z$ und $y = 3 - 2z$ gelten, wobei z frei aus $\mathbb{R}$ wählbar ist. (Der senkrecht Strich "|" bedeutet "für die gilt" und das Zeichen "$\wedge$" steht für "und".)

Auch in diesem Fall kann man die Lösungsmenge alternativ ausdrücken, indem man vorne die Variablen, in diesem Fall x und y, entsprechend der Gleichungen, ersetzt:

$$\mathbb{L} = \{(-2 + z;\ 3 - 2z;\ z) \mid z \in \mathbb{R}\}$$

Insgesamt ergeben sich beim Lösen von unterbestimmten linearen Gleichungssystemen mit dem Gauß-Algorithmus folgende Besonderheiten:

> Wenn bei der Durchführung des Gauß-Algorithmus weniger Gleichungen übrig bleiben, als Variable vorhanden sind, ist das Gleichungssystem unterbestimmt. Die Differenz zwischen der Anzahl der Variablen und der Anzahl der verbliebenen Gleichungen gibt an, wievielfach das Gleichungssystem unterbestimmt ist. Wenn das Gleichungssystem einfach unterbestimmt ist, sollte die letzte Variable als freier Parameter gewählt werden. Alle anderen Variablen müssen dann abhängig von dieser Variablen dargestellt werden. Dies erreicht man am besten, indem schrittweise von unten nach oben in die Gleichungen eingesetzt wird. In der Regel sollte bei diesen Aufgaben außerdem die Lösungsmenge angeben werden.

Anmerkungen:

1) Wenn das Gleichungssystem mehrfach unterbestimmt ist, müssen entsprechend mehrere Variable als freie Variable gewählt werden.

2) Häufiger werden die frei wählbaren Variablen zur besseren Unterscheidung von den anderen Variablen umbenannt. Typisch ist es z. B., die frei wählbare Variable λ (Lamda) zu nennen.

1.4.3 Schema für den Gauß-Algorithmus (Fortsetzung)

In Abschnitt 1.3.3 war bereits ein Schema zum Gauß-Algorithmus angegeben worden. Allerdings waren die dortigen Ausführungen nur auf eindeutige Gleichungssysteme beschränkt. Für unlösbare und unterbestimmte Gleichungssysteme ergeben sich Änderungen ab Punkt 7. **Das allgemeine Schema ab Punkt 7 wird nachfolgend dargestellt.** Im Anhang ist das gesamte Schema außerdem noch einmal zusammengefasst.

7. Wenn eine Gleichung entstanden ist, die zu einem Widerspruch führt (z.B. 0 = 4), ist **das Gleichungssystem unlösbar.**

8. Für lösbare Gleichgungssysteme wird abgezählt, wie viele "**echte Gleichungen**" übrig geblieben sind (alle Gleichungen, die nicht 0 = 0 lauten). Die Anzahl der "echten Gleichungen" wird nun mit der Anzahl der Variablen verglichen:
a) Es gibt **genauso viele** "echte Gleichungen" wie Variable. Das Gleichungssystem ist in diesem Fall eindeutig lösbar.
b) Es gibt **weniger** "echte Gleichungen" als Variable. Das Gleichungssystem ist in diesem Fall unterbestimmt. Wenn eine "echte Gleichung" weniger existiert, ist es **einfach unterbestimmt**. Entsprechend ist es für zwei "echte Gleichungen" weniger als Variable zweifach unterbestimmt.
Für die nächsten Lösungsschritte wird weiterhin nach a) und b) unterschieden.

9. a) Aus der letzten Gleichung erhält man nun direkt eine Lösung für die letzte Variable. Diese Lösung setzt man in die vorletzte Gleichung ein und berechnet auf diese Weise eine Lösung für die vorletzte Variable usw..
b) Wenn das Gleichungssystem einfach unterbestimmt ist, sollte die letzte Variable als freie Variable gewählt werden. Alle anderen Variablen müssen dann abhängig von dieser Variablen dargestellt werden. Dies erreicht man am besten, indem man schrittweise von unten nach oben in die Gleichungen einsetzt. Die Lösung für die anderen Variablen ist hierbei abhängig von der freien Variablen auszu-

drücken. Wenn das Gleichungssystem zweifach unterbestimmt ist, werden entsprechend die letzten beiden Variablen als freie Variablen gewählt und die anderen Variablen abhängig von diesen Variablen dargestellt.

Alternativ zu dem unter a) und b) beschriebenen schrittweisen Einsetzen kann man den Gauß-Algorithmus weiter anwenden und auch oberhalb der Variablen in der Diagonalen alle Variablen eliminieren.

10. Schließlich sollte man die Lösungsmenge angeben. Bei a) ist die Lösungsmenge ein Punkt, der durch die Werte der verschiedenen Variablen eindeutig beschrieben wird. Bei b) hingegen ergibt sich eine unendliche Lösungsmenge, diese sollte auch direkt als Menge angegeben werden.

1.5 Weitere Zusammenhänge

Allgemein kann ein lineares Gleichungssystem folgendermaßen beschrieben werden:

$$\begin{array}{lccccccccccc} & a_{11}x_1 & + & a_{12}x_2 & + & a_{13}x_3 & + & \dots & + & a_{1n}x_m & = & b_1 \\ \wedge & a_{21}x_1 & + & a_{22}x_2 & + & a_{23}x_3 & + & \dots & + & a_{2n}x_m & = & b_2 \\ \wedge & a_{31}x_1 & + & a_{32}x_2 & + & a_{33}x_3 & + & \dots & + & a_{3n}x_m & = & b_3 \\ \vdots & \vdots & \vdots & \vdots & \vdots & \vdots & \vdots & & \vdots & \vdots & \vdots & \vdots \\ \wedge & a_{m1}x_1 & + & a_{m2}x_2 & + & a_{m3}x_3 & + & \dots & + & a_{mn}x_m & = & b_m \end{array}$$

Die a_{ij} sind die **Koeffizienten** des Gleichungssystems. Die Gleichungen sollen alle gleichzeitig erfüllt sein, deshalb wurden sie mit dem Zeichen "$\wedge$" (und) verknüpft. Wenn man von einem Gleichungssystem spricht, ist aber eigentlich selbstverständlich, dass die Gleichungen gleichzeitig erfüllt sein sollen. Deshalb wurden bisher die "$\wedge$" in der Regel weggelassen.

Ein lineares Gleichungssystem nennt man **homogen**, wenn alle b_i Null sind. Wenn ein lineares Gleichungssystem in der Normalform ist, also die Gleichungen so sortiert sind wie bei der obigen Darstellung, gilt:

> Ein lineares Gleichungssystem ist **homogen**, wenn in der Normalform auf der rechten Seite nur Nullen stehen. Wenn nicht überall Nullen stehen, ist es **inhomogen**.
>
> **Alternativ:** Ein lineares Gleichungssystem ist genau dann homogen, wenn man für alle Variablen Null einsetzen kann, also die Gleichungen in diesem Fall alle erfüllt sind.

Nachfolgend ist ein Beispiel für ein homogenes Gleichungssystem angeführt:

$$\begin{array}{ccccccc} 2x & + & 4y & + & 1z & = & 0 \\ 5x & + & 1y & + & 3z & = & 0 \\ 9x & + & 5y & + & 4z & = & 0 \end{array}$$

Ein derartiges homogenes Gleichungssystem kann nicht unlösbar sein, denn wenn man für alle Variablen Nullen in die Gleichungen einsetzt, sind bei einem homogenen System alle Gleichungen erfüllt. Auf der linken Seite ergeben sich dann bei allen Gleichungen ebenfalls Nullen. Man nennt diese Lösung, die nur aus Nullen besteht, auch die **Triviallösung**.

Weiterhin kann gefolgert werden, dass jedes eindeutig lösbare homogene lineare Gleichungssystem nur die Triviallösung (Nulllösung) als Lösung hat. Denn da es in diesem Fall nur eine einzige Lösung gibt, die Triviallösung aber immer eine Lösung ist, muss die Triviallösung die einzige Lösung sein.

1.6 Umgehen von Brüchen

Nachfolgend wird eine Alternative zu dem vorherigem Schema des Gauß-Algorithmus dargestellt. Bei diesem Verfahren werden zunächst in allen Gleichungen dieselben Koeffizienten vor der betrachteten Variablen erzeugt. Das Vorgehen ähnelt somit dem Verfahren bei dem Eingangsbeispiel zum Gauß-Algorithmus.

Dieses Verfahren erfordert einige Rechenschritte mehr, es empfiehlt sich aber für alle, denen die zuvor durchgeführte Addition bzw. Subtraktion des Vielfachen einer Gleichung zu einer anderen Gleichung zu kompliziert war. Außerdem kann es bei Gleichungssystemen bei dem vorherigen Verfahren passieren, dass sich viele Brüche in den Gleichungen ergeben. Erfahrungsgemäß macht es oft große Schwierigkeiten, mit den Brüchen richtig zu rechnen. Auch in diesen Fällen hilft das nachfolgend behandelte Verfahren. Bei Aufgaben in der Schule sind die Koeffizienten allerdings oft so einfach gewählt, dass man die nachfolgende Methode nicht unbedingt benötigt. (Wer im "echten Leben" auf lineare Gleichungssysteme stößt wird dieses Glück allerdings im Normalfall nicht haben.)

Angenommen, es sei folgendes Gleichungssystem mit dem Gauß-Algorithmus zu lösen:

$$\begin{aligned} 6x - 7y \phantom{{}-2z} &= 1 \\ 2x - 3y - z &= -2 \\ 2x + y + 2z &= 14 \end{aligned}$$

Wenn man dieses Gleichungssystem so löst, wie es zuvor beschrieben wurde, ergeben sich im Verlaufe der Lösung zahlreiche Brüche. Als erstes würde man die erste Gleichung durch 6 teilen und somit vor dem y einen Quotienten von $-\frac{7}{6}$ erhalten. Wer will, kann das Gleichungssystem mit dieser Methode lösen. Alle, die dabei auf Schwierigkeiten stoßen, sollten sich das nachfolgend dargestellte Verfahren anschauen.

Zunächst wird dafür gesorgt, dass vor allen x der gleiche Koeffizient steht. Wenn man alle Koeffizienten miteinander multipliziert, erhält man:

$$6 * 2 * 2 = 24$$

Man könnte nun alle Gleichungen so multiplizieren, dass vor dem x jeweils der Koeffizient 24 steht. Einfacher ist es allerdings, als Koeffizienten das **kleinste gemeinsame Vielfache** von 6, 2 und 2 zu wählen. Dieses ist 6. Also müssen die zweite und dritte Gleichung zunächst mit 3 multipliziert werden:

$$\begin{aligned} 6x - 7y \phantom{{}-z} &= 1 \\ 2x - 3y - z &= -2 \quad | *3 \\ 2x + y + 2z &= 14 \quad | *3 \end{aligned}$$

Es ergibt sich:

$$\begin{aligned} 6x - 7y \phantom{{}-3z} &= 1 \\ 6x - 9y - 3z &= -6 \quad | -I \\ 6x + 3y + 6z &= 42 \quad | -I \end{aligned}$$

Nun werden in der zweiten und dritten Gleichung die x eliminiert, indem jeweils die erste Gleichung subtrahiert wird:

$$\begin{aligned} 6x - 7y \phantom{{}-3z} &= 1 \\ -2y - 3z &= -7 \quad | *5 \\ 10y + 6z &= 41 \end{aligned}$$

Das kleinste gemeinsame Vielfache von 2 und 10 ist 10. Deshalb wird jetzt die zweite Gleichung mit 5 multipliziert:

$$\begin{aligned} 6x - 7y \phantom{{}-15z} &= 1 \\ -10y - 15z &= -35 \\ 10y + 6z &= 41 \quad | +II \end{aligned}$$

Nun wird die zweite Gleichung zur dritten Gleichung addiert:

$$\begin{aligned} 6x - 7y \phantom{{}-15z} &= 1 \\ -10y - 15z &= -35 \\ -9z &= 6 \end{aligned}$$

Jetzt kann man entweder wieder schrittweise ersetzen oder den Algorithmus weiterhin anwenden. Hier werden beide Alternativen dargestellt:

1) Weiter mit schrittweisem Einsetzen:

$$\begin{array}{rrrcr} 6x & - 7y & & = & 1 \\ & - 10y & - 15z & = & -35 \\ & & - 9z & = & 6 \end{array}$$

$$\begin{array}{lll} \text{III} & \Rightarrow & -9z = 6 \mid \div(-9) \\ & \Leftrightarrow & z = -\frac{6}{9} = -\frac{2}{3} \\ \text{II} & \Rightarrow & -10y - 15*(-\frac{2}{3}) = -35 \\ & \Leftrightarrow & -10y + 10 = -35 \mid -10 \\ & \Leftrightarrow & -10y = -45 \mid \div(-10) \\ & \Leftrightarrow & y = 4{,}5 \\ \text{I} & \Rightarrow & 6x - 7*4{,}5 = 1 \\ & \Leftrightarrow & 6x - 31{,}5 = 1 \mid +31{,}5 \\ & \Leftrightarrow & 6x = 32{,}5 \mid \div 6 \\ & \Leftrightarrow & x = \frac{32{,}5}{6} = \frac{65}{12} \end{array}$$

Die Lösung lautet also $x = \frac{65}{12}$; $y = 4{,}5$ und $z = -\frac{2}{3}$.

2) Weiter mit dem Gauß-Algorithmus

Die Koeffizienten vor dem z in der zweiten und dritten Gleichung müssen auf das kleinste gemeinsame Vielfache gebracht werden. Dieses ist 45, somit muss die zweite Gleichung mit 3 und die dritte Gleichung mit 5 multipliziert werden

$$\begin{array}{rrrcrl} 6x & - 7y & & = & 1 & \\ & - 10y & - 15z & = & -35 & \mid *3 \\ & & - 9z & = & 6 & \mid *5 \end{array}$$

$$\begin{array}{rrrcrl} 6x & - 7y & & = & 1 & \\ & - 30y & - 45z & = & -105 & \mid -\text{III} \\ & & -45z & = & 30 & \end{array}$$

$$\begin{array}{rrrrl} 6x & -7y & & = 1 & \mid *30 \\ & -30y & & = -135 & \mid *7 \\ & & -45z & = 30 & \end{array}$$

Nun werden die Koeffizienten vor dem y in der ersten und zweiten Gleichung vereinheitlicht:

$$\begin{array}{rrrrl} 180x & -210y & & = 30 & \mid -II \\ & -210y & & = -945 & \\ & & -45z & = 30 & \end{array}$$

$$\begin{array}{rrrrl} 180x & & & = 975 & \mid \div 180 \\ & -210y & & = -945 & \mid \div(-210) \\ & & -45z & = 30 & \mid \div(-45) \end{array}$$

Die Koeffizienten vor den verbliebenen Variablen werden beseitigt:

$$\begin{array}{rrrl} x & & & = \frac{975}{180} \\ & y & & = \frac{945}{210} \\ & & z & = -\frac{30}{45} \end{array}$$

Die Brüche können nun noch gekürzt werden:

$$\begin{array}{rrrl} x & & & = \frac{65}{12} \\ & y & & = \frac{9}{2} \\ & & z & = -\frac{2}{3} \end{array}$$

Man könnte die Brüche auch noch als gemischte Zahlen angeben, hierbei ergibt sich:

$$x = 5\frac{5}{12}\ ;\ y = 4\frac{1}{2}\ ;\ z = -\frac{2}{3}$$

Vielleicht ist aufgefallen, dass man bei den vorherigen Berechnungen an einigen Stellen auch bestimmte Zahlen aus den Gleichungen hätte kürzen können, indem man durch diese Zahlen geteilt hätte. Auf diese Weise hätten sich die Zahlen etwas vereinfacht, und man hätte am Ende nicht mehr soviel kürzen müssen. Zuvor wurde allerdings dennoch, um das Grundschema zu verdeutlichen, auf diese Vereinfachungen verzichtet.

1.7 Gleichungssysteme mit Konstanten

Wenn in einem linearen Gleichungssystem zusätzlich Konstanten auftreten, sind einige Besonderheiten zu beachten. Diese werden nachfolgend anhand eines Beispiels dargestellt.

Es sei folgendes Gleichungssystem gegeben:

$$\begin{array}{rcrcrcl} x & + & y & + & 2z & = & 1 \\ 4x & + & 2y & + & 12z & = & 10 \mid -4I \\ x & + & 4y & + & (a-12)z & = & b \mid -I \end{array}$$

In dem Gleichungssystem tauchen die Konstanten a und b auf. Zunächst wird ganz normal der Gauß-Algorithmus angewendet:

$$\begin{array}{rcrcrcl} x & + & y & + & 2z & = & 1 \\ & - & 2y & + & 4z & = & 6 \mid \div(-2) \\ & & 3y & + & (a-14)z & = & b-1 \end{array}$$

$$\begin{array}{rcrcrcl} x & + & y & + & 2z & = & 1 \\ & & y & + & (-2z) & = & -3 \\ & & 3y & + & (a-14)z & = & b-1 \mid -3II \end{array}$$

$$\begin{array}{rcrcrcl} x & + & y & + & 2z & = & 1 \\ & & y & + & (-2z) & = & -3 \\ & & & & (a-8)z & = & b+8 \end{array}$$

Das System ist jetzt in Stufenform. Eine Besonderheit ergibt sich nun dadurch, dass von den Werten für a und b abhängt, ob das Gleichungssystem unlösbar, eindeutig oder mehrdeutig lösbar ist.

1) Für "$a - 8 \neq 0$ ($\Rightarrow a \neq 8$)" gilt:

   Die Anzahl der "echten Gleichungen" und der Variablen sind identisch und das System hat eine eindeutige Lösung.

2) Für "$a - 8 = 0$ ($\Rightarrow a = 8$)" und "$b + 8 = 0$" ($\Rightarrow b = -8$) gilt:

   Die unterste Gleichung ergibt $0 = 0$ und fällt weg, bei drei Variablen verbleiben also zwei Gleichungen und entsprechend ist das Gleichungssystem einfach unterbestimmt. Es ergeben sich unendlich viele Lösungen.

3) Für "a − 8 = 0 (⇒ a = 8)" und "b + 8 ≠ 0" (⇒ b ≠ −8) gilt:

In der untersten Gleichung ergibt sich auf der linken Seite eine Null, auf der rechten Seite aber eine Zahl, die ungleich Null ist. Das Gleichungssystem ist somit in diesem Fall unlösbar.

Für die Fälle 1) und 2) muss man das Gleichungssystem nun getrennt lösen. Es ergibt sich:

1) Eindeutige Lösung a ≠ 8:

$$\begin{aligned} x + y + 2z &= 1 \\ y - 2z &= -3 \\ (a-8)z &= b+8 \end{aligned}$$

Durch schrittweises Einsetzen wird dieses Gleichungssystem nun gelöst:

$$\text{III} \Rightarrow (a-8)z = b+8 \;\big|\; \div(a-8)$$

$$\Leftrightarrow z = \frac{b+8}{a-8}$$

$$\text{II} \Rightarrow y - 2*\left(\frac{b+8}{a-8}\right) = -3 \;\big|\; +2*\left(\frac{b+8}{a-8}\right)$$

$$\Leftrightarrow y = -3 + 2*\left(\frac{b+8}{a-8}\right)$$

$$\text{I} \Rightarrow x + \left(-3 + 2*\left(\frac{b+8}{a-8}\right)\right) + 2*\left(\frac{b+8}{a-8}\right) = 1$$

$$\Leftrightarrow x - 3 + 4*\left(\frac{b+8}{a-8}\right) = 1 \;\big|\; +3$$

$$\Leftrightarrow x + 4*\left(\frac{b+8}{a-8}\right) = 4 \;\big|\; -4*\left(\frac{b+8}{a-8}\right)$$

$$\Leftrightarrow x = 4 - 4*\left(\frac{b+8}{a-8}\right)$$

Die Lösung l autet somit:

$$x = 4 - 4*\left(\frac{b+8}{a-8}\right);\quad y = -3 + 2*\left(\frac{b+8}{a-8}\right) \text{ und } z = \frac{b+8}{a-8}$$

2) Unendlich viele Lösungen a = 8 und b = −8:

In diesem Fall lautet das Gleichungssystem in Stufenform:

$$\begin{aligned} x + y + 2z &= 1 \\ y - 2z &= -3 \end{aligned}$$

Schrittweises Einsetzen liefert:

$$\begin{aligned} \text{II} \quad &\Rightarrow \quad y - 2z = -3 \;|+ 2z \\ &\Leftrightarrow \quad y = -3 + 2z \\ \text{I} \quad &\Rightarrow \quad x + (-3 + 2z) + 2z = 1 \\ &\Leftrightarrow \quad x - 3 + 2z + 2z = 1 \;|+ 3 \\ &\Leftrightarrow \quad x + 4z = 4 \;|- 4z \\ &\Leftrightarrow \quad x = 4 - 4z \end{aligned}$$

Somit ergibt sich folgende Lösungsmenge:

$$\mathbb{L} = \{(x, y, z) \mid x = 4 - 4z \wedge y = -3 + 2z;\ z \in \mathbb{R}\}$$

Zusammenfassend kann man für Gleichungssysteme mit Konstanten folgendes festzuhalten:

> Falls nur in einer Gleichung Konstante auftauchen, sorgt man gegebenenfalls durch Vertauschung dafür, dass dieses die unterste Gleichung wird.
>
> Wenn man das System auf Stufenform gebracht hat, ist zu überprüfen, ob für bestimmte Werte der Konstanten die linke Seite einer Gleichung zu Null wird. Wenn dies der Fall ist, muss man die rechte Seite dieser Gleichungen betrachten. Für die Fälle, bei denen die rechte Seite ungleich Null ist, ist das Gleichungssystem unlösbar. Ist auch die rechte Seite gleich Null, so fällt die entsprechende Gleichung weg und die Lösung muss aus den verbliebenen Gleichungen bestimmt werden.

Anmerkung: Das betrachtete Beispiel war noch relativ einfach, denn die Konstanten tauchten nur in der untersten bzw. nur in einer Gleichung auf. D.h. während das System auf Stufenform gebracht wurde ergaben sich durch die Konstanten noch keine großen Probleme. Wenn in mehreren Gleichungen Konstante auftreten, können die Terme schnell sehr kompliziert werden. Daher dürfte sich das in Abschnitt 1.6 beschriebene Verfahren zur Vermeidung von Brüchen in diesen Fällen eignen. Wenn mit den Konstanten multipliziert oder durch diese dividiert wird, ist außerdem darauf zu achten, dass die entsprechenden Terme, mit denen multipliziert bzw. durch die dividiert wird, nicht Null sind. Denn Gleichungen dürfen nicht mit Null multipliziert[1] oder durch Null dividiert werden. In diesen Fällen muss man die Lösung für die entsprechenden Werte der Konstanten gesondert betrachten.

1.8 Berechnung mittels Matrizen

1.8.1 Grundlagen

Betrachtet man die bisherigen Berechnungen, so fällt auf, dass in allen Ausdrücken die Variablen und auch das Gleichheitszeichen immer an der gleichen Stelle stehen. Man kann sie also für die Berechnung auch weglassen und erst am Ende wieder hinschreiben.

Es sei folgendes Gleichungssystem gegeben:

$$\begin{aligned} 2x - 4y + 4z &= 2 \\ x - y + 3z &= 1 \\ x + y &= 6 \end{aligned}$$

Wenn man die Variablen und die Gleichheitszeichen weglässt, ergibt sich folgendes:

$$\begin{matrix} 2 & -4 & 4 & 2 \\ 1 & -1 & 3 & 1 \\ 1 & 1 & 0 & 6 \end{matrix}$$

In der dritten Zeile tauchte kein z auf, z kam dort also 0 mal vor. Daher muss in das Zahlenschema an dieser Stelle eine Null eingetragen werden. Ein derartiges rechteckiges Zahlenschema, mit einer Klammer darum, nennt man eine **Matrix** (Mehrzahl: Matrizen). Marizen sind in

1: Natürlich darf man im Prinzip Gleichungen mit Null multiplizieren, allerdings erhält man dann stets die Gleichung 0 = 0. Diese Gleichung ist immer erfüllt. Die Lösung eines Gleichungssystems kann man auf diese Weise nicht ermitteln. (Es handelt sich um keine Äquivalenzumformung.)

vielen Bereichen der Mathematik nützlich. Allerdings müssen für weitere Anwendungen einige Dinge definiert werden (siehe Kapitel 8). In diesem Rahmen reicht es zunächst aus, sich unter einer Matrix ein rechteckiges Zahlenschema vorzustellen. Das Gleichungssystem wird also durch folgende Matrix repräsentiert:

$$\left(\begin{array}{ccc|c} 2 & -4 & 4 & 2 \\ 1 & -1 & 3 & 1 \\ 1 & 1 & 0 & 6 \end{array}\right)$$

Die gestrichelte Linie gehört an sich nicht zu einer Matrix, sie wurde hier eingezeichnet, um zu verdeutlichen, dass an dieser Stelle in den Gleichungen das Gleichheitszeichen steht. Den vorderen Teil der dargestellten Matrix, bis zu der gestrichelten Linie, nennt man **Koeffizientenmatrix**, denn diese Matrix enthält die Zahlen, die in dem Gleichungssystem vor den Variablen stehen, also die Koeffizienten, als Elemente.

Die gesamte Matrix enthält zusätzlich zu den Koeffizienten des Gleichungssystems die einzelnen Zahlen bzw. Konstanten der Gleichungen. Deshalb nennt man sie **erweiterte Koeffizientenmatrix** des Gleichungssystems.

In der Matrix stehen keine Gleichungen mehr, deshalb spricht man auch nicht mehr von der "ersten Gleichung", sondern von der "ersten Zeile". In der Senkrechten spricht man von den Spalten der Matrix. In der zweiten Spalte stehen also die Koeffizienten zu y. Die erweiterte Koeffizientenmatrix kann nun genauso umgeformt werden wie zuvor die Gleichungen. Bei Matrizen nennt man diese Umformungen auch **elementare Zeilenumformungen.** Im Prinzip bestehen die elementaren Zeilenumformungen aus drei verschiedenen Operationen:

1. Multiplikation einer Zeile mit einem Skalar

2. Vertauschen zweier Zeilen

3. Addition des Vielfachen einer Zeile zu einer anderen Zeile

Nachfolgend wird das Verfahren an dem angeführten Beispiel gezeigt werden, wobei noch einmal darauf hingewiesen sei, dass vom Prinzip her alles wie zuvor beim Umformen der Gleichungen ist, man spart sich nur das Hinschreiben der Variablen und der Gleichheitszeichen.

Für die erweiterte Koeffizientenmatrix hatte sich folgendes ergeben:

$$\left(\begin{array}{ccc|c} 2 & -4 & 4 & 2 \\ 1 & -1 & 3 & 1 \\ 1 & 1 & 0 & 6 \end{array}\right) \begin{array}{l} \div 2 \\ \\ \\ \end{array}$$

Zunächst wird die erste Zeile durch 2 geteilt (hinter der jeweiligen Zeile ist die Operation, die mit der Zeile durchgeführt wird, angegeben):

$$\left(\begin{array}{ccc|c} 1 & -2 & 2 & 1 \\ 1 & -1 & 3 & 1 \\ 1 & 1 & 0 & 6 \end{array}\right) \begin{array}{l} \\ -\mathrm{I} \\ -\mathrm{I} \end{array}$$

In der ersten Spalte werden nun unterhalb des ersten Elements „Nullen produziert“:

$$\left(\begin{array}{ccc|c} 1 & -2 & 2 & 1 \\ 0 & 1 & 1 & 0 \\ 0 & 3 & -2 & 5 \end{array}\right) \begin{array}{l} \\ \\ -3*\mathrm{II} \end{array}$$

Jetzt werden in der zweiten Spalte „Nullen produziert“:

$$\left(\begin{array}{ccc|c} 1 & -2 & 2 & 1 \\ 0 & 1 & 1 & 0 \\ 0 & 0 & -5 & 5 \end{array}\right)$$

Unterhalb der Diagonalen sind nun überall Nullen. Man sagt, dass die Matrix in **Zeilen-Stufen-Form** ist. Eine Matrix wie diese nennt man eine **obere Dreiecksmatrix**. Die ersten Elemente in den Zeilen, die ungleich Null sind, bezeichnet man auch als **Pivotelemente**. In der nachfolgenden Matrix sind die Pivotelemente fett hervorgehoben:

$$\left(\begin{array}{ccc|c} \mathbf{1} & -2 & 2 & 1 \\ 0 & \mathbf{1} & 1 & 0 \\ 0 & 0 & \mathbf{-5} & 5 \end{array}\right)$$

Man kann die Matrix nun wieder in Gleichungen umwandeln und diese dann durch schrittweises Einsetzen lösen. Dies wird nun durchgeführt. Die Matrix entspricht den folgenden Gleichungen:

$$\begin{aligned} x - 2y + 2z &= 1 \\ y + z &= 0 \\ -5z &= 5 \end{aligned}$$

In diesem Fall liegen drei „echte Gleichungen" und drei Variable vor. Somit besitzt das Gleichungssystem eine eindeutige Lösung:

$$\begin{aligned} \text{III} \quad &\Rightarrow \quad -5z = 5 \mid \div(-5) \\ &\Leftrightarrow \quad z = -1 \\ \text{II} \quad &\Rightarrow \quad y + (-1) = 0 \mid +1 \\ &\Leftrightarrow \quad y = 1 \\ \text{I} \quad &\Rightarrow \quad x - 2*1 + 2*(-1) = 1 \\ &\Leftrightarrow \quad x - 4 = 1 \mid +4 \\ &\Leftrightarrow \quad x = 5 \end{aligned}$$

Das Gleichungssystem hat also die Lösung $x = 5$; $y = 1$ und $z = -1$.

Statt des schrittweisen Einsetzens könnte man auch zunächst in der Matrix weiter umformen.

1.8.2 Zusammenfassung zum Lösen mit Matrizen

An dem Beispiel dürfte deutlich geworden sein, dass man sich beim Gauß-Algorithmus durch die Matrizenschreibweise einige Schreibarbeit ersparen kann. Mit etwas Übung dürfte es auch das übersichtlichere Verfahren sein.

Alle vorherigen Ausführungen zum Gauß-Algorithmus gelten in entsprechend angepasster Form auch für das Lösen von Gleichungssystemen mit Matrizen. Man kann also auch bei Matrizen den Gauß-Algorithmus so anwenden, dass man in der entsprechenden Spalte alle Koeffizienten identisch macht, um auf diese Weise Brüche zu vermeiden.

Für die Lösbarkeit und Unterbestimmtheit von linearen Gleichungssystemen kann mittels der Matrizen eine relativ elegante Bedingungen angeben werden:

Wenn eine Matrix auf Zeilen-Stufen-Form gebracht ist, nennt man die Anzahl der Zeilen, die nicht nur aus Nullen bestehen, den **Rang** der Matrix. Zuvor war festgestellt worden, dass ein lineares Gleichungssystem genau dann eindeutig lösbar ist, wenn die Anzahl der Gleichungen, bei denen auf der linken Seite nicht nur Nullen stehen, identisch mit der Anzahl der Variablen ist. **Also ist ein lineares Gleichungssystem genau dann eindeutig lösbar, wenn der Rang der Koeffizientenmatrix gleich der Anzahl der Variablen ist.**

Wenn das Gleichungssystem nicht eindeutig lösbar ist, dann ist es entweder unterbestimmt oder unlösbar. Unterbestimmt ist es, wenn nicht nur auf der linken, sondern auch auf der rechten Seite nur Nullen stehen. Dies ist genau dann der Fall, wenn der Rang der Koeffizientenmatrix gleich dem Rang der erweiterten Koeffizientenmatrix ist. Wenn der Rang der erweiterten Koeffizientematrix größer als der Rang der Koeffizientenmatrix ist, führt eine der Gleichungen zu einem Widerspruch, und das Gleichungssystem ist unlösbar.

Insgesamt kann festgehalten werden:

1) Rang der Koeffizientenmatrix = Anzahl der Variablen
   ⇒ das lineare Gleichungssystem ist eindeutig lösbar

2) Rang der Koeffizientenmatrix < Anzahl der Variablen
   a) Rang der Koeffizientenmatrix = Rang der erweiterten Koeffizientenmatrix
      ⇒ das lineare Gleichungssystem ist unterbestimmt
   b) Rang der Koeffizientenmatrix < Rang der erweiterten Koeffizientenmatrix
      ⇒ das lineare Gleichungssystem ist unlösbar

Obwohl sich nicht viel verändert, ist nachfolgend auch ein Schema für den Gauß-Algorithmus mit Matrizen angeführt:

1. Falls nötig, werden die Gleichungen umgeformt, so dass auf der einen Seite die Variablen nacheinander stehen und auf der anderen Seite alle Zahlen oder Konstanten.

2. Nun werden die Koeffizienten in die erweiterte Koeffizientenmatrix übertragen. (Wenn eine Variable in einer der Gleichungen nicht vorkommt, so ist eine Null einzutragen.)

3. Falls oben links in der Matrix eine Null steht, so muss dies durch Vertauschung zweier Zeilen verändert werden.

4. Durch Multiplikation (oder Division) der ersten Zeile mit einem Skalar wird dafür gesorgt, dass das erste Element der Zeile eine 1 wird. Dann werden in der ersten Spalte unterhalb der ersten Zeile überall Nullen produziert, indem Vielfache der ersten Zeile zu den anderen Zeilen addiert oder von ihr subtrahiert werden.

5. Analog wird nun für die weiteren Zeilen vorgegangen, bis unterhalb der Hauptdiagonalen nur noch Nullen stehen. (Wenn man oberhalb der produzierten Nullen "Treppenstufen" einzeichnet, darf es keine doppelte Stufe nach unten mehr geben, sonst wurden noch nicht genug Nullen produziert.)

6. Die Anzahl der verbliebenen "Nichtnullzeilen" muss nun mit der Anzahl der Variablen verglichen werden. Ist die Anzahl identisch, so gibt es eine **eindeutige Lösung**. Ist die Anzahl der Variablen größer, so ist das Gleichungssystem **unterbestimmt** oder **unlösbar**. Wenn es unterbestimmt ist, müssen entsprechend dem Grad der Unterbestimmtheit, von hinten beginnend, Variable als freie Parameter gewählt werden.

6. Nun wird die Matrix wieder in Gleichungen übertragen, um dann durch Einsetzen die restlichen Variablen zu berechnen, Alternativ können auch oberhalb der Hauptdiagonalen möglichst viele Nullen produziert werden, um schließlich die Lösung direkt ablesen zu können.

7. Die Lösungsmenge muss angegeben werden

1.8.3 Übungsaufgaben mit Matrizen

Bei dem folgenden Gleichungssystem wird die Lösung mit dem Gauß-Algorithmus in Matrizenform berechnet. Die Aufgabe ist von den Zahlen her etwas unangenehm. Bei der „normalen Berechnung“ würden ziemlich früh Brüche auftauchen. Um diese Brüche zu vermeiden, werden nachfolgend die jeweiligen Spalten zunächst auf das kleinste gemeinsame Vielfache multipliziert. (Das Verfahren ist identisch mit dem zuvor für den Gauß-Algorithmus ohne Matrizen beschriebenem Verfahren zur Vermeidung von Brüchen.)

Angenommen, es sei folgendes Gleichungssystem mit dem Gauß- Algorithmus zu lösen:

$2x_1 - 3x_2 + x_4 = 1 \quad \wedge -x_1 + 2x_3 = -2 \quad \wedge 4x_1 + x_2 - x_3 - 2x_4 = 0$

Die erweiterte Koeffizientenmatrix lautet:

$$\begin{pmatrix} 2 & -3 & 0 & 1 & 1 \\ -1 & 0 & 2 & 0 & -2 \\ 4 & 1 & -1 & -2 & 0 \end{pmatrix} \begin{matrix} *2 \\ *4 \\ \end{matrix}$$

Nun wird das kleinste gemeinsame Vielfache der Zahlen in der ersten Spalte gesucht. In diesem Fall ist dieses 4. Nun werden die Zeilen so mit Zahlen multipliziert, dass in der ersten Spalte nur noch Vieren stehen. Hier wird die erste Gleichung mit 2 und die zweite mit 4 multipliziert.

$$\begin{pmatrix} 4 & -6 & 0 & 2 & 2 \\ -4 & 0 & 8 & 0 & -8 \\ 4 & 1 & -1 & -2 & 0 \end{pmatrix} \begin{matrix} \\ +\text{I} \\ -\text{I} \end{matrix}$$

$$\begin{pmatrix} 4 & -6 & 0 & 2 & 2 \\ 0 & -6 & 8 & 2 & -6 \\ 0 & 7 & -1 & -4 & -2 \end{pmatrix} \begin{matrix} \\ *7 \\ *6 \end{matrix}$$

Nun müssen die unterlegten Zahlen der zweiten Spalte auf das kleinste gemeinsame Vielfache gebracht werden.

$$\begin{pmatrix} 4 & -6 & 0 & 2 & 2 \\ 0 & -42 & 56 & 14 & -42 \\ 0 & 42 & -6 & -24 & -12 \end{pmatrix} \begin{matrix} \\ \\ +\text{II} \end{matrix}$$

$$\begin{pmatrix} 4 & -6 & 0 & 2 & 2 \\ 0 & -42 & 56 & 14 & -42 \\ 0 & 0 & 50 & -10 & -54 \end{pmatrix} \begin{matrix} \\ \div 7 \\ \div 2 \end{matrix}$$

Damit die nachfolgende Rechnung nicht zu kompliziert wird, werden in den Zeilen vorhandene Faktoren "herausgeteilt".

$$\begin{pmatrix} 4 & -6 & 0 & 2 & 2 \\ 0 & -6 & 8 & 2 & -6 \\ 0 & 0 & 25 & -5 & -27 \end{pmatrix}$$

Nun wird die Matrix wieder in Gleichungen umgesetzt. Da 3 linear unabhängige Gleichungen und 4 Variable vorhanden sind, wird x_4 als Variable gewählt. Die unterste Zeile lautet als Gleichung:

$$25x_3 - 5x_4 = -27 \Leftrightarrow 25x_3 = 5x_4 - 27$$

$$\Leftrightarrow \mathbf{x_3 = \frac{1}{5}x_4 - \frac{27}{25} \Leftrightarrow x_3 = 0{,}2x_4 - 1{,}08}$$

Nachfolgend wird mit Dezimalzahlen weitergerechnet. Es könnte natürlich auch mit Brüchen weitergerechnet werden. Aus der zweiten Zeile folgt:

$$-6x_2 + 8*(0{,}2x_4 - 1{,}08) + 2x_4 = -6$$

$$\Leftrightarrow -6x_2 + 1{,}6x_4 - 8{,}64 + 2x_4 = -6 \mid -3{,}6x_4 + 8{,}64$$

$$\Leftrightarrow -6x_2 = -3{,}6x_4 + 2{,}64 \mid \div(-6)$$

$$\Leftrightarrow \mathbf{x_2 = 0{,}6x_4 - 0{,}44}$$

Aus der ersten Gleichung ergibt sich schließlich:

$$4x_1 - 6(0{,}6x_4 - 0{,}44) + 2x_4 = 2$$

$$\Leftrightarrow 4x_1 - 3{,}6x_4 + 2{,}64 + 2x_4 = 2$$

$$\Leftrightarrow 4x_1 = 1{,}6x_4 - 0{,}64 \Leftrightarrow \mathbf{x_1 = 0{,}4x_4 - 0{,}16}$$

Somit lautet die Lösungsmenge:

$$\mathbb{L} = \{(x_1,x_2,x_3,x_4) \mid x_1=0{,}4x_4-0{,}16 \wedge x_2=0{,}6x_4-0{,}44 \wedge x_3=0{,}2x_4-1{,}08; x_4 \in \mathbb{R}\}$$

2 Vektorrechnung im Anschauungsraum

2.1 Grundlagen

Vektoren werden in der Schule zumeist als Pfeile eingeführt. Ganz allgemein können Vektoren aber extrem abstrakte Gebilde sein. In diesem Abschnitt werden zunächst nur Vektoren betrachtet, die man sich als Pfeile im zwei- oder dreidimensionalen Raum vorstellen kann. Der zwei- oder dreidimensionale Raum wird in diesem Zusammenhang als **Anschauungsraum** bezeichnet. Die Zusammenhänge, die in diesem Bereich gelten, lassen sich später auch auf den abstrakteren Vektorbegriff übertragen. Z.B. gelten die Zusammenhänge, die sich bei zwei- bzw. dreidimensionalen Vektoren begreifen lassen, auch für fünfdimensionale Vektoren, allerdings sind wir Menschen nicht dazu geschaffen, uns eine Vorstellung von einem fünfdimensionalen Raum zu machen. Deshalb ist es auch bei Problemstellungen, die über den hier betrachteten Anschauungsraum hinausgehen, oft sinnvoll, sich für das Verständnis die Dinge im Anschauungsraum vorzustellen.

In einem Buch ist es natürlich wesentlich, einfacher zweidimensionale Vektoren darzustellen als dreidimensionale. Deshalb werden im folgenden, wenn es für die behandelten Themen ausreichend ist, in der Regel zweidimensionale Darstellungen verwendet. Um die Flächenhaftigkeit bzw. Räumlichkeit der Darstellung deutlich zu machen, werden die Vektoren in ein Koordinatensystem eingezeichnet, auch wen am Anfang der folgenden Darstellungen dieses Koordinatensystem nicht weiter verwendet wird und die Zusammenhänge auch für andere als die eingezeichneten rechtwinkligen Koordinaten gelten.

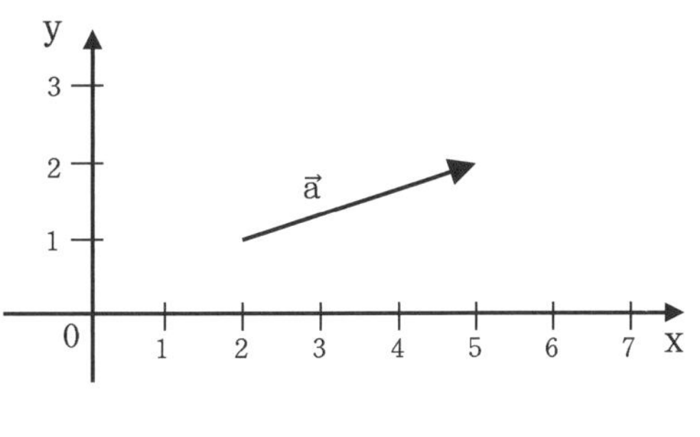

Es sei zunächst einfach ein Vektor betrachtet:

Der Vektor wurde durch einen **kleinen Buchstaben mit einem Pfeil** darüber gekennzeichnet. Hierdurch sollen Vektoren in dieser Abhandlung auch in Zukunft zur Unterscheidung von normalen Variablen gekennzeichnet werden. Außer einem Pfeil über einem kleinen lateinischen Buchstaben sind für Vektoren auch noch die folgenden Schreibweisen üblich: kleine fette lateinische Buchstaben, kleine altdeutsche Schreibschrift-Buchstaben und Anfangs und Endpunkt mit einem Pfeil darüber (z. B. $\overrightarrow{AB}$).

Der eingezeichnete Pfeil ist nur ein **Repräsentant** des Vektors $\vec{a}$. Wenn man den eingezeichneten Vektor beliebig parallel verschiebt, erhält man weitere Repräsentanten des Vektors. Nebenstehend sind weitere Repräsentanten für $\vec{a}$ eingezeichnet.

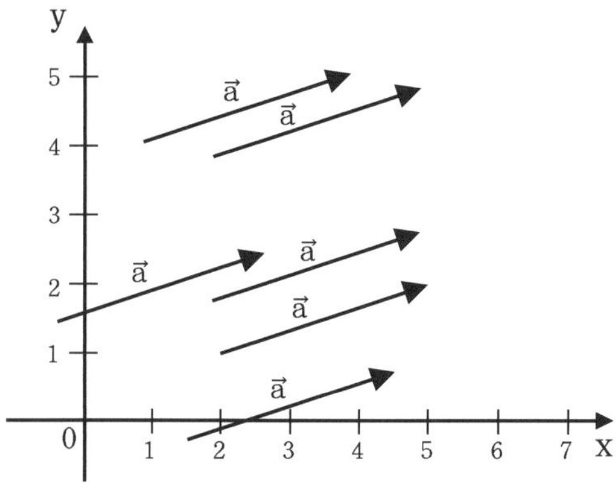

Aus Vereinfachungsgründen wird im folgenden auch von einem Vektor gesprochen, wenn eigentlich nur ein Repräsentant des Vektors gemeint ist.

Alle diese Pfeile stehen für den Vektor $\vec{a}$. Wodurch zeichnen sich diese parallelverschobenen Pfeile aus? Sie haben alle dieselbe Länge, sind parallel und haben den Pfeil auf derselben Seite. Man kann also festhalten:

> Alle Pfeile, die die gleiche Länge haben, parallel zueinander sind und den Pfeil auf derselben Seite haben, sind Repräsentanten desselben Vektors.

Umgangssprachlich würde man statt der obigen Formulierung auch sagen, alle Pfeile, die in die gleiche Richtung zeigen und gleich lang sind, repräsentieren denselben Vektor.[1]

1: Es gibt auch eine Definition, bei der von der gleichen Länge, Richtung und Orientierung gesprochen wird. Allerdings steht hierbei der Gebrauch der Worte „Orientierung“ und „Richtung“ nicht gerade im Einklang mit dem umgangssprachlichem Gebrauch dieser Worte. Daher wird auf diese Definition hier nicht näher eingegangen.

2.2 Addition und S-Multiplikation

2.2.1 Addition und Subtraktion von Vektoren

Man kann sich einen Vektor auch als eine „Verschiebung“ vorstellen. Ein Vektor verschiebt einen Punkt gerade von seinem Ausgangspunkt zu seinem Zielpunkt. In dem nebenstehenden Koordinatensystem sind die Punkte A und B eingezeichnet. Der Vektor zwischen den Punkten drückt die Verschiebung von A nach B aus. Deshalb wird dieser Vektor

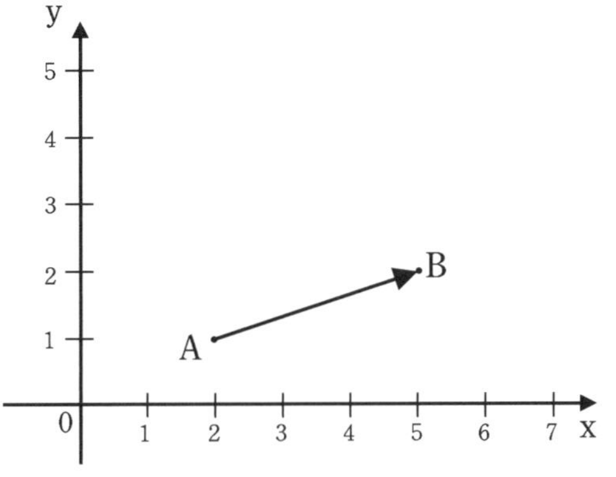

auch folgendermaßen geschrieben $\overrightarrow{AB}$. Wenn man sich Vektoren als Verschiebungen vorstellt, dürfte auch sofort klar sein, wie man Vektoren zusammenzählt. Nebenstehend sind 3 Punkte eingezeichnet. Zusätzlich zu A und B ist nun noch der Punkt C gegeben. Außerdem wurde zu dem Vektor $\overrightarrow{AB}$ auch der Vektor $\overrightarrow{BC}$ eingezeichnet.

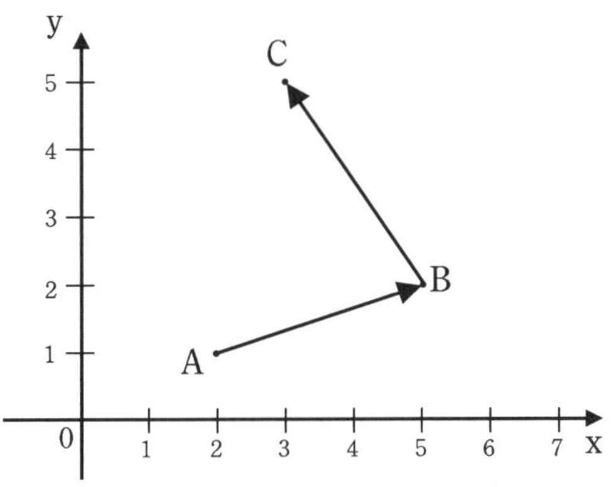

Was ergibt nun $\overrightarrow{AB} + \overrightarrow{BC}$?

Es muss sich eine Verschiebung von A aus über B nach C ergeben. Das Ergebnis ist also eine Verschiebung von A nach C, also der Vektor $\overrightarrow{AC}$.

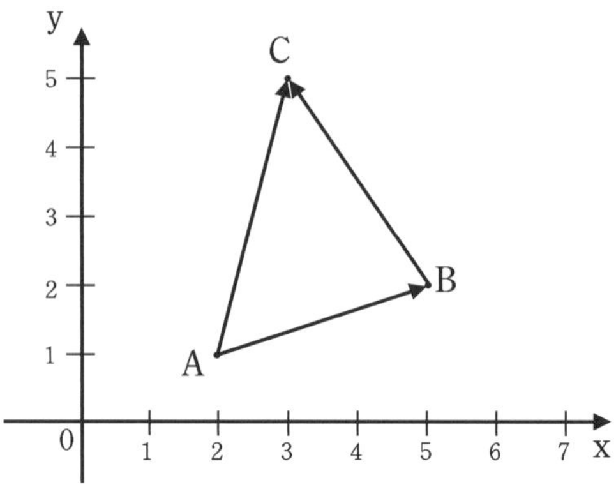

Nebenstehend wurde dieser Vektor eingezeichnet.

Bei den beiden Vektoren war die Addition ziemlich einfach, denn sie waren bereits so gezeichnet, dass der Endpunkt des einen der Ausgangspunkt des andern war.

Nebenstehend sind zwei Vektoren eingezeichnet, die addiert werden sollen. Wie kann man in diesem Fall die Verschiebung herausfinden, die beide Vektoren zusammen durchführen?

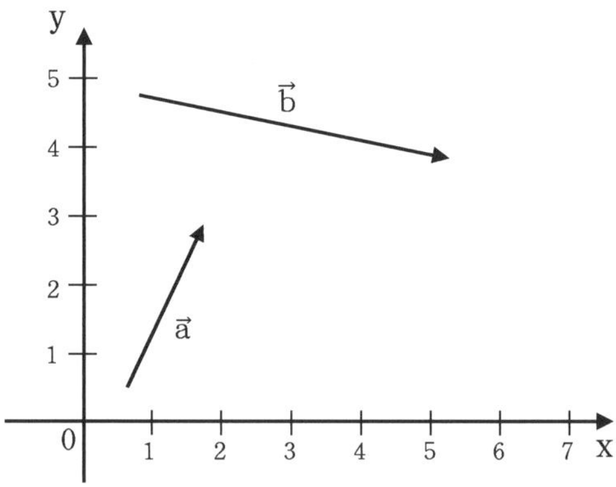

Es war zuvor bereits angeführt worden, dass ein eingezeichneter Pfeil immer nur ein Repräsentant für den Vektor ist, man kann diesen Repräsentanten parallelverschieben und erhält so andere Repräsentanten. Man kann also einen der Pfeile so parallel verschieben, dass der Endpunkt des einen nachfolgend der Anfangspunkt des andern ist. Für die Parallelverschiebung benutzt man am besten ein Geodreieck. Nachdem man $\vec{b}$ zu $\vec{a}$ hin verschoben hat, ergibt sich für die Addition der eingezeichnete Vektor.

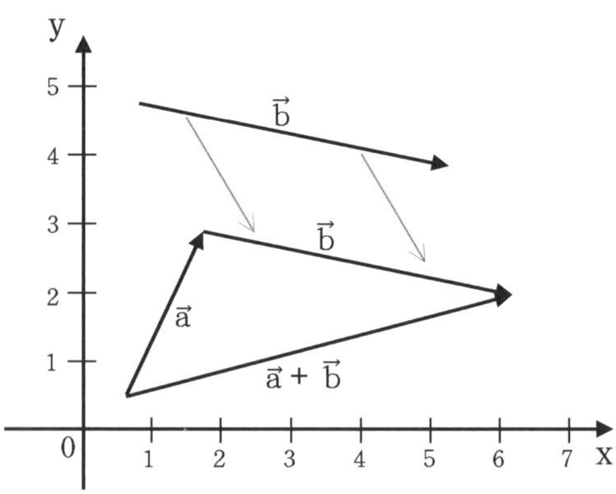

Zuvor wurde $\vec{a} + \vec{b}$ berechnet. Was ergibt sich, wenn man $\vec{b} + \vec{a}$ berechnet? Dieses erhält man, indem man zunächst den Vektor $\vec{b}$ nimmt und dann den Vektor $\vec{a}$ in den Endpunkt von $\vec{b}$ verschiebt.

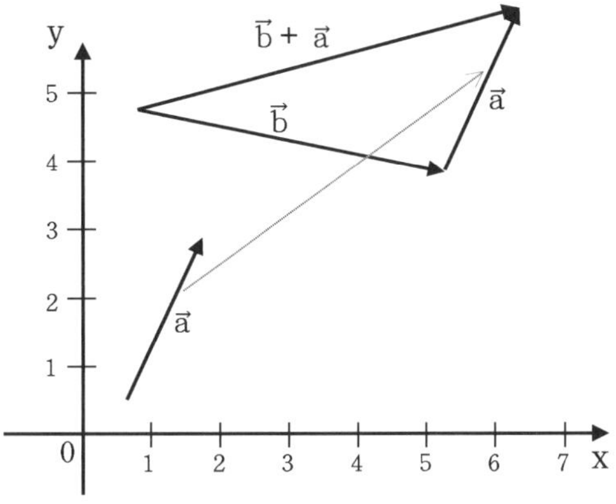

Nebenstehend wurde dies durchgeführt. Man kann anhand der Zeichnungen noch nicht so gut erkennen, ob die beiden Ergebnisse identisch sind. Deutlicher lässt sich dies erkennen, wenn man beide Additionen in einer Zeichnung durchführt. Außerdem wurde zur besseren Vergleichbarkeit nebenstehend für die Berechnung von $\vec{a} + \vec{b}$ der Vektor $\vec{a}$ zunächst in den Anfangspunkt von $\vec{b}$ verschoben.

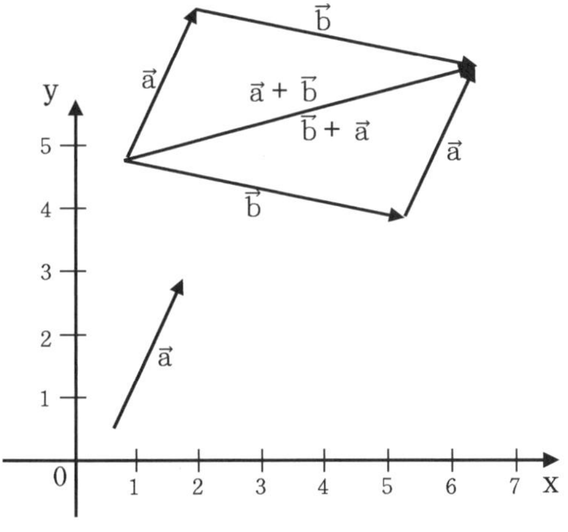

Man kann nun deutlich erkennen, dass sich für den Ergebnisvektor beide Male das Gleiche ergibt. Es gilt also für die Addition von Vektoren:

$$\vec{a} + \vec{b} = \vec{b} + \vec{a}$$

Diesen Zusammenhang nennt man auch **Kommutativgesetz.**[1] Übersetzt bedeutet es in etwa „Vertauschungsgesetz“. Bei der Vektoraddition kommt es also auf die Reihenfolge nicht an, das Ergebnis ist von dieser unabhängig. Bei mehreren Verschiebungen spielt es also keine Rolle, in

1: Vielleicht fragt sich mancher, was für eine Erkenntnis dieses ist, denn es ist doch bekannt, dass das Kommutativgesetz bei der Addition gilt. Dies ist zwar richtig, aber die Vektoraddition ist nicht identisch mit der normalen Addition. Deshalb ist es keinesfalls selbstverständlich, dass hier dieselben Regeln gelten.

welcher Reihenfolge man diese durchführt.

Minus ist die **inverse Operation** zu plus. Invers bedeutet hierbei, dass man mit „Minus" die Ergebnisse von „Plus" wieder rückgängig macht. Für normale Zahlen gilt also beispielsweise:

$$+a - a = 0$$

Die $-a$ heben den Wert der $+a$ wieder auf, und es kommt Null heraus. Die Null nennt man auch das **neutrale Element** der Addition, denn sie verändert eine andere Zahl nicht, wenn man sie zu dieser addiert. In diesem Sinne ist ihre Wirkung auf andere Zahlen bei der Addition also neutral.

Bei Vektoren muss nun vom Prinzip her das Gleiche gelten. D.h. $+\vec{a} - \vec{a}$ muss das neutrale Element der Vektoraddition ergeben. Was ist das neutrale Element der Vektoraddition? Es muss ein Vektor sein, der einen anderen Vektor, wenn man ihn zu diesem addiert, nicht verändert. Wenn man sich hier Vektoren wieder als Verschiebungen vorstellt, dürfte klar sein, welcher Vektor einen anderen Vektor nicht verändert. Es ist die Verschiebung, die in demselben Punkt endet, in dem sie beginnt, also gewissermaßen gar keine echte Verschiebung. Man nennt diesen Vektor den **Nullvektor** und schreibt für ihn $\vec{0}$.

Der inverse bzw. negative Vektor ist nun der Vektor, der die Verschiebung des Ausgangsvektors wieder rückgängig macht. Dieser Vektor ergibt sich, indem man den Pfeil des Ausgangsvektors auf die andere Seite des Vektors zeichnet. Nebenstehend sind die Vektoren $\vec{a}$ und $-\vec{a}$ eingezeichnet. Wenn man die beiden Verschiebungen zusammen durchführen will, zeichnet man den Anfang des einen Vektors an das Ende des anderen und sieht, dass als Ergebnis der Nullvektor dabei herauskommt.

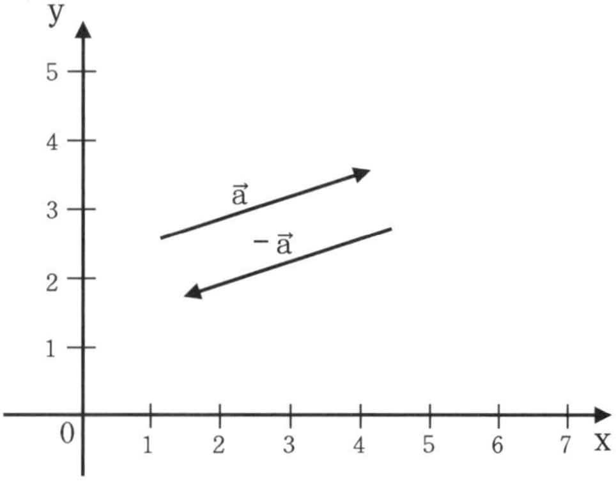

Zusammenfassend gilt:

> Der **inverse Vektor** eines Vektors $\vec{a}$ ist der Vektor $-\vec{a}$.
> Es gilt $\vec{a} + (-\vec{a}) = \vec{a} - \vec{a} = \vec{0}$

In der nachfolgenden Zeichnung werden zwei Vektoren voneinander abgezogen. Es wird $\vec{b} - \vec{a}$ berechnet. Man kann dies auch folgendermaßen schreiben:

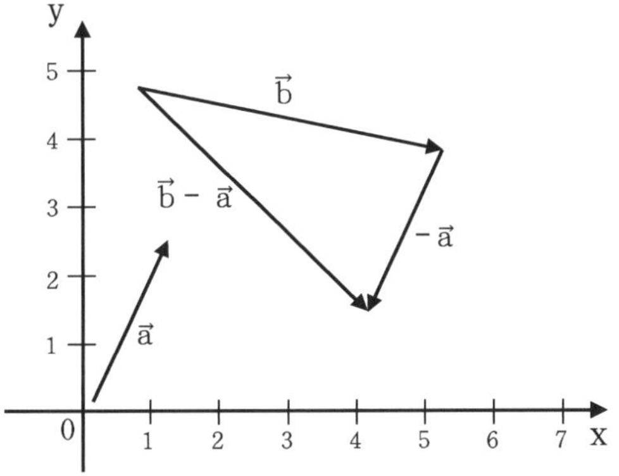

$\vec{b} - \vec{a} = \vec{b} + (-\vec{a})$

$-\vec{a}$ erhält man, indem man bei $\vec{a}$ den Pfeil auf die andere Seite bringt. $-\vec{a}$ wurde in der Zeichnung dann so verschoben, dass der Anfang am Endpunkt von $\vec{b}$ liegt.

Nachfolgend wird noch einmal die Subtraktion der beiden Vektoren betrachtet, allerdings wurden $\vec{a}$ und $\vec{b}$ diesmal zusätzlich so eingezeichnet, dass sie beide im gleichen Ausgangspunkt beginnen. Man erkennt, dass sich als Ergebnis ein Vektor ergibt, der an der Spitze des Vektors $\vec{a}$ anfängt und an der Spitze des Vektors $\vec{b}$ endet.

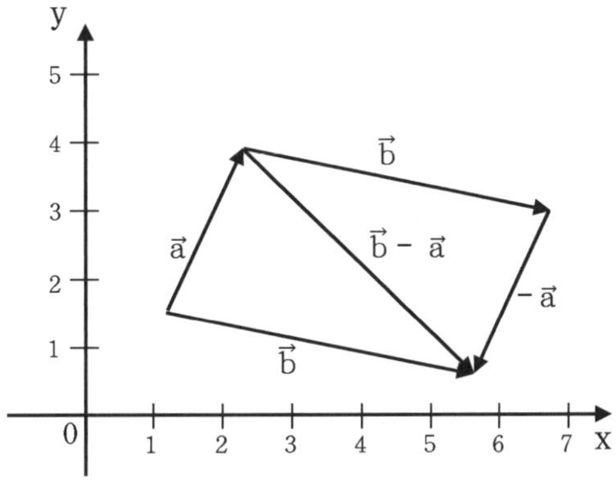

Dieser Zusammenhang gilt immer. Somit kann man für die Subtraktion zweier Vektoren also folgendes festhalten:

> Werden zwei zu subtrahierende Vektoren so gezeichnet, dass sie den gleichen Anfangspunkt haben, so verbindet der Differenzvektor die Pfeilspitzen der beiden Vektoren, er beginnt bei der Pfeilspitze des Vektors, der abgezogen wird, und endet bei der Pfeilspitze des Vektors, von dem abgezogen wird.

2.2.2 S-Multiplikation

Man kann Vektoren auch mit Zahlen multiplizieren. Diese Zahlen nennt man Skalare, im Nachfolgenden steht der Begriff Skalar stets für eine beliebige reelle Zahl. Im Allgemeinen könnten es aber auch komplexe Zahlen sein. Im Rahmen der Schulmathematik kann man aber davon ausgehen, dass ein Skalar einfach irgendeine reelle Zahl ist.[1]

Die Multiplikation eines Vektors mit einem Skalar nennt man Skalar-Multiplikation, oder auch kürzer S-Multiplikation. Nebenstehend ist der Vektor $2\vec{a}$ dargestellt. Er ergibt sich einfach, indem man zweimal $\vec{a}$ aneinanderreiht. Entsprechend können beliebige Vielfache von einem Vektor gebildet werden.

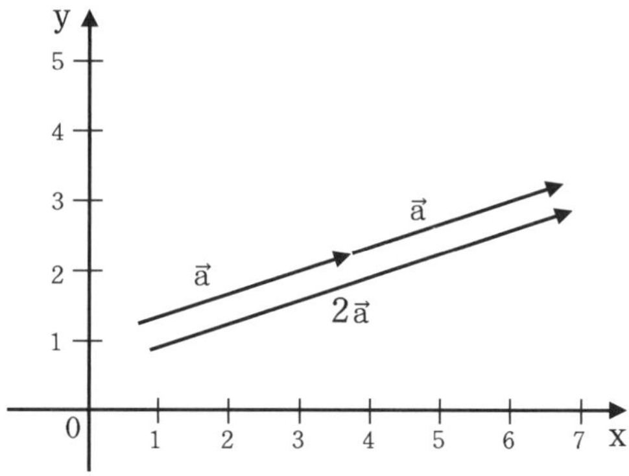

Wichtig ist, zu beachten, dass die S-Multiplikation sich in einem sehr grundlegenden Aspekt von der „normalen" Multiplikation für Zahlen unterscheidet. Denn bei der S-Multiplikation werden nicht zwei gleichartige Objekte miteinander multipliziert. Statt dessen wird ein Vektor mit einer Zahl multipliziert.

Man kann auch Vektoren mit Vektoren multiplizieren. Hierbei gibt es zwei verschiedene Definitionen. Bei der einen Definition ergibt sich als Ergebnis der Multiplikation von zwei Vektoren ein Skalar, bei der anderen ergibt sich für das Ergebnis wiederum ein Vektor. Entsprechend den sich ergebenden Ergebnissen[2] nennt man die erste Definition **Skalarprodukt** und die zweite **Vektorprodukt**. Diese beiden Definitionen werden später behandelt. Wichtig ist, dass man die Skalar-Multiplikation (S-Multiplikation) nicht mit dem Skalarprodukt verwechselt.

1: Trotzdem macht es Sinn, von einem Skalar zu sprechen. Auf diese Weise werden die Zusammenhänge allgemein formuliert und gelten auch dann, wenn sich die Betrachtungen nicht auf die reellen Zahlen beschränken. Siehe hierzu auch Kapitel 2.5.1

2: Das Produkt der Multiplikation ist das sich beim Multiplizieren ergebende Ergebnis.

2.2.3 Linearkombinationen

Man kann natürlich auch Vektoren gleichzeitig mit bestimmten Faktoren multiplizieren und addieren. Nebenstehend sind die Vektoren $\vec{a}$ und $\vec{b}$ eingezeichnet. Es soll der Vektor $\vec{c} = 3\vec{a} + 2\vec{b}$ dargestellt werden. In der untenstehenden Grafik wird der Vektor gebildet.

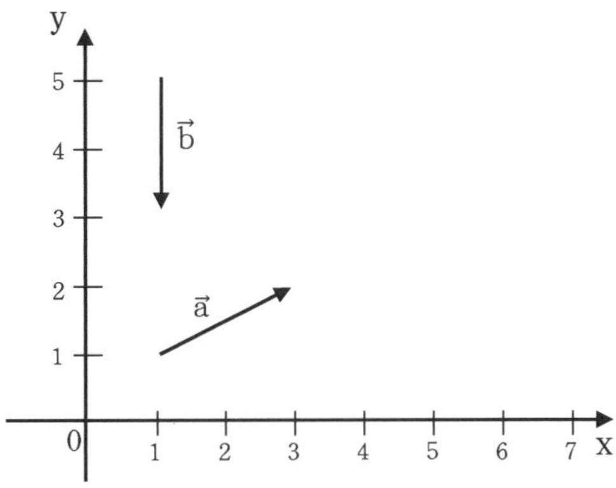

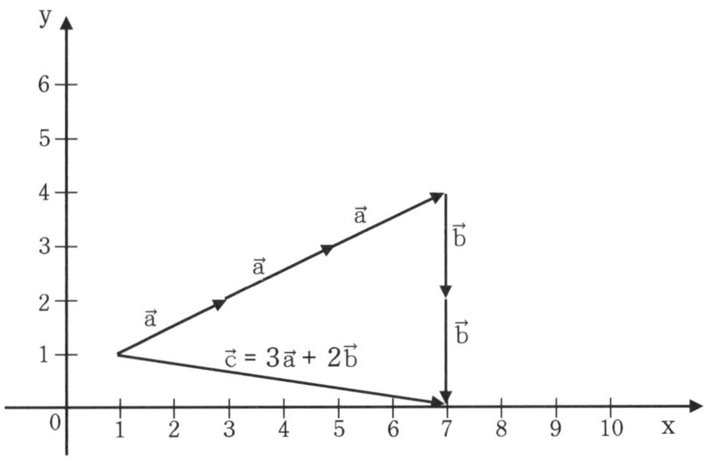

Man sagt, der Vektor $\vec{c}$ wurde als **Linearkombination** der Vektoren $\vec{a}$ und $\vec{b}$ dargestellt.

Linear meint hierbei das Gleiche wie zuvor schon bei linearen Gleichungssystemen. Die „Variablen", in diesem Fall die Vektoren, kommen nur in einfacher Potenz ($\vec{a} = \vec{a}^1$) vor und werden ansonsten nur mit Zahlen oder Konstanten multipliziert.

2.3 Lineare Abhängigkeit

2.3.1 Zwei Vektoren

Man nennt eine Menge von Vektoren **linear abhängig**, wenn man einen der Vektoren als Linearkombination der anderen Vektoren darstellen kann. Die beiden nebenstehend abgebildeten Vektoren sind linear abhängig. Bei zwei Vektoren ist der eine Vektor genau dann als Linearkombination des anderen Vektors darstellbar, wenn er ein Vielfaches des anderen Vektors ist. Man kann in der Zeichnung erkennen, dass man $\vec{a}$ nur genügend verlängern muss, damit er identisch mit $\vec{b}$ wird. In der Zeichnung wurden die beiden Vektoren gerade so gewählt, dass $\vec{b}$ 1,5 mal so lang wie $\vec{a}$ ist. Somit kann $\vec{b}$ folgendermaßen als Linearkombination durch $\vec{a}$ dargestellt werden:

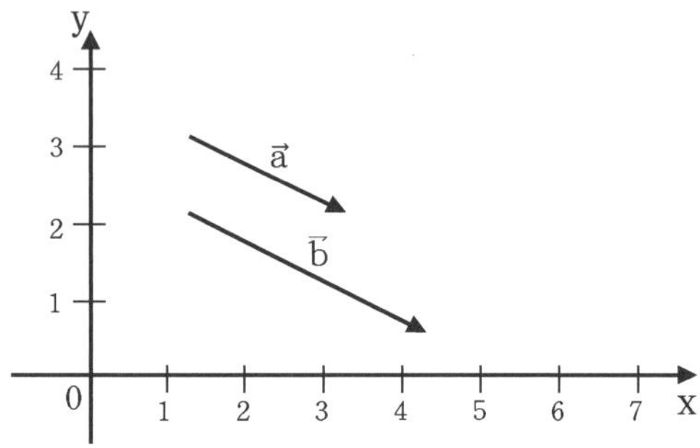

$$\vec{b} = 1{,}5\vec{a}$$

Die Vektoren $\vec{a}$ und $\vec{b}$ sind also linear abhängig. Natürlich hätte man auch andersherum $\vec{a}$ als Linearkombination durch $\vec{b}$ darstellen können.[1]

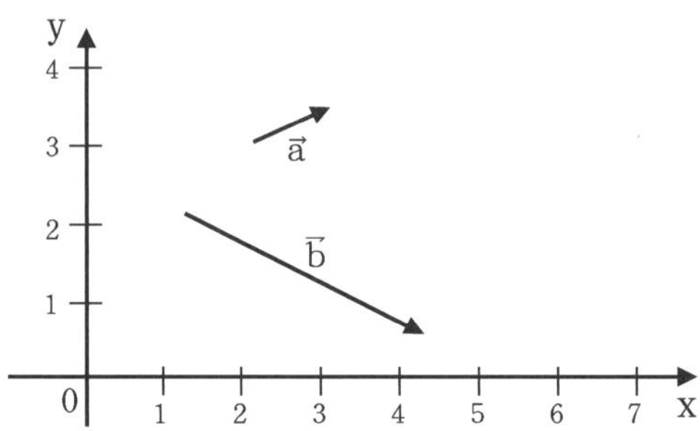

Wie sieht es nun bei den beiden nebenstehenden Vektoren aus? Kann man auch bei diesen beiden Vektoren den einen als Linearkombination des anderen darstellen?

1: Solange man nur einen Vektor durch einen anderen ausdrückt ist der Begriff Linearkombination an sich etwas geprahlt, denn es werden ja gar keine Vektoren kombiniert, um den betrachteten Vektor darzustellen.

Es müsste für folgende Gleichung eine Lösung gefunden werden:[1]

$$\vec{b} = r * \vec{a}$$

Die Frage ist also, ob es ei ne Zahl „r“ gibt, für die die angegebene Bedingung erfüllt ist. Nebenstehend sind die sich für r = −1, 1, 2 und 3 ergebenden Vektoren eingezeichnet. Man sieht, dass diese alle auf einer Geraden liegen. Auch bei jedem anderen Faktor wird man nur wieder Vektoren erhalten, die auf dieser Geraden liegen. Genau genommen liegt natürlich nur ein Repräsentant des Vektors auf der Geraden. Aber für alle Repräsentanten gilt, dass sie parallel zu den eingezeichneten Vektoren liegen. Nachfolgend wird in der Regel einfach davon gesprochen, dass ein Vektor auf einer Geraden liegt, auch wenn nur einer seiner Repräsentanten gemeint ist.

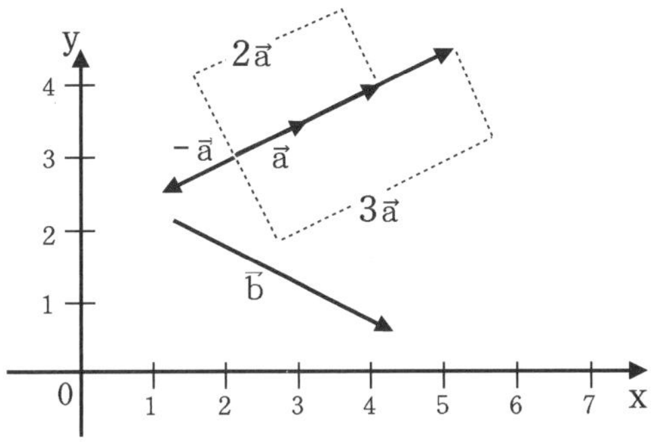

Man kann erkennen, dass es keinen Faktor r gibt, der die Gleichung erfüllt, und sich somit auch keine Linearkombination finden lässt. Der Vektor $\vec{b}$ kann also durch den Vektor $\vec{a}$ nicht dargestellt werden. Die beiden Vektoren sind **linear unabhängig.**

Es lässt sich in der Grafik gut erkennen, dass **zwei Vektoren genau dann linear abhängig sind, wenn sie auf einer Geraden liegen**, denn nur dann kann der eine als ein Vielfaches des anderen dargestellt werden. Man nennt deshalb zwei Vektoren, die linear abhängig sind, auch **kollinear,** von collinere (lat.): „gerade richten“.

1: Wenn der Vektor $\vec{a}$ der Nullvektor ist, gibt es für die angeführte Gleichung keine Lösung für r. Allerdings ist der Nullvektor definitionsgemäß linear abhängig zu allen Vektoren. Wenn ein Nullvektor vorliegt, braucht also gar nicht weiter auf lineare Abhängigkeit untersucht werden. Wenn kein Nullvektior vorliegt, gelten die im Text angeführten Zusammenhänge.

2.3.2 Drei Vektoren

Nachfolgend sind in einem dreidimensionalen Koordinatensystem drei Vektoren eingezeichnet:

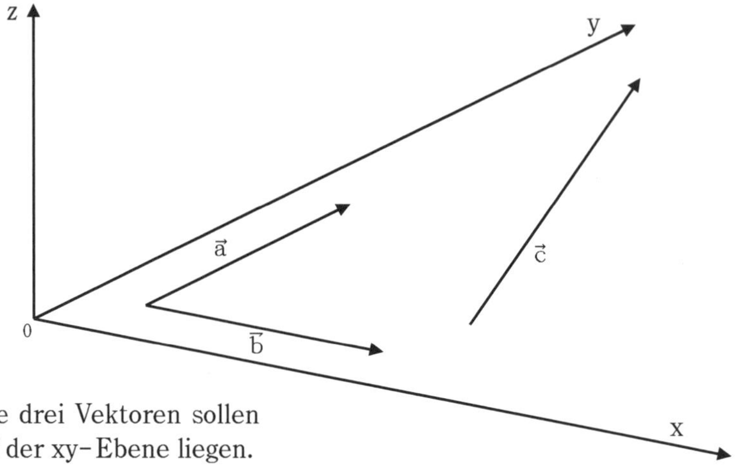

Alle drei Vektoren sollen auf der xy-Ebene liegen.

Sind diese drei Vektoren linear abhängig? Wenn sie dies sind, dann muss man einen der Vektoren durch die anderen Vektoren darstellen können. Kann man also beispielsweise den Vektor $\vec{c}$ als Linearkombination der Vektoren $\vec{a}$ und $\vec{b}$ darstellen? Wenn dies geht, dann gibt es Parameter r und s, so dass die Gleichung[1]

$$\vec{c} = r * \vec{a} + s * \vec{b}$$

eine Lösung hat.

1: Als Parameter für derartige Gleichungen werden in diesem Buch die Parameter r, s, t usw. verwendet. Eine andere übliche Konvention ist es, hier griechische Buchstaben zu verwenden. Es werden dann die Buchstaben λ, μ, ν usw. (Lambda, My, Ny ...) verwendet. Der Nachteil dieser Version ist, dass man sich die griechischen Buchstaben einprägen muss, dafür dürfte sie aber eher etwas übersichtlicher sein.

In der folgenden Zeichnung wurden die Vektoren so verschoben, dass man erkennen kann, wie der Vektor $\vec{c}$ als Linearkombination der Vektoren $\vec{a}$ und $\vec{b}$ gebildet werden kann:

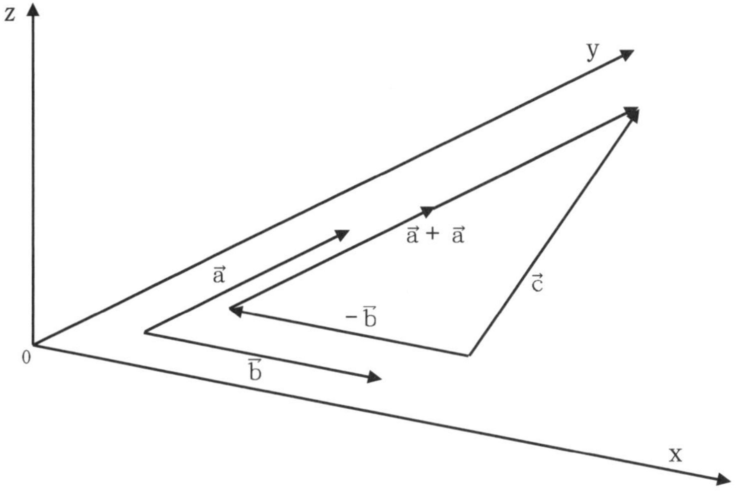

Wie man sieht, kann man $\vec{c}$ als Linearkombination der andern beiden Vektoren darstellen, es gilt:

$$\vec{c} = -\vec{b} + 2\vec{a}$$

Die drei Vektoren $\vec{a}$, $\vec{b}$ und $\vec{c}$ sind somit linear abhängig. Wie man an dem Beispiel gut sehen kann, liegen drei Vektoren, die linear abhängig sind, in einer Ebene (es muss allerdings nicht eine durch die Koordinatenachsen aufgespannte Ebene wie in diesem Beispiel sein). Man nennt drei linear abhängige Vektoren deshalb auch **komplanar**, von complanare (lat.): einebnen.

Es war zuvor schon angemerkt, dass drei Vektoren linear abhängig bzw. komplanar sind, wenn man einen von ihnen als Linearkombination der anderen darstellen kann. An dem folgenden Beispiel wird dieser Zusammenhang nochmals betrachtet.

Es seien die nachfolgenden drei Vektoren betrachtet:

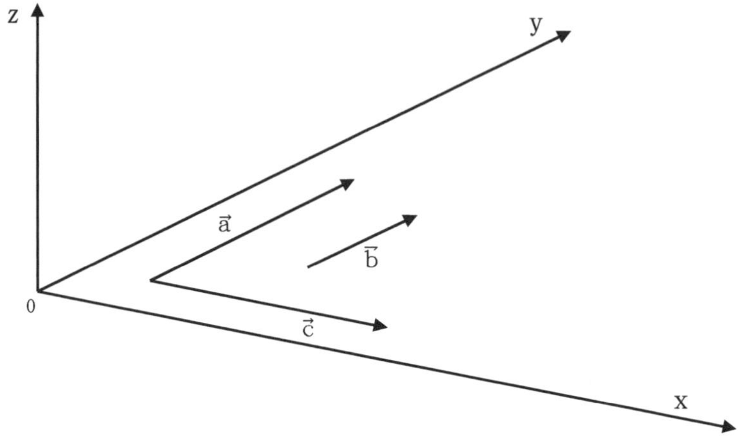

Auch diese drei Vektoren liegen in einer Ebene. Man würde somit erwarten, dass sich $\vec{c}$ als Linearkombination von $\vec{a}$ und $\vec{b}$ darstellen lässt. Es müssten also Parameter r und s zu finden sein, so dass die folgende Gleichung erfüllt ist:

$$\vec{c} = r * \vec{a} + s * \vec{b}$$

Da $\vec{a}$ und $\vec{b}$ aber parallel (bzw. kollinear, bzw. linear abhängig) zueinander sind, kann man durch beliebige Addition von Vielfachen dieser Vektoren nur wieder Vektoren produzieren, die zu diesen beiden Vektoren parallel sind. Der Vektor $\vec{c}$ lässt sich nicht konstruieren. Die drei Vektoren liegen aber trotzdem in einer Ebene. Wenn man bei drei Vektoren einen dieser Vektoren nicht als Linearkombination der anderen beiden Vektoren darstellen kann, lässt sich also noch nicht folgern, dass die Vektoren linear unabhängig sind. Man muss entweder zusätzlich überprüfen, ob sich $\vec{a}$ oder $\vec{b}$ als Linearkombination der anderen beiden Vektoren darstellen lässt. Für $\vec{b}$ würde sich folgender Ansatz ergeben:

$$\vec{b} = r * \vec{a} + s * \vec{c}.$$

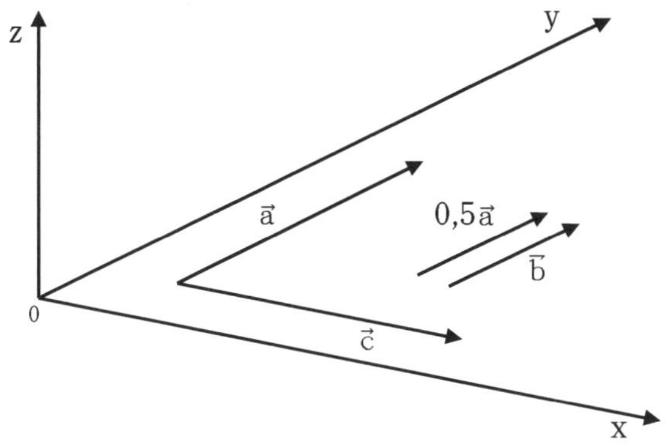

Wie man der nebenstehenden Zeichnung entnehmen kann, ist $\vec{b}$ gerade gleich 0,5 mal $\vec{a}$. Somit ergibt sich folgende Linearkombination:

$$\vec{b} = 0{,}5\vec{a} + 0\vec{c}$$

Somit sind die drei Vektoren linear abhängig.

Man kann das Verfahren allerdings noch etwas vereinfachen, der Vektor $\vec{c}$ ließ sich gerade deshalb nicht durch $\vec{a}$ und $\vec{b}$ darstellen, weil die beiden Vektoren parallel sind. Nachdem man festgestellt hat, dass der Vektor $\vec{c}$ nicht durch $\vec{a}$ und $\vec{b}$ darstellbar ist, hätte man also überprüfen können, ob die Vektoren $\vec{a}$ und $\vec{b}$ linear abhängig (kollinear) sind. Wenn sie dieses sind, dann sind die drei Vektoren linear abhängig. Wenn sie es nicht sind, sind die drei Vektoren linear unabhängig (wohlgemerkt unter der Voraussetzung, dass sich $\vec{c}$ durch $\vec{a}$ und $\vec{b}$ nicht darstellen lässt).

Für die lineare Abhängigkeit von drei Vektoren kann man also folgende Bedingung festhalten:

Drei Vektoren $\vec{a}$, $\vec{b}$ und $\vec{c}$ sind linear abhängig (komplanar) wenn **eine der beiden** folgenden Bedingungen erfüllt ist:

1) Es gibt Parameter r und s, so dass gilt:

$$\vec{c} = r * \vec{a} + s * \vec{b}$$

($\vec{c}$ lässt sich als Linearkombination durch $\vec{a}$ und $\vec{b}$ darstellen)

2) Es gibt einen Parameter t, so dass gilt:

$$\vec{a} = t * \vec{b}$$

($\vec{a}$ und $\vec{b}$ sind linear abhängig (kollinear))

Man nennt die beiden Bedingungen auch 1. und 2. Komplanaritätsbedingung.

Statt der soeben angeführten Definition für Komplanarität kann man aber auch die im nächsten Abschnitt betrachtete allgemeine Bedingung für lineare Abhängigkeit verwenden.

Es seien nun die folgenden drei Vektoren betrachtet:

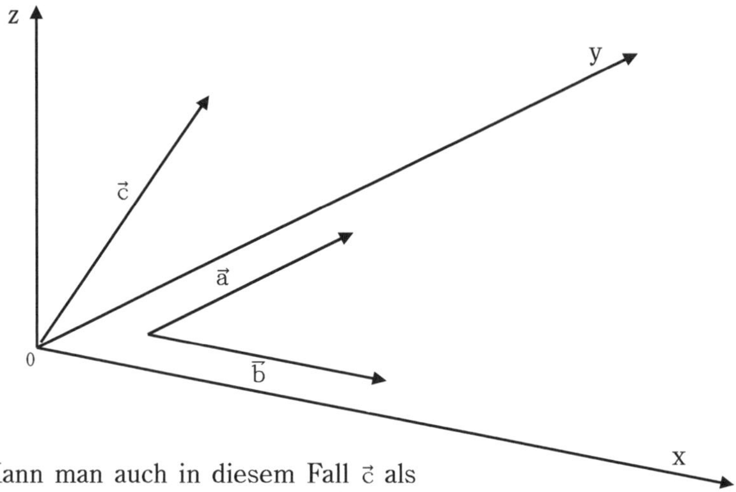

Kann man auch in diesem Fall $\vec{c}$ als Linearkombination von $\vec{a}$ und $\vec{b}$ darstellen?

Nachfolgend wurden als Beispiel zwei Linearkombinationen von $\vec{a}$ und $\vec{b}$ eingezeichnet:

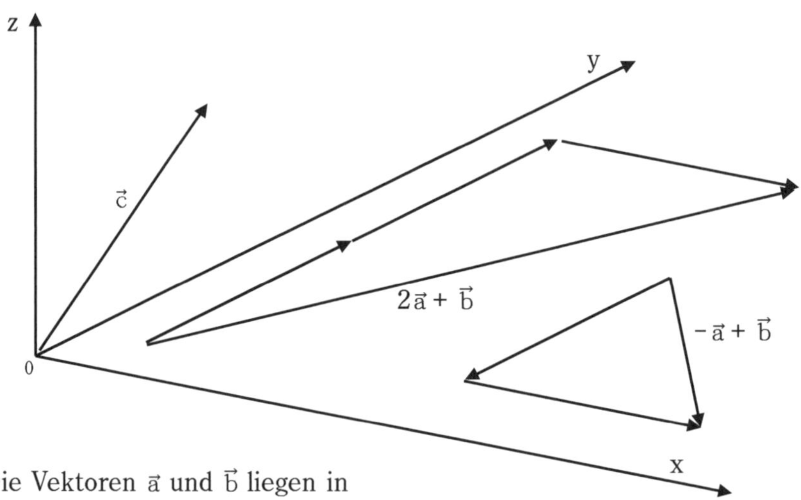

Die Vektoren $\vec{a}$ und $\vec{b}$ liegen in der xy-Ebene. Vektoren, die man mittels $\vec{a}$ und $\vec{b}$ bildet, müssen auch wieder in der xy-Ebene liegen. Es ist also nicht möglich, den Vektor $\vec{c}$, der aus der xy-Ebene herausragt, mittels der Vektoren $\vec{a}$ und $\vec{b}$ zu konstruieren.

Man kann sich die Zusammenhänge auch folgendermaßen vorstellen: Es sei angenommen, dass der Fußboden die xy-Ebene sei. Die Vektoren $\vec{a}$ und $\vec{b}$ seien Bleistifte, die auf dem Fußboden liegen, man kann nun die Bleistifte beliebig verschieben und aneinanderreihen, die sich hierbei ergebenden Vektoren werden immer Vektoren sein, die ebenfalls auf dem Fußboden liegen. Der Vektor $\vec{c}$, der in den Raum hineinragt, lässt sich somit mittels der beiden Vektoren $\vec{a}$ und $\vec{b}$ nicht konstruieren.

Weiterhin sind die Vektoren $\vec{a}$ und $\vec{b}$ linear unabhängig voneinander. Also ist keine der beiden Komplanaritätsbedingungen erfüllt, und die drei Vektoren sind linear unabhängig.

Wenn die Vektoren $\vec{a}$ und $\vec{b}$ linear abhängig wären, sie also auf einer Geraden lägen, so würden sie zusammen mit einem beliebigen dritten Vektor $\vec{c}$, der in den Raum hineinragt, eine Ebene aufspannen. In der folgenden Zeichnung ist ein Beispiel hierzu dargestellt:

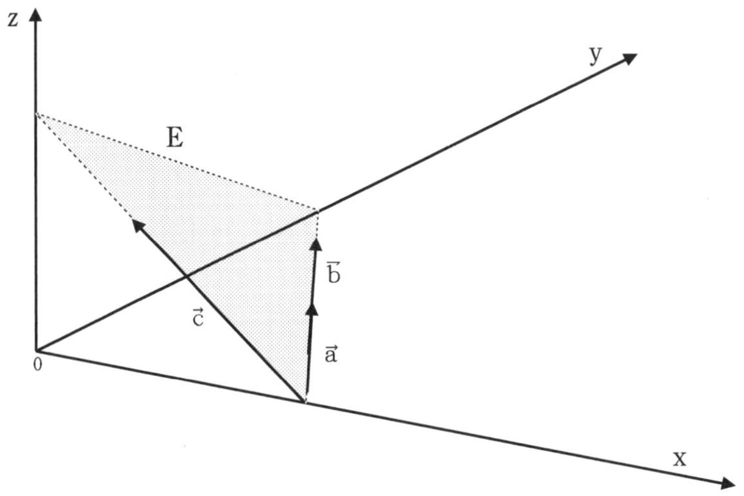

2.3.3 Allgemeine Bedingung für lineare Abhängigkeit

Man kann auch eine allgemeingültige Bedingung für lineare Abhängigkeit formulieren. Dieses ist natürlich vor allem interessant, wenn man sich auch mit mehr als dreidimensionalen Vektoren beschäftigt. Denn man müsste für jede Dimension, ähnlich wie zuvor schon für den dreidimensionalen Fall, extra Regeln aufstellen. Da in der Schule in der Regel nur zwei- und dreidimensionale Vektoren behandelt werden, kann man auch mit den zuvor dargestellten Methoden auskommen. Die allgemeingültige Bedingung ist aber zumindest eleganter.

Für drei Vektoren lautet die Bedingung:

> Die drei Vektoren $\vec{a}$, $\vec{b}$ und $\vec{c}$ sind linear abhängig, wenn die Gleichung
>
> $$r * \vec{a} + s * \vec{b} + t * \vec{c} = \vec{0}$$
>
> eine andere Lösung als die Triviallösung besitzt.
>
> Die Triviallösung ist diejenige Lösung, bei der die Parameter alle Null sind. Diese Lösung existiert immer.

Wenn es irgendeine Parameterkonstellation gibt, bei der nicht alle drei Parameter gleichzeitig Null sind, kann man immer einen der Vektoren als Linearkombination der anderen darstellen.

Angenommen, alle 3 Parameter sind ungleich Null, dann kann man in jedem Fall folgende Auflösung der Gleichung durchführen:

$$r * \vec{a} + s * \vec{b} + t * \vec{c} = \vec{0} \quad | -t * \vec{c}$$

$$\Leftrightarrow r * \vec{a} + s * \vec{b} = -t * \vec{c} \quad | \div(-t)$$

$$\Leftrightarrow -\frac{r}{t} * \vec{a} - \frac{s}{t} * \vec{b} = \vec{c}$$

$\vec{c}$ wurde somit als Linearkombination der anderen Vektoren dargestellt. Man hätte die Gleichung in diesem Fall natürlich auch nach jedem anderen Vektor auflösen können.

Es sei nun angenommen, einer der Parameter sei Null, z.B. t, dann ergibt sich:

$$r * \vec{a} + s * \vec{b} + 0 * \vec{c} = \vec{0} \quad | -s * \vec{b}$$

$$\Leftrightarrow r * \vec{a} = -s * \vec{b} \quad | \div(-s)$$

$$\Leftrightarrow -\frac{r}{s} * \vec{a} = \vec{b}$$

In diesem Fall sind also die Vektoren $\vec{a}$ und $\vec{b}$ linear abhängig. Damit sind aber auch alle drei Vektoren zusammen linear abhängig.

Den Fall, dass nur einer der Parameter ungleich Null ist, kann es nicht geben, denn dann kann die Gleichung nicht erfüllt werden.[1]

Die beiden Fälle (alle Parameter ungleich Null bzw. genau ein Parameter gleich Null) entsprechen den beiden im vorherigen Abschnitt aufgestellten Komplanaritätsbedingungen.

Bei konkreten Berechnungen ist die allgemeine Form etwas aufwendiger, denn in der zu untersuchenden Gleichung tauchen 3 Variable auf; vorteilhaft ist hingegen, dass nur eine einzige Gleichung untersucht werden muss.

Bisher wurde die allgemeine Bedingung für lineare Abhängigkeit nur für 3 Vektoren dargestellt. Ihr besonderer Vorteil ist aber, dass man eine ganz allgemeine Form angeben kann, diese lautet:

> Die Vektoren $\vec{a}_1$, $\vec{a}_2$, ..., $\vec{a}_n$ sind **genau dann linear unabhängig**, wenn die Gleichung $\mathbf{r_1\vec{a}_1 + r_2\vec{a}_2 + ... + r_n\vec{a}_n = \vec{0}}$ nur erfüllbar ist, wenn alle Parameter (r_i) gleich Null sind, die Gleichung also nur die Triviallösung hat.
>
> Wenn es eine Lösung gibt, in der nicht alle Parameter Null sind, sind die Vektoren **linear abhängig**.

Das n steht bei dieser Darstellung für die Anzahl der betrachteten Vektoren. Für drei Vektoren ergibt sich z.B.:

$$r_1\vec{a}_1 + r_2\vec{a}_2 + r_3\vec{a}_3 = \vec{0}$$

Vergleicht man dieses mit der zuvor für drei Vektoren angegebenen Dar-

1: Es wurde hierbei unterstellt, dass drei „echte" Vektoren untersucht werden, dass also keiner der Vektoren der Nullvektor ist.

stellung

$$r * \vec{a} + s * \vec{b} + t * \vec{c} = \vec{0}$$

sieht man, dass die einzelnen Größen nun lediglich anders benannt wurden. Statt s wurde nun z.B. r_2 und statt $\vec{b}$ wurde $\vec{a}_2$ geschrieben.

Aus der allgemeinen Bedingung ergibt sich z.B. für zwei Vektoren:

$$r_1\vec{a}_1 + r_2\vec{a}_2 = \vec{0}$$

Die zuvor in Abschnitt 2.3.1 angeführte Bedingung war etwas einfacher. Man kann sie aber aus dieser Bedingung durch Umformen herleiten.

Man kann die allgemeine Bedingung für lineare Abhängigkeit auch mittels des Summenzeichens folgendermaßen schreiben:

> Die Vektoren $\vec{a}_1, \vec{a}_2, ..., \vec{a}_n$ sind **genau dann linear unabhängig**, wenn die Gleichung
>
> $$\sum_{i=1}^{n} r_i\vec{a}_i = \vec{0}$$
>
> nur die Triviallösung hat.
>
> Wenn es eine andere Lösung gibt, sind die Vektoren **linear abhängig**.

Das Summenzeichen bedeutet, dass für i nacheinander alle Werte von 1 bis n eingesetzt werden müssen und die sich dann jeweils ergebenden Ausdrücke summiert werden sollen. Man kann es sich als eine abkürzende Schreibweise für den in der vorherigen Definition verwendeten Ausdruck vorstellen.

2.4 Vektorraum (Teil 1)

Unter bestimmten Voraussetzungen nennt man eine Menge von Vektoren einen Vektorraum. In diesem Abschnitt soll zunächst nur die Grundidee eines Vektorraumes beleuchtet werden. Über die betrachteten Bedingungen hinaus müssen für die Addition der Vektoren und für die S-Multiplikation einige Regeln gelten, diese werden im nächsten Kapitel (2.5) behandelt.

2.4.1 Grundlagen

Wenn man Linearkombinationen von Vektoren, die auf dem Fußboden liegen, bildet, werden sich immer Vektoren ergeben, die auch auf dem Fußboden liegen. Nachfolgend ist dies noch einmal an einem Beispiel verdeutlicht.

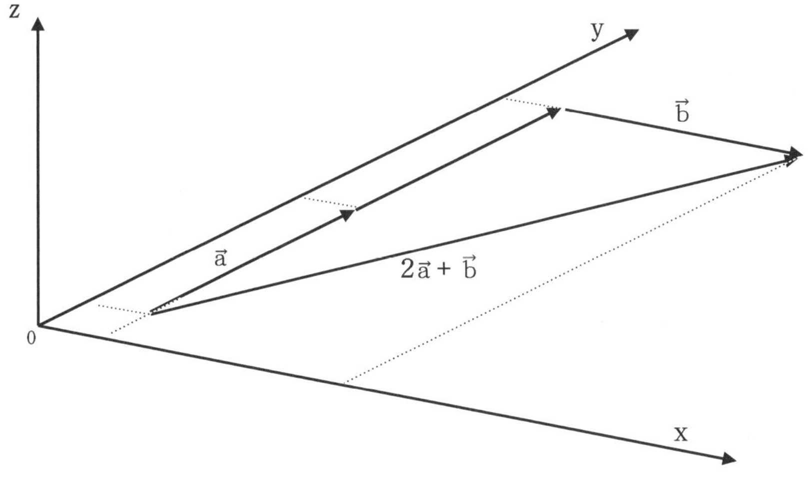

Der Zusammenhang gilt nun aber nicht nur für den Fußboden (die xy-Ebene) sondern für jede beliebige Ebene. Man könnte sich z.B. die eine Seite eines Schrägdaches vorstellen, auf die man Dachlatten als Vektoren legt. Egal wie man Linearkombinationen dieser Dachlatten bildet, sie werden immer auf der durch die Dachseite vorgegebenen Ebene liegen.

Wegen der einfacheren Darstellung werden die zweidimensionalen Ausführungen nachfolgend allerdings einfach anhand der xy-Ebene beschrieben.

Es seien die beiden Vektoren $\vec{a}$ und $\vec{b}$ gegeben. Weil es für die folgende Betrachtung sehr nützlich ist, wurden die beiden Vektoren so gewählt, dass sie gerade eine Länge von 1 haben und in Richtung der Koordinatenachsen zeigen. Man nennt diese Vektoren auch Einheitsvektoren.

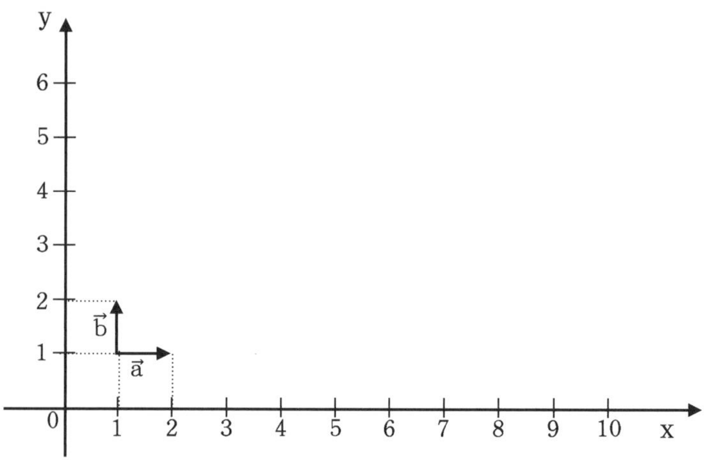

Nachfolgend werden andere Vektoren in der xy-Ebene dargestellt:

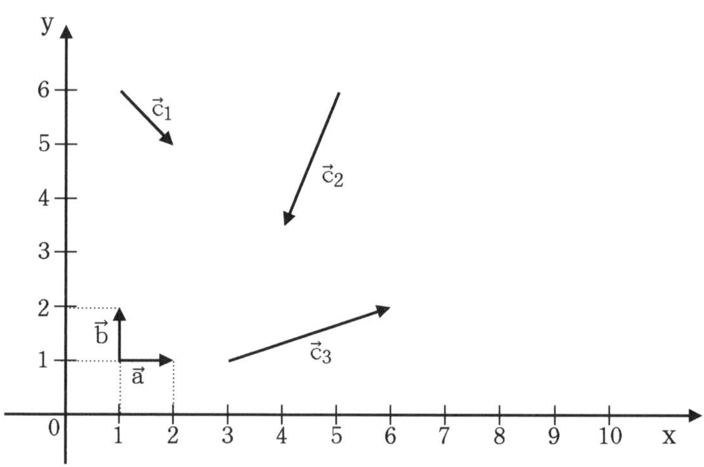

Wie können die dargestellten Vektoren ($\vec{c}_1$, $\vec{c}_2$, $\vec{c}_3$) als Linearkombination der Vektoren $\vec{a}$ und $\vec{b}$ ausgedrückt werden?

Für den Vektor $\vec{c}_2$ wurde die entsprechende Linearkombination nachfolgend eingezeichnet:

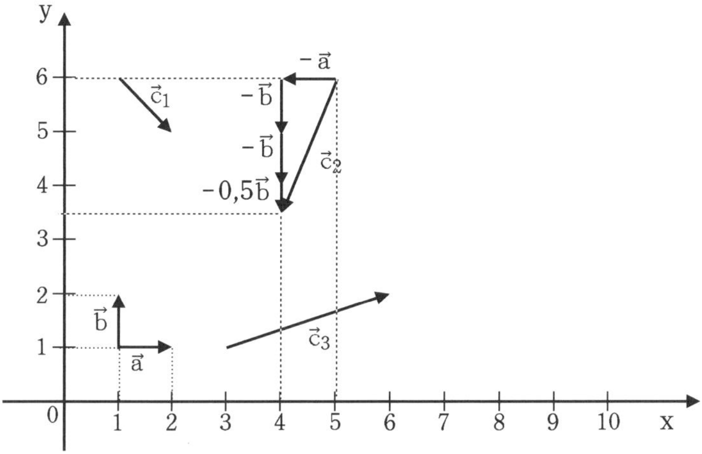

Für $\vec{c}_2$ gilt somit:

$$\vec{c}_2 = -\vec{a} - 2{,}5\vec{b}$$

Für die anderen beiden Vektoren ergibt sich entsprechend:

$$\vec{c}_1 = \vec{a} - \vec{b}$$

$$\vec{c}_3 = 3\vec{a} + \vec{b}$$

Man kann sich sicherlich vorstellen, dass man auf ähnliche Weise jeden beliebigen Vektor in der xy-Ebene als Linearkombinationen der Vektoren $\vec{a}$ und $\vec{b}$ darstellen kann.

In dem betrachteten Beispiel waren die beiden Vektoren $\vec{a}$ und $\vec{b}$ rechtwinklig zueinander und hatten eine Länge von 1. Dieses hat die Bestimmung der jeweiligen Linearkombination vereinfacht, ist aber nicht eine Voraussetzung für die angeführten Zusammenhänge.

Auch mit den beiden nachfolgend eingezeichneten Vektoren $\vec{a}$ und $\vec{b}$ kann man jeden anderen Vektor in der xy-Ebene als Linearkombination darstellen:

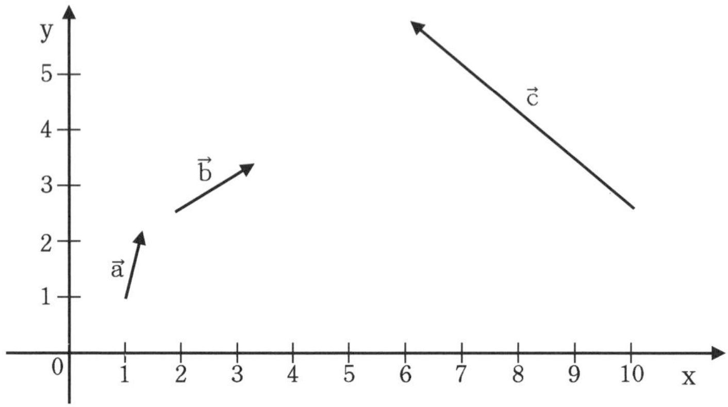

Der Vektor $\vec{c}$ soll nun mittels $\vec{a}$ und $\vec{b}$ dargestellt werden. In der nachfolgenden Zeichnung ist eine Konstruktionsmöglichkeit hierfür dargestellt.

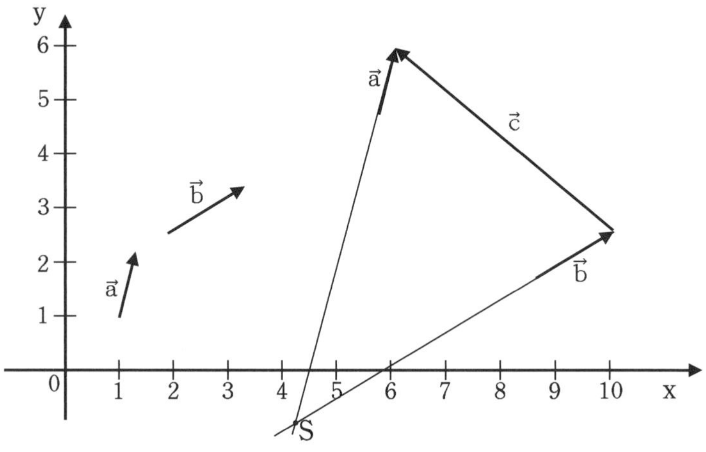

Die Vektoren $\vec{a}$ und $\vec{b}$ wurden zunächst zu dem Anfang bzw. Endpunkt von $\vec{c}$ verschoben, so dass sich in ihrer Verlängerung (in diesem Fall ihrer Verlängerung nach links/unten) ein Dreieck ergibt. Die entsprechende Verlängerung wurde eingezeichnet. Hierbei ergibt sich der Schnittpunkt S. Wenn man nun vom Startpunkt von $\vec{c}$ aus gerade so oft $-\vec{b}$ nimmt, dass man bis zu dem Schnittpunkt kommt, und dann soviel $\vec{a}$ hinzuzählt, dass man vom Schnittpunkt zum Endpunkt von $\vec{c}$ gelangt, hat man den Vektor $\vec{c}$ als Linearkombination durch $\vec{a}$ und $\vec{b}$ dargestellt. Auf die gleiche Art könnte auch jeder andere Vektor in der betrachteten Ebene durch $\vec{a}$ und $\vec{b}$ ausgedrückt werden.

Lediglich wenn die Vektoren $\vec{a}$ und $\vec{b}$ linear abhängig sind, also parallel zueinander verlaufen, ist es nicht möglich, jeden anderen Vektor in der Ebene als Linearkombination von $\vec{a}$ und $\vec{b}$ darzustellen. Wie auch immer man Linearkombinationen der nebenstehend abgebildeten Vektoren $\vec{a}$ und $\vec{b}$ bildet, alle Vektoren, die man hierbei bildet, werden wieder parallel zu $\vec{a}$ und $\vec{b}$ sein. Somit ist es nicht möglich den Vektor $\vec{c}$ als Linearkombination von $\vec{a}$ und $\vec{b}$ darzustellen.

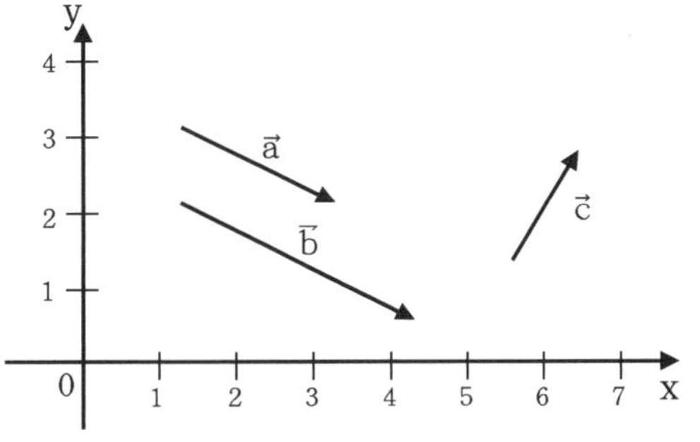

Zusammenfassend lässt sich folgendes festhalten:

> Jeder Vektor, der in einer Ebene liegt, lässt sich durch eine Linearkombination von zwei linear unabhängigen Vektoren aus der Ebene darstellen.

Weiterhin war zuvor festgestellt worden:

> Alle Linearkombinationen von Vektoren, die auf einer Ebene liegen, liegen auch wieder auf dieser Ebene.

Man kann die zuletzt gennante Eigenschaft auch anders beschreiben, bei einer Linearkombination werden mittels der S-Multiplikationen und der Additionen neue Vektoren gebildet. Diese Vektoren liegen stets wieder auf der betrachteten Ebene. Somit lässt sich auch sagen, dass die Menge aller Vektoren, die auf der xy-Ebene liegen, bezüglich der Addition und der S-Multiplikation abgeschlossen ist. D.h. wenn man zwei Vektoren addiert oder einen Vektor mit einem Skalar multipliziert, ergibt sich als Ergebnis wieder ein Vektor auf der Ebene.

> Eine Menge die nicht leer ist und bezüglich der Addition und S-Multiplikation abgeschlossen ist, nennt man einen **Vektorraum**.

Diese Definition ist etwas verkürzt, denn für die Addition und für die S-Multiplikation müssen auch noch bestimmte Regeln gelten, die in Abschnitt 2.5 behandelt werden. Sie enthält aber die wesentliche Eigenschaft von Vektorräumen.

2.4.2 Basis und Dimension

Es war zuvor gezeigt worden, dass man als Linearkombination von zwei linear unabhängigen Vektoren aus der xy-Ebene jeden anderen Vektor der xy-Ebene darstellen kann. Der Vektorraum der xy-Ebene lässt sich also als Linearkombination der beiden nebenstehend abgebildeten Vektoren $\vec{a}$ und $\vec{b}$ darstellen. Man sagt auch, die beiden Vektoren **spannen** den Vektorraum auf.

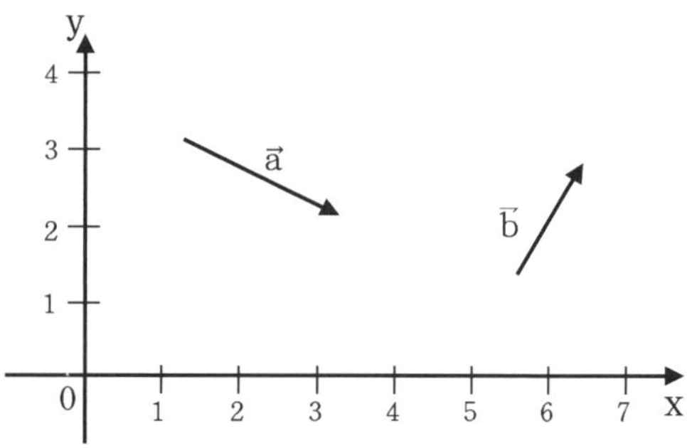

Weiterhin nennt man die beiden Vektoren eine **Basis** des Vektorraumes. Allerdings ist nicht jede Menge, die einen Vektorraum aufspannt, eine Basis dieses Vektorraumes. Nebenstehend sind drei Vektoren eingezeichnet. Die drei Vektoren spannen den Vektorraum der xy-Ebene auf. Diese drei Vektoren bilden aber keine Basis. Eine Basis enthält immer nur genau so viele Vektoren, wie man zum Aufspannen des Vektorraumes benötigt. Da bereits zwei linear unabhängige Vektoren ausreichen, um die Ebene aufzuspannen, ist bei den Dreien einer überflüssig.

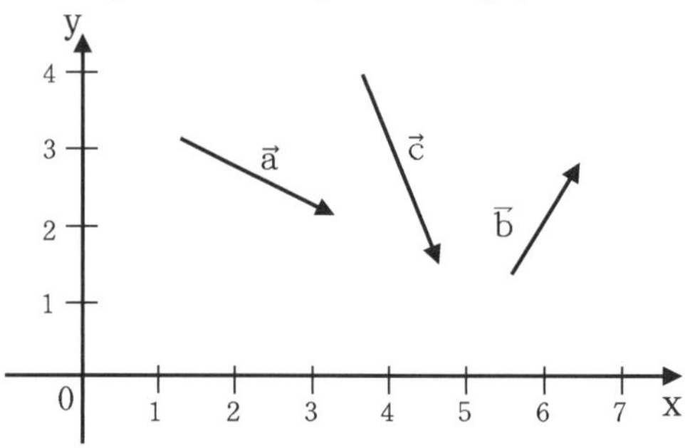

Eine Menge von Vektoren, die einen Vektorraum aufspannt, in der aber auch überflüssige Vektoren enthalten sein dürfen, nennt man ein **Erzeugendensystem**.

Für eine Basis lässt sich zusammenfassen:

> Die Basis eines Vektorraumes ist eine Menge von Vektoren, durch deren Linearkombination sich alle Vektoren des Vektorraumes darstellen lassen. Die Basis spannt also den Vektorraum auf. Gleichzeitig enthält die Basis keine überflüssigen Vektoren. Dieses ist gleichbedeutend damit, dass die Basisvektoren linear unabhängig sein müssen.

Eine Ebene ist ein zweidimensionales Gebilde. Allgemein entspricht die **Dimension** eines Vektorraumes gerade der **Anzahl** der Basisvektoren des Vektorraumes. Wenn man zwei Vektoren benötigt, um einen Vektorraum aufzuspannen, so hat der Vektorraum die Dimension 2.

Bisher wurden nur Ebenen betrachtet, der normale uns umgebende Raum ist dreidimensional. Es werden drei Vektoren benötigt, um ihn aufzuspannen. Eine Basis des dreidimensionalen Raumes wird also durch drei linear unabhängige Vektoren gebildet.

2.5 Vektorraum (Teil 2: formale Betrachtung)

2.5.1 Definition

In Abschnitt 2.4 waren Vektorräume bereits behandelt worden. Dort war ein Vektorraum als eine nicht leere Menge, die abgeschlossen bezüglich der Addition und der S-Multiplikation ist, beschrieben worden. Die Rechenregeln, die für diese beiden Verknüpfungen gelten müssen, waren aber nicht näher behandelt worden. Aus diesen Regeln, die nachfolgend angeführt werden, ergibt sich dann automatisch, dass die Mengen beüglich der Addition und S-Multiplikation abgeschlossen sind. Außerdem wurde bisher immer angenommen, dass die Elemente eines Vektorraumes Vektoren aus dem Anschauungsraum sind, dass es sich also um Vektoren aus dem $\mathbb{R}^2$ oder $\mathbb{R}^3$ handelt, also gewissermaßen um Pfeile, so wie sie zuvor in den Zeichnungen dargestellt worden sind. Der Begriff des Vektorraumes ist aber viel allgemeiner, so können z. B. auch Funktionen einen Vektorraum bilden, entscheidend ist, dass die nachfolgend angeführten Regeln gelten:

Eine Menge $\mathbb{V}$ mit den Verknüpfungen „+“ und „*“ ist ein Vektorraum über[1] $\mathbb{R}$ (auch linearer Raum genannt), wenn für die Verknüpfungen die folgenden Gesetze (Vektorraumaxiome) gelten:

In $\mathbb{V}$ ist eine Addition definiert für die folgende Bedingungen erfüllt sind:

A1: Es gilt das Assoziativgesetz:

$$\vec{a} + (\vec{b} + \vec{c}) = (\vec{a} + \vec{b}) + \vec{c} \quad \text{für } \vec{a}, \vec{b}, \vec{c} \in \mathbb{V}$$

A2: Es gibt ein neutrales Element (der Nullvektor existiert). Es gibt also einen Vektor $\vec{0}$, so dass zu jedem Vektor $\vec{a} \in \mathbb{V}$ gilt:

$$\vec{0} + \vec{a} = \vec{a}$$

1: Es handelt sich um einen Vektorraum über $\mathbb{R}$, weil für die Skalare nachfolgend verlangt wird, dass sie Elemente aus $\mathbb{R}$ sind. Bisweilen wird auch von dem Vektorraum über K gesprochen. Dies ist ein allgemeinerer Begriff, er meint, dass die Skalare aus einem Körper stammen müssen. Die reellen Zahlen bilden mit der Verknüpfung „+“ und „*“ einen Körper, aber auch die komplexen Zahlen bilden mit „+“ und „*“ einen Körper. In aller Regel beschränken sich die Betrachtungen in der Schule aber auf reelle Vektorräume.

A3: Zu jedem Vektor $\vec{a} \in \mathbb{V}$ existiert ein inverses Element. Es existiert also der Vektor $\overrightarrow{-a}$, so dass gilt:

$$\vec{a} + \overrightarrow{-a} = \vec{0}$$

A4 Es gilt das Kommutativgesetz. Für $\vec{a}, \vec{b} \in \mathbb{V}$ gilt also:

$$\vec{a} + \vec{b} = \vec{b} + \vec{a}$$

Eine Menge mit einer Verknüpfung, für die die ersten drei Bedingungen erfüllt sind, nennt man auch eine Gruppe. Gilt für eine Gruppe zusätzlich, wie zuvor gefordert, das Kommutativgesetz, so nennt man diese eine **kommutative** oder **abelsche Gruppe**. Die Menge $\mathbb{V}$ bildet also mit der Verknüpfung „+“ eine kommutative (abelsche) Gruppe.

Bei der S-Multiplikation (Skalarmultiplikation, Vervielfachung) ist für jedes $r \in \mathbb{R}$ und $\vec{a} \in \mathbb{V}$ ein Element $r\vec{a} \in \mathbb{V}$ definiert, so dass für alle $r, s \in \mathbb{R}$ und $\vec{a}, \vec{b} \in \mathbb{V}$ Folgendes gilt:

S1 Die S-Multiplikation muss assoziativ sein. Man kann Klammern also vertauschen.
$(r * s) * \vec{a} = r * (s * \vec{a})$

S2 Es gilt das vektorielle Distributivgesetz.
$r * (\vec{a} + \vec{b}) = r * \vec{a} + r * \vec{b}$

S3 Es gilt das arithmetische Distributivgesetz.
$(r + s) * \vec{a} = r * \vec{a} + s * \vec{a}$

S4 Es gilt das unitäre Gesetz, die 1 ist das neutrale Element der Skalarmultiplikation:
$1 * \vec{a} = \vec{a}$

Nachfolgend sollen zunächst einige Anmerkungen zu den Bedingungen gemacht werden. Für die Vektoren im Anschauungsraum war bereits Folgendes gezeigt worden:

1) Ein Nullvektor existiert.

2) Es existieren die Inversen Vektoren, und in einem bezüglich der S-Multiplikation abgeschlossenen Raum ist auch immer das Inverse Element enthalten (Multiplikation mit -1).

3) Die Vektoraddition ist kommutativ.

Die Gültigkeit des Assoziativgesetzes bei der Addition von Vektoren kann man sich leicht an einem Beispiel überlegen. Nebenstehend sind drei Vektoren eingezeichnet. Das Assoziativgesetz fordert, dass $\vec{a} + (\vec{b} + \vec{c}) = (\vec{a} + \vec{b}) + \vec{c}$ gilt. Wenn man in der Zeichnung die entsprechenden Vektorzüge überprüft, stellt man fest, dass beide Darstellungen zum selben Ergebnis führen.

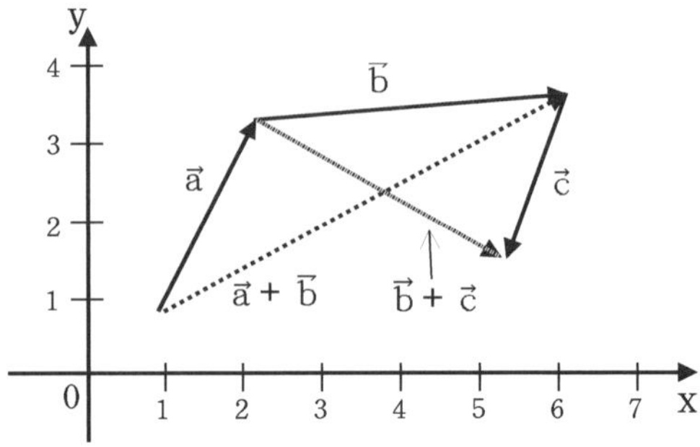

Die Gültigkeit der Regeln für die Multiplikation erscheint auch aufgrund der zuvor angeführten Rechenregeln und der Regeln der normalen Multiplikation ziemlich einleuchtend zu sein. Zu dem Distributivgesetz sei angemerkt, dass es hier in zwei Varianten auftaucht, weil bei der S-Multiplikation zwei verschiedene Objekte (Skalare und Vektoren) miteinander multipliziert werden.

Zusammenfassend lässt sich also festhalten, dass alle geforderten Gesetze für Vektoren aus dem Anschauungsraum gelten. Der $\mathbb{R}^2$ und der $\mathbb{R}^3$ bilden also einen Vektorraum über $\mathbb{R}$.

Mit den angeführten Bedingungen kann man nun z.B. folgenden Zusammenhang beweisen:

$$\vec{a} + \vec{a} = 2\vec{a}$$

Bei der folgenden Beweisführung wird jeweils hinter der Umformung in Klammern angemerkt, welche Regel verwendet wird:

$\vec{a} + \vec{a}$

$= 1 * \vec{a} + 1 * \vec{a}$ (S4)

$= (1 + 1) * \vec{a}$ (S3 in vertauschter Reihenfolge)

$= 2\vec{a}$

Vielen dürfte diese Art der Beweisführung schwer fallen, weil es kaum einsichtig zu sein scheint, warum man beweisen soll, dass $\vec{a} + \vec{a} = 2\vec{a}$ gilt. Als „Nicht-Mathematiker“ empfindet man es oft als eine Selbstverständlichkeit, dass viele der Regeln gelten, weil man dies vom „normalen

Rechnen“ her so kennt. Wieso muss man extra fordern, dass die Gleichung $1 * \vec{a} = \vec{a}$ gilt?

Zunächst ist hierbei zu beachten, dass auch bei der Addition reeller Zahlen derartige Regeln die Grundlage bilden. Im Rahmen eines Mathestudiums werden daher auch zumeist am Anfang die Regeln (Axiome) für die Addition und Multiplikation reeller Zahlen behandelt. Hierbei wird gezeigt, dass sich das „normale Rechnen“ auf einige wenige Axiome zurückführen lässt. Die Schwierigkeit des Begreifens liegt hierbei darin, dass für die allermeisten die gängigen Rechenregeln bereits den Charakter von Axiomen haben und es daher unverständlich erscheint, warum diese aus anderen Axiomen hergeleitet werden sollen. Weiterhin ist aber auch zu beachten, dass es sich bei den hier angeführten Betrachtungen um Vektoren handelt, die Addition von Vektoren und die S-Multiplikation ist nicht das Gleiche wie die ganz normale Addition und Multiplikation von reellen Zahlen. Daher ist es in der Tat notwendig, die geltenden Regeln zu formulieren.

2.5.2 Abstraktere Vektorräume als der Anschauungsraum

Nachfolgend wird anhand einiger Beispiele demonstriert, wie allgemein der Begriff des Vektorraumes ausgelegt ist.

1) Elemente von Vektorräumen können auch Zahlen sein, so bildet z. B. auch der $\mathbb{R}^1$, also die Menge der reellen Zahlen, mit der Verknüpfung „+“ und „*“ einen Vektorraum. Es dürfte klar sein, dass die angeführten Rechenregeln alle für reelle Zahlen gelten. Die Elemente dieses Vektorraumes, die Vektoren, sind reelle Zahlen. Nun werden aber Vektoren bei ihrer Einführung im Unterricht oft ganz bewusst von den reellen Zahlen unterschieden, weil sie gerichtete Größen sind. Dieses gilt auch für die Vektoren aus dem Anschauungsraum, also dem $\mathbb{R}^2$ und $\mathbb{R}^3$. Aber der hier betrachtete allgemeine Vektorraumbegriff lässt durchaus auch reelle Zahlen als Elemente von Vektorräumen zu.

2) Nicht nur der Anschauungsraum, also der $\mathbb{R}^2$ und der $\mathbb{R}^3$, bildet einen Vektorraum, sondern auch der $\mathbb{R}^4$ oder $\mathbb{R}^7$ usw. Der $\mathbb{R}^4$ ist ein vierdimensionaler Raum, wir Menschen kennen aus unserer Erfah-

rung aber nicht mehr als 3 Dimensionen, daher können wir uns einen derartigen Raum nicht vorstellen. Aber entscheidend für einen Vektorraum ist ja die Gültigkeit der angeführten Rechenregeln. Auch für Vektoren aus dem $\mathbb{R}^4$ gelten diese Rechenregeln. Allgemein lässt sich festhalten, dass der $\mathbb{R}^n$ mit $n \in \mathbb{N}$ einen Vektorraum über $\mathbb{R}$ bildet.

3) Auch Matrizen können Elemente eines Vektorraumes sein. Der $\mathbb{R}^4$ kann als Elemente entweder Vektoren mit 4 Komponenten haben oder auch (2, 2)-Matrizen (zu Matrizen siehe Kapitel 9), denn diese haben ja auch 4 unabhängige Komponenten. Allerdings nennt man diesen Vektorraum in der Regel den $\mathbb{R}^{2,2}$. Entsprechend stellt die Menge aller (3, 4)-Matrizen mit Elementen aus $\mathbb{R}$ den $\mathbb{R}^{3,4}$ dar. Die Elemente dieses Vektorraumes enthalten 12 unabhängige Komponenten aus $\mathbb{R}$, somit entspricht dieser Vektorraum dem $\mathbb{R}^{12}$.

4) Vektorräume können auch Funktionen als Elemente beinhalten. Z.B. bildet die Menge aller reellen ganzrationalen Funktionen höchstens 2. Grades[1] einen Vektorraum über $\mathbb{R}$. Die allgemeine Form einer derartigen Funktion lautet:

$$f(x) = ax^2 + bx + c \quad a, b, c \in \mathbb{R}$$

Es handelt sich um alle Potenzfunktionen, bei denen das x höchstens in zweiter Potenz vorkommt. Man definiert die Addition zweier derartiger Funktionen als die Addition der Funktionsterme, an dem nachfolgenden Beispiel soll dies verdeutlicht werden:

$$f(x) = 3x^2 - 5x$$

$$g(x) = x + 2$$

$$(f + g)(x) = f(x) + g(x) = 3x^2 - 5x + x + 2 = 3x^2 - 4x + 2$$

Die S-Multiplikation wird als die Multiplikation des Skalars mit den Funktionstermen definiert:

$$(2{,}5 * f)(x) = 2{,}5 * f(x) = 2{,}5 * (3x^2 - 5x) = 7{,}5x^2 - 12{,}5x$$

Man kann nun zeigen, dass die für einen Vektorraum geforderten Gesetze gültig sind, anhand von ein paar Beispielen soll dies verdeutlicht werden:

1: Eine ausführlichere Betrachtung derartiger Funktionen befindet sich in Band 1.

A2: Es gibt ein neutrales Element (der Nullvektor existiert).
Die Nullfunktion erfüllt diese Bedingung:

$$f(x) = 0$$

denn es gilt:

$(f + g)(x) = f(x) + g(x) = 0 + g(x) = g(x)$ für jede Funktion $g(x)$.

A3: Zu jeder Funktion existiert ein inverses Element.
Allgemein lauten die Funktionen:

$f(x) = ax^2 + bx + c$

Zu jeder dieser Funktionen existiert die inverse Funktion

$g(x) = -ax^2 - bx - c$,

denn es gilt:

$f(x) + g(x) = ax^2 + bx + c + (-ax^2 - bx - c) = 0$

S2 Es gilt das vektorielle Distributivgesetz.
Es seien die beiden folgenden Funktionen betrachtet:

$f_1(x) = a_1x^2 + b_1x + c_1$

$f_2(x) = a_2x^2 + b_2x + c_2$

Es gilt:

$r*(f_1(x) + f_2(x)) = r*(a_1x^2 + b_1x + c_1 + a_2x^2 + b_2x + c_2)$

$= ra_1x^2 + rb_1x + rc_1 + ra_2x^2 + rb_2x + rc_2$

$= r*(a_1x^2 + b_1x + c_1) + r*(a_2x^2 + b_2x + c_2)$

$= r*f_1(x) + r*f_2(x)$

Auf ähnliche Art könnte man zeigen, dass auch die anderen Gesetze gültig sind. Nun soll noch dargestellt werden, wie man aufgrund der Gültigkeit der Gesetze zeigen kann, dass die betrachtete Menge abgeschlossen bezüglich der Addition und der S-Multiplikation ist:

Es seien die bereits zuvor definierten allgemeinen Funktionen höchstens 2. Grades $f_1(x)$ und $f_2(x)$ gegeben. Für die Addition gilt dann:

$f_1(x) + f_2(x) = a_1x^2 + b_1x + c_1 + a_2x^2 + b_2x + c_2$

$= a_1x^2 + a_2x^2 + b_1x + b_2x + c_1 + c_2$

die Terme durften wegen der Kommutativität (A4) vertauscht werden

$= (a_1 + a_2)x^2 + (b_1 + b_2)x + (c_1 + c_2)$

S3 wurde in umgekehrter Richtung angewendet

$(a_1 + a_2)$ ergibt wieder eine reelle Zahl, das Gleiche gilt auch für die anderen Koeffizienten, es ist also wieder eine reelle ganzrationale Funktion höchstens zweiten Grades entstanden. Somit ist die Menge abgeschlossen bezüglich der Addition.

Für die S-Multiplikation ergibt sich:

$r * f_1(x) = r(a_1x^2 + b_1x + c_1)$

$= r(a_1x^2) + r(b_1x) + r * c_1$ (S2) wurde verwendet

$= (r * a_1)x^2 + (r * b_1)x + r * c_1$ (S1) wurde verwendet

Vor den Termen mit x stehen nun wieder reelle Koeffizienten ($r * a_1$ usw.) somit ergibt sich wieder eine reelle ganzrationale Funktion höchstens zweiten Grades. Die Menge ist also abgeschlossen bezüglich der S-Multiplikation.

Nachfolgend wird die zuletzt betrachtete Menge etwas modifiziert, es sei zu untersuchen, ob die folgende Menge einen Vektorraum darstellt:

Bildet die Menge $\mathbb{G}_2$ aller reellen ganzrationalen Funktionen 2. Grades einen Vektorraum über $\mathbb{R}$?

Im Unterschied zu der vorherigen Betrachtung steht hier nicht „höchstens 2. Grades", die Menge besteht also aus allen Funktionen, die tatsächlich den 2. Grad haben. Dieses sind nur Funktionen, bei denen auch wirklich ein Term mit x^2 vorkommt. Daher lässt sich mittels eines Gegenbeispiels leicht zeigen, dass es sich bei dieser Menge um keinen Vektorraum handeln kann:

Sei $f(x) = x^2$ und $g(x) = -x^2 + x - 3$, dann gilt:

$$f(x) + g(x) = x^2 + (-x^2 + x - 3) = x - 3$$

Das Ergebnis ist keine Funktion 2. Grades, denn es kommt kein Term mit x^2 vor. Somit ist die Menge nicht abgeschlossen bezüglich der Addition. Es handelt sich daher um keinen Vektorraum.

2.5.3 Unterräume

Eine Ebene durch den Ursprung ist beispielsweise ein Untervektorraum des $\mathbb{R}^3$. Jeder Unterraum ist auch wieder ein Vektorraum. Aber nicht alle einschränkenden Bedingungen an einen Vektorraum führen dazu, dass die entstehende Menge Vektorraumeigenschaften hat. Es gilt der folgende Zusammenhang:

> Die entstehende Menge ist genau dann ein Vektorraum (bzw. Unterraum), wenn sie nicht leer und **abgeschlossen** bezüglich der Addition und der skalaren Multiplikation ist.

Nachfolgend werden einige Beispiele betrachtet:

1 $\mathbb{V} = \{ (x, y) \mid x + y = 1 \text{ sowie } x, y \in \mathbb{R}\}$

Hier lässt sich sehr leicht zeigen, dass es sich bei dieser Menge um keinen Vektorraum handelt, denn der Nullvektor ist nicht Element der Menge, da $0 + 0 \neq 1$ ist. (Es wäre hier auch leicht, ein Gegenbeispiel bezüglich der Abgeschlossenheit zu finden.) Die obige Nebenbedingung ist eine **inhomogene** Gleichung. (Würde statt der 1 eine 0 stehen, wäre sie homogen). Die zuvor angeführte Betrachtung lässt sich bei allen inhomogenen Nebenbedingungen durchführen. Denn inhomogene Gleichungen sind gerade dadurch gekennzeichnet, dass, wenn alle Variablen auf der einen Seite stehen, auf der anderen Seite keine 0 steht. Dann können aber nicht alle Variablen gleichzeitig Null sein.

2 $\mathbb{V} = \{ (x, y) \mid y = x^3 \text{ sowie } x, y \in \mathbb{R}\}$

Hier ist die angeführte Nebenbedingung homogen. Dennoch lässt sich leicht ein Gegenbeispiel bezüglich der Abgeschlossenheit finden:

$(1, 1)$	$+$	$(2, 8)$	$=$	$(3, 9)$
$\in \mathbb{V}$		$\in \mathbb{V}$		$\notin \mathbb{V}$
$1^3=1$		$2^3=8$		$3^3=27\neq 9$

Bei derartigen **nicht linearen** Nebenbedingungen lassen sich fast immer Gegenbeispiele finden. Graphisch ist die zuvor betrachtete Menge nachfolgend dargestellt.

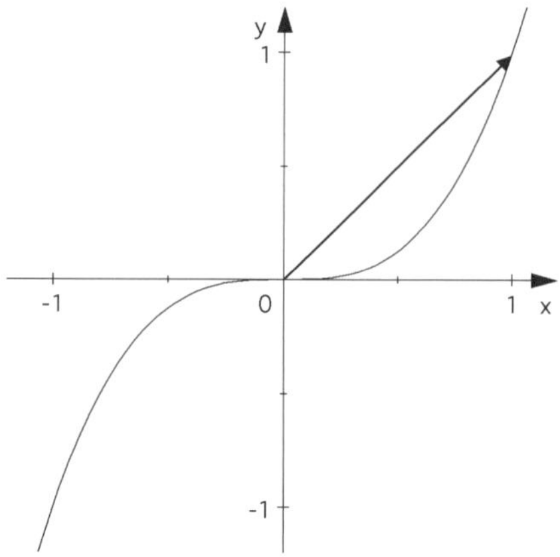

Es dürfte anschaulich klar sein, dass, wenn man Vektoren, die vom Ursprung auf die Kurve führen, addiert oder mit einem Skalar multipliziert, der sich ergebende Vektor nicht mehr auf der Kurve endet. Daher ist er kein Element der Menge.

Der Vektor (1, 1) wurde als Beispiel eingezeichnet, wird dieser Vektor z.B. mit einem Skalar ungleich 1 multipliziert (also verlängert oder verkürzt), ergibt sich ein Vektor, der nicht mehr vom Ursprung auf die Kurve führt.

Bei nicht linearen Gleichungen ergeben sich "Kurven" wie in diesem Beispiel.

3 $\mathbb{V} = \{ (x, y) \mid x - 2y = 0 \text{ sowie } x, y \in \mathbb{R}\}$

Hier ist die Nebenbedingung **linear** und **homogen**. Gezeichnet ergibt sich für diese Menge:

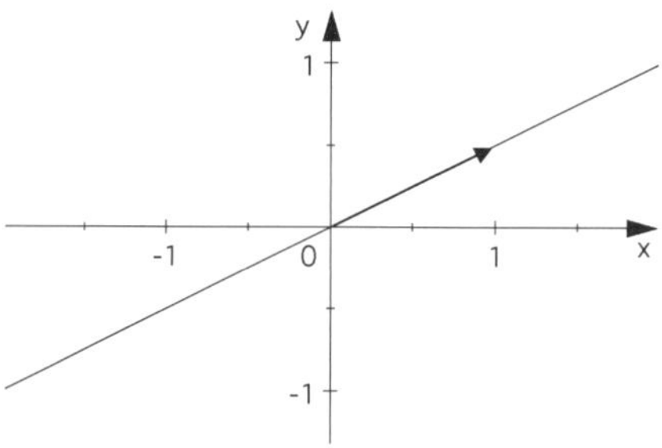

Es handelt sich um eine Gerade (linear), die durch den Ursprung geht (homogen). Ein Vektor, der vom Ursprung auf die Gerade führt, wurde eingezeichnet. Wird dieser Vektor mit einem Skalar multipliziert, so ergibt sich immer ein Vektor, der auch wieder auf der Geraden liegt. Addiert man Vektoren, die vom Ursprung auf die Gerade führen, also auf der Geraden liegen, so ergibt sich ebenfalls stets ein Vektor, der auf der Geraden liegt.

Allgemein gilt für Unterräume zum $\mathbb{R}^n$:

Sind die einschränkenden Bedingungen linear und homogen (handelt es sich also um ein linear homogenes Gleichungssystem)**, so ist die betrachtete Menge ein Vektorraum, sind sie es nicht, so handelt es sich meist um keinen Vektorraum.**

2.6 Teilungsverhältnisse

2.6.1 Vektorzüge

Nachfolgend ist ein Parallelogramm gezeichnet. In dem Parallelogramm sind zwei Vektoren, die Vektoren $\vec{a}$ und $\vec{b}$ eingezeichnet. Die beiden Vektoren sind linear unabhängig und bilden somit eine Basis der Ebene, in der das Parallelogramm liegt. Das heißt, dass man jeden anderen Vektor in dem Parallelogramm mit diesen beiden Vektoren darstellen kann. Nachfolgend sollen die Vektoren $\overrightarrow{DC}$, $\overrightarrow{CB}$, $\overrightarrow{AC}$ und $\overrightarrow{BD}$ mittels der Vektoren $\vec{a}$ und $\vec{b}$ dargestellt werden.

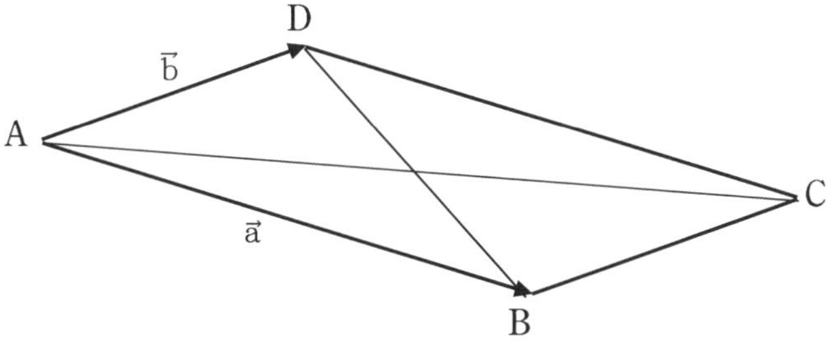

$\overrightarrow{DC}$: In einem Parallelogramm sind die gegenüberliegenden Seiten gleichlang und parallel. Daher gilt:
$\overrightarrow{DC} = \vec{a}$

$\overrightarrow{CB}$: Dieser Vektor ist parallel zu $\vec{b}$, hat dieselbe Länge, aber zeigt in die andere Richtung. Daher ergibt sich:
$\overrightarrow{CB} = -\vec{b}$

$\overrightarrow{AC}$: Es gilt $\overrightarrow{AC} = \overrightarrow{AB} + \overrightarrow{BC} = \vec{a} + \vec{b}$

$\overrightarrow{BD}$: Es gilt $\overrightarrow{BD} = \overrightarrow{BA} + \overrightarrow{AD} = -\vec{a} + \vec{b}$

In ähnlicher Art und Weise kann man auch bei anderen Figuren in der Ebene und im Raum Basisvektoren benutzen, um andere Vektoren zu bestimmen.

2.6.2 Bestimmung von Teilungsverhältnissen

In dem folgenden Dreieck sind zwei Seitenhalbierende ($\overrightarrow{EA}$ und $\overrightarrow{DC}$) eingezeichnet. In welchem Verhältnis teilen sich die beiden Seitenhalbierenden?

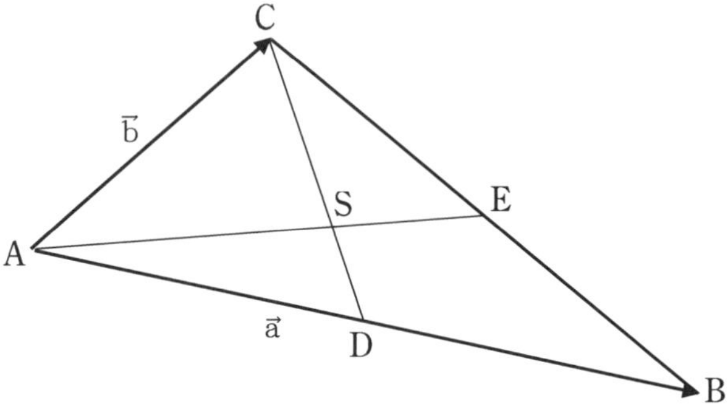

Zur Lösung der Aufgabe benötigt man einen geschlossenen Vektorzug, der den Schnittpunkt der Seitenhalbierenden (den Teilungspunkt) als Eckpunkt enthält. Ein möglicher Vektorzug, für den dieses gilt, lautet:

$$\overrightarrow{AD} + \overrightarrow{DS} + \overrightarrow{SA} = \vec{0}$$

In der nebenstehenden Darstellung des Dreiecks wurde dieser Vektorzug hervorgehoben.

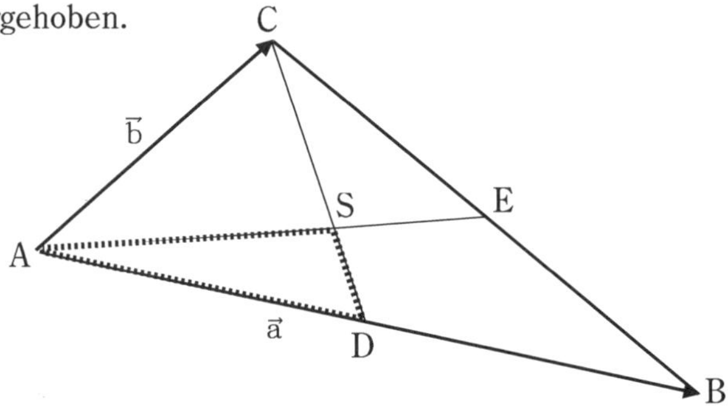

Die Vektoren des gewählten Vektorzuges muss man nun mit den Basisvektoren $\vec{a}$ und $\vec{b}$ darstellen. Es ergibt sich:

$$\overrightarrow{AD} = \frac{1}{2}\vec{a}$$

Die Seitenhalbierenden treffen genau in der Mitte auf die Seiten des Dreiecks (daher auch ihr Name).

$$\overrightarrow{DS} = r * \overrightarrow{DC}$$

Hierbei wurde der Anteil des Vektors $\overrightarrow{DS}$ an dem Vektor $\overrightarrow{DC}$ mit r bezeichnet. Nun muss man aber noch den Vektor $\overrightarrow{DC}$ mittels der Vektoren $\vec{a}$ und $\vec{b}$ darstellen:

$$\overrightarrow{DS} = r * \overrightarrow{DC} = r * (-\tfrac{1}{2}\vec{a} + \vec{b})$$

Für den Vektor $\overrightarrow{SA}$ ergibt sich entsprechend:

$$\overrightarrow{SA} = s * \overrightarrow{EA} = s * (\tfrac{1}{2} * \overrightarrow{CB} + \overrightarrow{BA})$$

Der Vektor $\overrightarrow{CB}$ muss nun auch mittels $\vec{a}$ und $\vec{b}$ ausgedrückt werden, hierbei ergibt sich $\overrightarrow{CB} = -\vec{b} + \vec{a}$. Insgesamt folgt:

$$\overrightarrow{SA} = s * (\tfrac{1}{2} * (-\vec{b} + \vec{a}) - \vec{a})$$

$$= s * (-\tfrac{1}{2}\vec{b} + \tfrac{1}{2}\vec{a} - \vec{a}) = s * (-\tfrac{1}{2}\vec{b} - \tfrac{1}{2}\vec{a})$$

Jetzt können die Ergebnisse in den geschlossenen Vektorzug eingesetzt werden:

$$\overrightarrow{AD} + \overrightarrow{DS} + \overrightarrow{SA} = \vec{0}$$

$$\Leftrightarrow \tfrac{1}{2}\vec{a} + r * (-\tfrac{1}{2}\vec{a} + \vec{b}) + s * (-\tfrac{1}{2}\vec{b} - \tfrac{1}{2}\vec{a}) = \vec{0}$$

Aus dieser Gleichung müssen jetzt Werte für r und s ermittelt werden. Zunächst werden die Klammern aufgelöst, und anschließend werden die Terme nach den beiden Vektoren sortiert:

$$\Leftrightarrow \tfrac{1}{2}\vec{a} - \tfrac{1}{2}r\vec{a} + r\,\vec{b} - \tfrac{1}{2}s\vec{b} - \tfrac{1}{2}s\vec{a} = \vec{0}$$

$$\Leftrightarrow \tfrac{1}{2}\vec{a} - \tfrac{1}{2}r\vec{a} - \tfrac{1}{2}s\vec{a} + r\,\vec{b} - \tfrac{1}{2}s\vec{b} = \vec{0}$$

Jetzt können die Vektoren $\vec{a}$ und $\vec{b}$ ausgeklammert werden:

$$\Leftrightarrow (\tfrac{1}{2} - \tfrac{1}{2}r - \tfrac{1}{2}s)\vec{a} + (r - \tfrac{1}{2}s)\vec{b} = \vec{0}$$

Die Vektoren $\vec{a}$ und $\vec{b}$ sind linear unabhängig, sie zeigen in verschiedene Richtungen. Daher müssen, damit sich als Ergebnis der Nullvektor ergibt, beide Klammern Null ergeben. Also muss gelten:

$$\tfrac{1}{2} - \tfrac{1}{2}r - \tfrac{1}{2}s = 0$$

$$r - \tfrac{1}{2}s = 0$$

Es ist nun ein Gleichungssystem mit zwei Gleichungen und zwei Unbekannten entstanden. Man könnte zur Lösung den Gauß-Algorithmus verwenden, hier ist die Lösung allerdings sehr einfach und wird nachfolgend mit dem einfachen Additionsverfahren ermittelt:

$$\frac{1}{2} - \frac{1}{2}r - \frac{1}{2}s = 0$$

$$\underline{-(r - \frac{1}{2}s = 0)}$$

$$\frac{1}{2} - \frac{3}{2}r = 0$$

Die Gleichung wird nun nach r aufgelöst:

$$\frac{1}{2} - \frac{3}{2}r = 0 \mid -\frac{1}{2}$$

$$\Leftrightarrow -\frac{3}{2}r = -\frac{1}{2} \mid \div(-\frac{3}{2}) \quad \text{(identisch mit } *(-\frac{2}{3}))$$

$$\Leftrightarrow r = \frac{1}{3}$$

Man braucht die andere Variable in diesem Fall gar nicht mehr auszurechnen, denn das Teilungsverhältnis kann bereits jetzt bestimmt werden. Der Parameter r war folgendermaßen benutzt worden:

$$\overrightarrow{DS} = r * \overrightarrow{DC}$$

r gibt also für die Seitenhalbierende DC an, welchen Anteil die Strecke DS ausmacht. Der Anteil beträgt $\frac{1}{3}$, somit beträgt der andere Anteil, also die Strecke SC $1 - \frac{1}{3} = \frac{2}{3}$. Der Teilungspunkt, hier also der Schnittpunkt mit der anderen Seitenhalbierenden, teilt die Seitenhalbierende DS also in zwei Teile, die eine Länge von $\frac{1}{3}$ und $\frac{2}{3}$ der Seitenhalbierenden haben. Das Teilungsverhältnis lautet also 1:2.

Bei der Untersuchung wurde keine Rücksicht auf die spezielle Geometrie des Dreiecks (Winkel ...) genommen. Die entsprechende Betrachtung gilt daher für jede beliebige Seitenhalbierende in jedem beliebigem Dreieck. Die Seitenhalbierenden teilen sich also immer im Verhältnis 1:2. Der Parameter s braucht daher bei dieser Aufgabe an sich nicht mehr berechnet zu werden, denn auch für die Seitenhalbierende $\overrightarrow{EA}$ wird sich ein Teilungsverhältnis von 1:2 bzw. 2:1 ergeben. Zur Überprüfung wird s nachfolgend trotzdem bestimmt. Hierzu wird das Ergebnis für r in die zweite Ausgangsgleichung eingesetzt:

$$\frac{1}{3} - \frac{1}{2}s = 0 \mid -\frac{1}{3}$$

$$\Leftrightarrow -\frac{1}{2}s = -\frac{1}{3} \mid \div(-\frac{1}{2})$$

$$\Leftrightarrow s = \frac{2}{3}$$

Der eine Teil der Seitenhalbierenden SA beträgt also $\frac{2}{3}$, somit hat der andere einen Anteil von $\frac{1}{3}$. Das Verhältnis beträgt also 2:1 oder von der anderen Seite her gesehen 1:2. Das Ergebnis von zuvor wird somit bestätigt.

Im Allgemeinen muss es nicht so sein, dass für beide Teilungsverhältnisse das Gleiche herauskommt, dies ist nur dann der Fall, wenn sich zwei gleichartige Strecken (zwei Seitenhalbierende, zwei Mittelsenkrechte usw.) schneiden.

Die angeführten Betrachtungen kann man auch zur Bestimmung von Teilungsverhältnissen im Raum verwenden. Nachfolgend wird ein Beispiel hierzu angeführt:

Es wird ein Spat betrachtet. Ein Spat ist ein Körper, dessen Seitenflächen alle Parallelogramme sind. Gegenüberliegende Seiten sind hierbei jeweils identisch. In der folgenden Zeichnung ist ein Spat dargestellt:

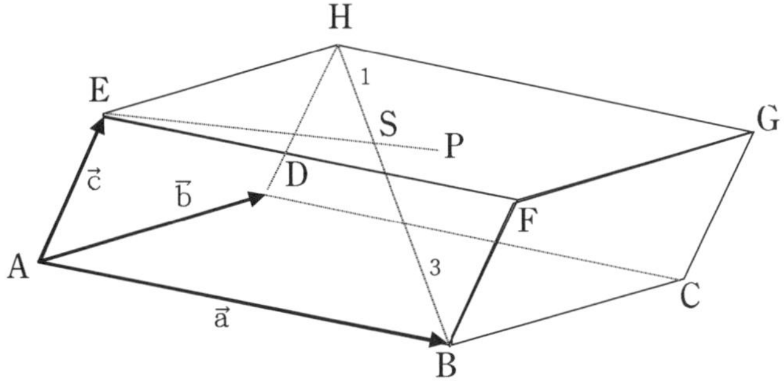

Die drei Basisvektoren $\vec{a}$, $\vec{b}$ und $\vec{c}$ spannen den Spat auf. Sie sind linear unabhängig und bilden daher eine Basis des Raumes. Man kann also jeden anderen Vektor im Raum mittels dieser drei Vektoren darstellen. In dem Spat ist die Raumdiagonale BH und die Strecke ES bzw. EP eingezeichnet. EP teilt die Raumdiagonale BH im Verhältnis 3:1. Der Punkt P liegt auf der Ebene CGHD, also quasi der Rückseite des Spates. Es sollen die nachfolgenden Aufgaben gelöst werden:

a) Wie lauten die Raumdiagonale $\overrightarrow{BH}$ und der Vektor $\overrightarrow{SE}$ als Linearkombination der Basisvektoren $\vec{a}$, $\vec{b}$ und $\vec{c}$?

b) Drücken Sie den Vektor zum Punkt P mittels der Basisvektoren aus. In welchem Verhältnis teilt die Strecke BH die Strecke PE?

Lösungsvorschlag:

a) Die Raumdiagonale $\overrightarrow{BH}$ erhält man relativ einfach über die Basisvektoren ausgedrückt:

$$\overrightarrow{BH} = \overrightarrow{BA} + \overrightarrow{AD} + \overrightarrow{DH} = -\vec{a} + \vec{b} + \vec{c}$$

Für $\overrightarrow{SE}$ ergibt sich:

$$\overrightarrow{SE} = -\frac{3}{4}\overrightarrow{BH} + \overrightarrow{BA} + \overrightarrow{AE}$$

$$\Leftrightarrow \overrightarrow{SE} = -\frac{3}{4}(-\vec{a} + \vec{b} + \vec{c}) - \vec{a} + \vec{c}$$

$$\Leftrightarrow \overrightarrow{SE} = \frac{3}{4}\vec{a} - \frac{3}{4}\vec{b} - \frac{3}{4}\vec{c} - \vec{a} + \vec{c}$$

$$\Leftrightarrow \overrightarrow{SE} = -\frac{1}{4}\vec{a} - \frac{3}{4}\vec{b} + \frac{1}{4}\vec{c}$$

b) In der nebenstehenden Zeichnung wurde verdeutlicht, wie man einen geschlossenen Vektorzug erhält, der den Punkt P als Eckpunkt hat.

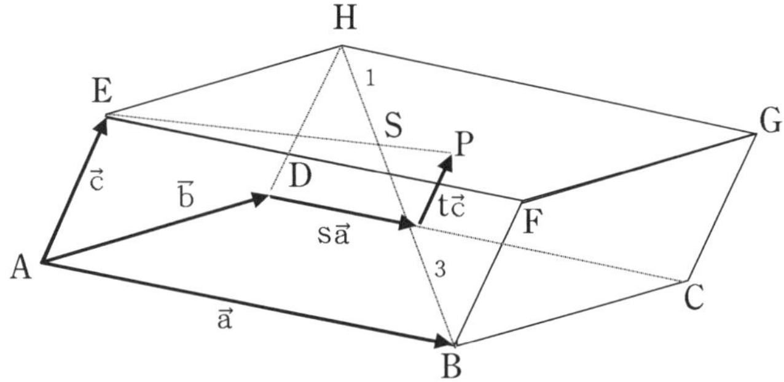

Es ergibt sich:

$$\vec{b} + s * \vec{a} + t * \vec{c} + \overrightarrow{PE} - \vec{c} = \vec{0}$$

Der Vektor $\overrightarrow{PE}$ muss nun noch durch die Basisvektoren dargestellt werden. Man kann folgenden Ansatz machen:

$$\overrightarrow{PE} = r * \overrightarrow{SE}$$

Wobei r in diesem Fall einen Wert haben wird, der größer als 1 ist.

Für $\overrightarrow{SE}$ war zuvor bereits berechnet worden:

$$\Leftrightarrow \overrightarrow{SE} = -\frac{1}{4}\vec{a} - \frac{3}{4}\vec{b} + \frac{1}{4}\vec{c}$$

Es hatte sich zuvor folgender Vektorzug ergeben:

$$\vec{b} + s * \vec{a} + t * \vec{c} + \overrightarrow{PE} - \vec{c} = \vec{0}$$

Jetzt kann man für $\overrightarrow{PE}$ die Ergebnisse einsetzen:

$$\Leftrightarrow \vec{b} + s * \vec{a} + t * \vec{c} + r * (-\frac{1}{4}\vec{a} - \frac{3}{4}\vec{b} + \frac{1}{4}\vec{c}) - \vec{c} = \vec{0}$$

Die Klammer wird aufgelöst, und die Terme werden nach Vektoren sortiert:

$$\Leftrightarrow \vec{b} + s * \vec{a} + t * \vec{c} - \frac{1}{4} r * \vec{a} - \frac{3}{4} r * \vec{b} + \frac{1}{4} r * \vec{c} - \vec{c} = \vec{0}$$

$$\Leftrightarrow s * \vec{a} - \frac{1}{4} r * \vec{a} + \vec{b} - \frac{3}{4} r * \vec{b} + t * \vec{c} + \frac{1}{4} r * \vec{c} - \vec{c} = \vec{0}$$

$$\Leftrightarrow (s - r\frac{1}{4})\,\vec{a} + (1 - \frac{3}{4}r)\,\vec{b} + (t + \frac{1}{4}r - 1)\vec{c} = \vec{0}$$

Im letzten Schritt wurden die Vektoren ausgeklammert. Auch hier gilt wieder, dass wegen der linearen Unabhängigkeit der Basisvektoren alle Klammern in der Gleichung Null ergeben müssen, es muss also gelten:

I $\quad s - r\frac{1}{4} = 0$

II $\quad 1 - \frac{3}{4}r = 0$

III $\quad t + \frac{1}{4}r - 1 = 0$

Aus der zweiten Gleichung erhält man direkt eine Lösung für r:

III $\quad 1 - \frac{3}{4}r = 0 \mid -1$

$$\Leftrightarrow -\frac{3}{4}r = -1 \mid *(-\frac{4}{3})$$

$$\Leftrightarrow r = \frac{4}{3}$$

Die angeführten Fragestellungen kann man nun beantworten, hierzu müssen die anderen Parameter nicht mehr berechnet werden.

Den Punkt P erreicht man über den folgenden Vektorzug:

$\overrightarrow{AE} + \overrightarrow{EP} = \vec{c} - \overrightarrow{PE} = \vec{c} - r * \overrightarrow{SE}$

$= \vec{c} - \frac{4}{3} * (- \frac{1}{4} \vec{a} - \frac{3}{4} \vec{b} + \frac{1}{4} \vec{c})$

$= \vec{c} + \frac{1}{3} \vec{a} + \vec{b} - \frac{1}{3} \vec{c}$

$= \frac{1}{3} \vec{a} + \vec{b} + \frac{2}{3} \vec{c}$

Den Punkt P kann man also mittels des Vektorzuges $\frac{1}{3} \vec{a} + \vec{b} + \frac{2}{3} \vec{c}$ darstellen.

Außerdem sollte noch das Teilungsverhältnis für die Strecke PE bestimmt werden. Es gilt:

$\overrightarrow{PE} = r * \overrightarrow{SE}$

$\Rightarrow \overrightarrow{PE} = \frac{4}{3} * \overrightarrow{SE} \mid * \frac{3}{4}$

$\Leftrightarrow \frac{3}{4} \overrightarrow{PE} = \overrightarrow{SE}$

$\overrightarrow{SE}$ hat also einen Anteil von $\frac{3}{4}$ an $\overrightarrow{PE}$. Also verbleibt für $\overrightarrow{PS}$ ein Anteil von $\frac{1}{4}$. Das Teilungsverhältnis beträgt also 1:3.

Insgesamt kann man für Aufgaben zu Teilungsverhältnissen Folgendes festhalten:

1) Wenn noch keine Basisvektoren vorgegeben sind, muss man geeignete Vektoren wählen.

2) Es muss ein geschlossener Vektorzug, der den Teilungspunkt als Eckpunkt enthält, aufgestellt werden.

3) Die Vektoren in dem Vektorzug müssen als Linearkombination der Basisvektoren ausgedrückt werden.

4) Die Terme in dem Vektorzug werden nach Vektoren sortiert, anschließend werden die Vektoren ausgeklammert.

5) Die Terme (Klammern) vor den Vektoren müssen jeweils Null

werden. Bei einer Aufgabe in der Ebene ergeben sich so 2 Gleichungen, bei einer Aufgabe im Raum 3 Gleichungen.

6) Das Gleichungssystem muss gelöst werden. Oft ist es nicht notwendig, alle Parameter zu berechnen.

7) Anhand der/des errechneten Parameter/s kann nun das Teilungsverhältnis angegeben werden.

2.7 Vektoren in Koordinatenschreibweise

2.7.1 Grundlagen

Zuvor wurden bereits bei einem Beispiel Einheitsvektoren in Richtung der Koordinatenachsen benutzt. Nachfolgend wurden diese Einheitsvektoren mit $\vec{e}_x$ und $\vec{e}_y$ bezeichnet. Da sie gerade entlang den Koordinatenachsen verlaufen, stehen sie senkrecht zueinander. Außerdem haben sie eine Länge von 1. Mit diesen Vektoren sollen nun die Vektoren $\vec{c}_1$ und $\vec{c}_2$ als Linearkombination dargestellt werden.

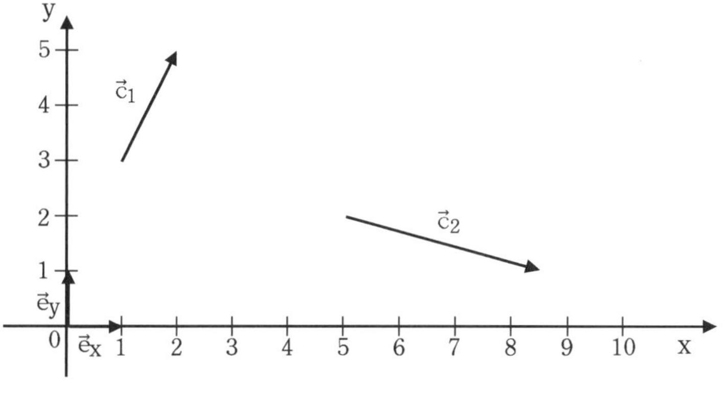

Für $\vec{c}_1$ ist in der folgenden Grafik dargestellt, wie sich dieser Vektor als Lienarkombination der Vektoren $\vec{e}_x$ und $\vec{e}_y$ darstellen lässt. Die gestrichelten Linien machen die entsprechenden Werte auf den Koordinatenachsen deutlich:

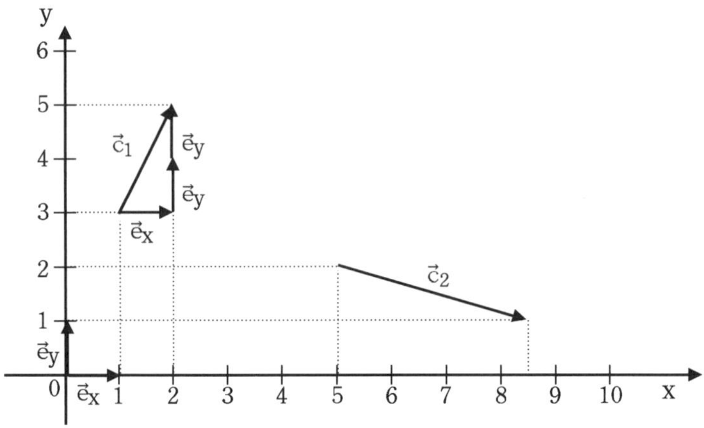

Wie man sieht, ergibt sich:

$$\vec{c}_1 = 1\vec{e}_x + 2\vec{e}_y$$

Anhand der gestrichelten Linien kann man sehen, dass die entsprechenden Faktoren für die Linearkombination auch direkt an den Koordinatenachsen abgelesen werden können. Hierzu muss man jeweils den entsprechenden Koordinatenwert des Vektorendes nehmen und hiervon den Koordinatenwert des Vektoranfangs abziehen. Für den Vektor $\vec{c}_2$ lässt sich an den Koordinatenachsen ablesen:

$$\vec{c}_2 = (8{,}5 - 5)\vec{e}_x + (1 - 2)\vec{e}_y$$

$$\Leftrightarrow \vec{c}_2 = 3{,}5\vec{e}_x - 1\vec{e}_y$$

Die beiden Vektoren $\vec{e}_x$ und $\vec{e}_y$ bilden eine Basis der xy-Ebene. Man kann also jeden Vektor in der xy-Ebene, so wie an den beiden Beispielen gezeigt, als Linearkombination von $\vec{e}_x$ und $\vec{e}_y$ darstellen. Wenn man sich darauf einigt, Vektoren mittels einer bestimmten Basis darzustellen, kann man die vorherige Schreibweise vereinfachen. Man schreibt dann einfach:

$$\vec{c}_2 = \begin{pmatrix} 3{,}5 \\ -1 \end{pmatrix}$$

Die Schreibweise ist eine abkürzende Form, es gilt:

$$\vec{c}_2 = \begin{pmatrix} 3{,}5 \\ -1 \end{pmatrix} = 3{,}5\vec{e}_x + (-1\vec{e}_y) = 3{,}5\vec{e}_x - \vec{e}_y$$

Der obere Wert gibt also an, wie oft man bei der Darstellung des Vektors den Vektor $\vec{e}_x$ benötigt, und der untere Wert steht dafür, wie oft $\vec{e}_y$ benötigt wird. Man nennt diese Art der Darstellung **Koordinatenschreibweise**. Die einzelnen Zahlen wurden zuvor untereinander geschrieben, auf diese Weise stehen die Koordinaten in einer Spalte, deshalb nennt man derartige Vektoren auch **Spaltenvektoren**. Man könnte die Koordinaten auch in eine Zeile schreiben und würde auf diese Weise einen **Zeilenvektor** erhalten. Als Zeilenvektor würde $\vec{c}_2$ folgendermaßen lauten: $\vec{c}_2 = (3{,}5|-1)$.

Für den Vektor $\vec{c}_1$ ergibt sich mittels der Koordinatendarstellung:

$$\vec{c}_1 = 1\vec{e}_x + 2\vec{e}_y = \begin{pmatrix} 1 \\ 2 \end{pmatrix}$$

Im Folgenden wird in der Regel mit dieser abkürzenden Schreibweise gearbeitet werden. Wichtig ist, dass die Schreibweise nur dann eindeutig ist, wenn man festlegt, auf welche Basis sie sich bezieht. Die zuvor benutzte Basis aus rechtwinkligen Einheitsvektoren nennt man auch **kanonische** Basis oder **Standardbasis**. Wenn im Weiteren in diesem Buch Vektoren in Koordinatenschreibweise benutzt werden und die verwendete Basis von Bedeutung ist, sie aber nicht angegeben wurde, ist stets davon auszugehen, dass die Standardbasis gemeint ist.

Nachfolgend sollen die beiden Vektoren $\vec{c}_1$ und $\vec{c}_2$ in der Basis, die aus den beiden eingezeichneten Vektoren $\vec{a}$ und $\vec{b}$ besteht, dargestellt werden:

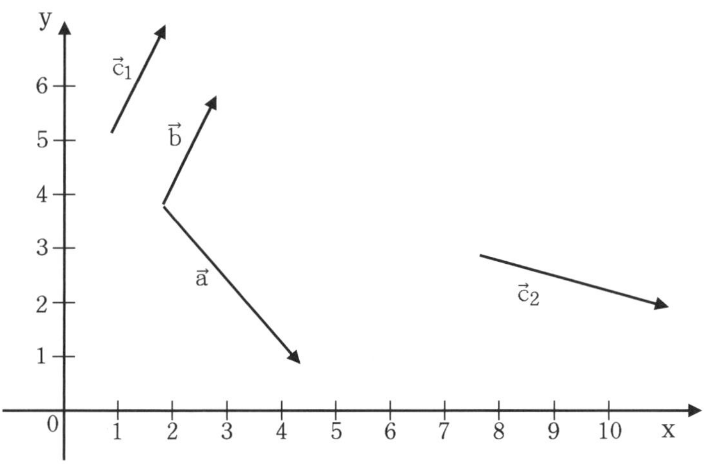

Die Vektoren $\vec{c}_1$ und $\vec{b}$ sind identisch, somit ergibt sich für $\vec{c}_1$ folgende

Darstellung:

$$\vec{c}_1 = 0\vec{a} + 1\vec{b} = \begin{pmatrix} 0 \\ 1 \end{pmatrix}$$

Die entsprechende Darstellung für $\vec{c}_2$ ist nachfolgend eingezeichnet:

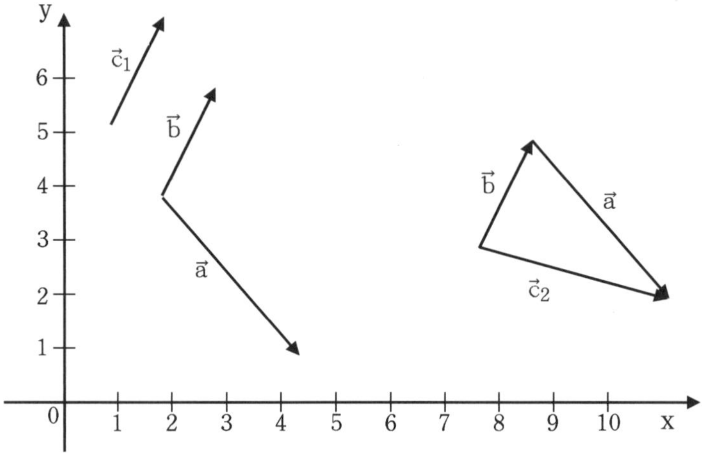

Es gilt also:

$$\vec{c}_2 = 1\vec{a} + 1\vec{b} = \begin{pmatrix} 1 \\ 1 \end{pmatrix}$$

In der Basis $\{\vec{a}, \vec{b}\}$ ausgedrückt, lauten die Vektoren in Koordinatenschreibweise also:

$$\vec{c}_1 = \begin{pmatrix} 0 \\ 1 \end{pmatrix}; \ \vec{c}_2 = \begin{pmatrix} 1 \\ 1 \end{pmatrix}$$

In der Basis $\{\vec{e}_1, \vec{e}_2\}$ lautete die Koordinatendarstellung hingegen:

$$\vec{c}_1 = \begin{pmatrix} 1 \\ 2 \end{pmatrix}; \ \vec{c}_2 = \begin{pmatrix} 3{,}5 \\ -1 \end{pmatrix}$$

Man sieht deutlich, wie abhängig die Koordinatendarstellung von der gewählten Basis ist.

Ein rechtwinkliges Koordinatensystem, wie das zur Orientierung eingezeichnete xy-Koordinatensystem, nennt man ein **kartesisches Koordinatensystem.** Durch eine vorgegebene Basis wird ein Koordinatensystem festgelegt, die Zahlen der sich ergebenden Vektoren geben gerade die Koordinaten in diesem Koordinatensystem an. Die Standardbasis ist so gewählt, dass sie gerade das kartesische Koordinatensystem ergibt. Die danach betrachtete Basis $\{\vec{a}, \vec{b}\}$ ergibt keine kartesischen Koordinaten, denn die Vektoren $\vec{a}$ und $\vec{b}$ stehen nicht senkrecht zueinander. Man nennt ein derartiges Koordinatensystem ein **affines Koordinatensystem.**

Für viele der nachfolgenden Betrachtungen ist es egal, ob die Vektoren in kartesischen oder affinen Koordinaten vorliegen. Dies gilt z. B. für die nachfolgend betrachtete Addition und S-Multiplikation, aber auch für die später betrachtete Parameterdarstellung von Geraden und Ebenen. Die betrachteten Spaltenvektoren stehen dann zwar, je nach der gewählten Basis, für unterschiedliche Vektoren, aber für die Lösung von Aufgaben in Koordinatenschreibweise ergibt sich kein Unterschied. Später werden auch Themen behandelt, bei denen Abstände eine Bedeutung haben, hier werden kartesische Koordinaten vorausgesetzt.

Zur Veranschaulichung macht man nichts falsch, wenn man sich im Folgenden generell vorstellt, dass kartesische Koordinaten vorliegen. Denn dort, wo es auch affine Koordinaten sein dürfen, ergeben sich ja für die Lösungen in Koordinatenschreibweise die gleichen Ergebnisse.[1] Das heißt, es ergibt sich jedesmal die richtige Lösung, die Darstellung mittels der Koordinaten sieht aber abhängig von der gewählten Basis unterschiedlich aus.

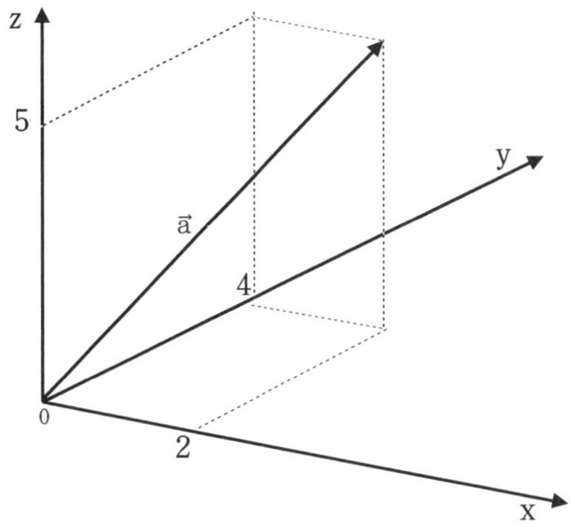

Nebenstehend ist ein Vektor im dreidimensionalen Raum dargestellt. Auch hier kann man den Vektor in Koordinatenschreibweise darstellen. Er lautet:

$$\vec{a} = \begin{pmatrix} 2 \\ 4 \\ 5 \end{pmatrix}$$

1: In manchen Abhandlungen wird auch zwischen der Analytischen Geometrie im affinen Raum und im metrischen Raum (kartesische Koordinaten) unterschieden.

2.7.2 Addition und S-Multiplikation in Koordinatenschreibweise

In den Zeichnungen wird nachfolgend die kanonische Basis verwendet. Wie zuvor schon angedeutet, ergeben sich für affine Basen die gleichen Zusammenhänge.

Die beiden Vektoren $\vec{a}$ und $\vec{b}$ sollen addiert werden.

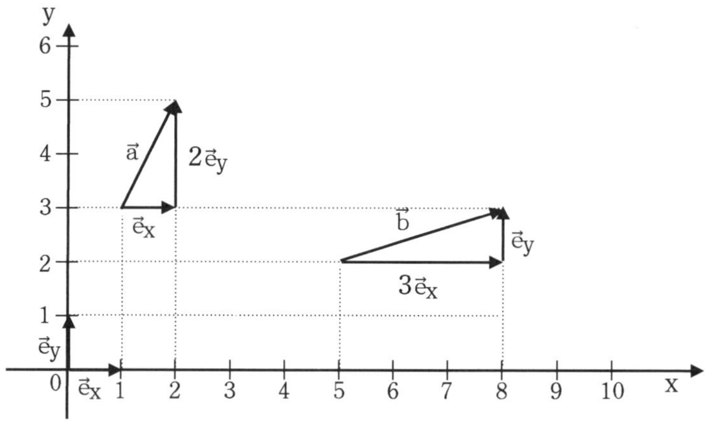

Zeichnerisch ergibt sich für $\vec{b} + \vec{a}$ folgendes:

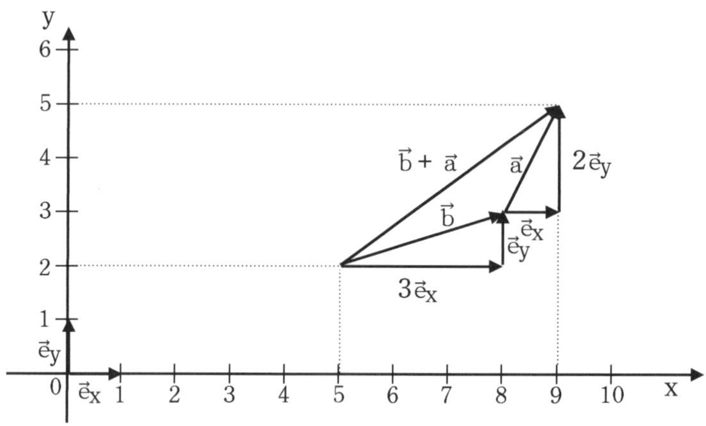

Als Linearkombination der Basisvektoren ausgedrückt, ergibt sich für die beiden Vektoren $\vec{a}$ und $\vec{b}$ folgendes:

$$\vec{a} = \vec{e}_x + 2\vec{e}_y = \begin{pmatrix} 1 \\ 2 \end{pmatrix}$$

$$\vec{b} = 3\vec{e}_x + \vec{e}_y = \begin{pmatrix} 3 \\ 1 \end{pmatrix}$$

Für die Addition ergibt sich nun:

$$\vec{b} + \vec{a} = 3\vec{e}_x + \vec{e}_y + \vec{e}_x + 2\vec{e}_y$$

$$= 4\vec{e}_x + 3\vec{e}_y = \begin{pmatrix} 4 \\ 3 \end{pmatrix}$$

Bei der Addition der Einheitsvektoren konnten einfach die jeweiligen Einheitsvektoren addiert werden. Am Ende wurde der Vektor wieder in Koordinatenschreibweise dargestellt. Anhand der Zeichnung lässt sich auch gut erkennen, wie sich der Vektor „$\vec{b} + \vec{a}$" aus den einzelnen Basisvektoren ergibt.

Rechnerisch erfolgte die Addition zuvor, indem jeweils die $\vec{e}_x$, bzw. $\vec{e}_y$ addiert wurden. In der Koordinatenschreibweise steht nun aber jeweils in der ersten Komponente die entsprechende Anzahl von $\vec{e}_x$. Es reicht also aus, wenn man einfach die jeweiligen Komponenten der Vektoren addiert. Dies wird nachfolgend durchgeführt:

$$\vec{b} + \vec{a} = \begin{pmatrix} 3 \\ 1 \end{pmatrix} + \begin{pmatrix} 1 \\ 2 \end{pmatrix} = \begin{pmatrix} 3+1 \\ 1+2 \end{pmatrix} = \begin{pmatrix} 4 \\ 3 \end{pmatrix}$$

Die Subtraktion von zwei Vektoren verläuft vom Prinzip her genauso. Somit kann folgendes festgehalten werden:

> Man addiert bzw. subtrahiert Spaltenvektoren (Vektoren in Koordinatenschreibweise), indem man jeweils die einzelnen Komponenten addiert bzw. subtrahiert.

Formal lautet diese Regel:

$$\vec{a} + \vec{b} = \begin{pmatrix} a_1 \\ a_2 \end{pmatrix} + \begin{pmatrix} b_1 \\ b_2 \end{pmatrix} = \begin{pmatrix} a_1 + b_1 \\ a_2 + b_2 \end{pmatrix}$$

Wenn die Vektoren subtrahiert werden, muss das „plus" jeweils durch ein „minus" ersetzt werden.

Für Vektoren mit 3 Komponenten, also Vektoren im Dreidimensionalen, ergibt sich entsprechend:

$$\vec{a} + \vec{b} = \begin{pmatrix} a_1 \\ a_2 \\ a_3 \end{pmatrix} + \begin{pmatrix} b_1 \\ b_2 \\ b_3 \end{pmatrix} = \begin{pmatrix} a_1 + b_1 \\ a_2 + b_2 \\ a_3 + b_3 \end{pmatrix}$$

Nun wird die entsprechende Regel für die **S-Multiplikation** betrachtet. Der Vektor $\vec{a}$ aus dem vorherigem Beispiel wird nachfolgend mit 3 multipliziert:

$$3\vec{a} = 3 * \begin{pmatrix} 1 \\ 2 \end{pmatrix} = 3 * (\vec{e}_x + 2\vec{e}_y) = 3\vec{e}_x + 6\vec{e}_y = \begin{pmatrix} 3 \\ 6 \end{pmatrix}$$

Die einzelnen Komponenten werden also mit dem Faktor multipliziert. Somit kann man auch in diesem Fall die Rechnung vereinfachen, indem man gleich die einzelnen Komponenten mit dem Faktor multipliziert:

$$3\vec{a} = 3 * \begin{pmatrix} 1 \\ 2 \end{pmatrix} = \begin{pmatrix} 3 * 1 \\ 3 * 2 \end{pmatrix} = \begin{pmatrix} 3 \\ 6 \end{pmatrix}$$

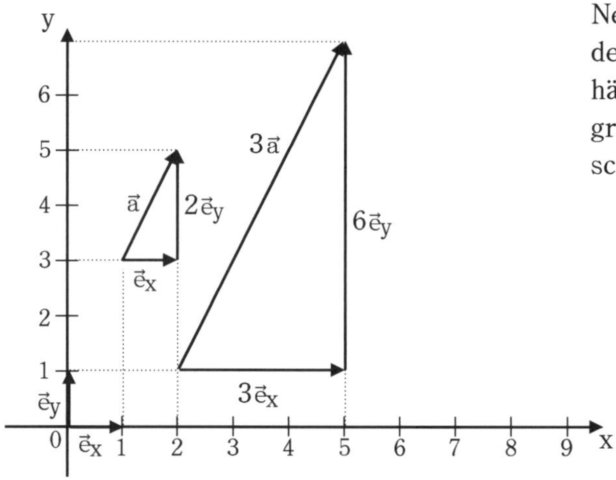

Nebenstehend wurden die Zusammenhänge noch einmal grafisch veranschaulicht:

Für die Skalar-Multiplikation kann somit Folgendes festgehalten werden:

> Ein Vektor wird mit einem Skalar r multipliziert, indem jede Komponente des Vektors mit dem Skalar multipliziert wird.

Formal lautet diese Regel:

$$r * \vec{a} = r * \begin{pmatrix} a_1 \\ a_2 \end{pmatrix} = \begin{pmatrix} r * a_1 \\ r * a_2 \end{pmatrix}$$

Für Vektoren aus dem $\mathbb{R}^3$ ergibt sich entsprechend:

$$r * \vec{a} = r * \begin{pmatrix} a_1 \\ a_2 \\ a_3 \end{pmatrix} = \begin{pmatrix} ra_1 \\ ra_2 \\ ra_3 \end{pmatrix}$$

2.7.3 Lineare Abhängigkeit

Nachfolgend werden Vektoren in Koordinatenschreibweise auf lineare Abhängigkeit (bzw. lineare Unabhängigkeit - die Untersuchungsmethode ist die gleiche) untersucht. In vielen Fällen können die Untersuchungen mittels Determinanten vereinfacht werden. Die entsprechenden Untersuchungen mittels Determinanten sind in Kapitel 9 dargestellt. Wer Determinanten im Unterricht behandelt hat, sollte in Kapitel 9 nachlesen, wie man diese zur Untersuchung auf lineare Abhängigkeit benutzen kann.

Es seien die folgenden beiden Vektoren gegeben:

$$\vec{a} = \begin{pmatrix} 1 \\ 2 \end{pmatrix}; \ \vec{b} = \begin{pmatrix} 3 \\ 6 \end{pmatrix}$$

Sind diese Vektoren linear abhängig?

Wenn die beiden Vektoren linear abhängig (kollinear) sind, muss die folgende Gleichung eine Lösung für r ergeben:

$$r * \vec{a} = \vec{b} \Rightarrow r * \begin{pmatrix} 1 \\ 2 \end{pmatrix} = \begin{pmatrix} 3 \\ 6 \end{pmatrix} \Leftrightarrow \begin{pmatrix} 1r \\ 2r \end{pmatrix} = \begin{pmatrix} 3 \\ 6 \end{pmatrix}$$

Die Vektorgleichung ergibt die beiden folgenden Einzelgleichungen:

$$1r = 3$$
$$2r = 6$$

Es ist also die Lösung dieses Gleichungssystems zu bestimmen. In diesem Fall ist das sehr einfach, denn aus der ersten Gleichung ergibt sich sofort:

$$r = 3$$

Setzt man das in die zweite Gleichung ein, ergibt sich:

$$2 * 3 \stackrel{?}{=} 6$$
$$\Leftrightarrow 6 = 6$$

Die zweite Gleichung ist also für r = 3 auch erfüllt. Somit gibt es eine Lösung für die Vektorgleichung, und die beiden Vektoren sind linear abhängig.

Es seien nun folgende beiden Vektoren auf lineare Abhängigkeit zu untersuchen:

$$\vec{a} = \begin{pmatrix} 8 \\ 2 \end{pmatrix}; \ \vec{b} = \begin{pmatrix} 4 \\ 2 \end{pmatrix}$$

Die Gültigkeit der folgenden Gleichung muss untersucht werden:

$$r * \vec{a} = \vec{b} \Rightarrow r * \begin{pmatrix} 8 \\ 2 \end{pmatrix} = \begin{pmatrix} 4 \\ 2 \end{pmatrix}$$
$$\Leftrightarrow \begin{pmatrix} 8r \\ 2r \end{pmatrix} = \begin{pmatrix} 4 \\ 2 \end{pmatrix}$$

Die Vektorgleichung ergibt die beiden folgenden Einzelgleichungen:

$$8r = 4 \mid \div 8$$
$$2r = 2$$

Aus der ersten Gleichung folgt:

$$r = 0{,}5$$

Setzt man dies in die zweite Gleichung ein, ergibt sich:

$$2 * 0{,}5 \stackrel{?}{=} 2$$
$$\Leftrightarrow 1 \stackrel{?}{=} 2$$

Die Gleichung führt zu einem Widerspruch. Das Gleichungssystem ist also unlösbar, es gibt keine Lösung für r. Somit sind die beiden Vektoren linear unabhängig.

Jetzt sollen die drei folgenden Vektoren auf lineare Abhängigkeit untersucht werden:

$$\vec{a} = \begin{pmatrix} 1 \\ 2 \end{pmatrix}; \ \vec{b} = \begin{pmatrix} 4 \\ 2 \end{pmatrix}; \ \vec{c} = \begin{pmatrix} 3 \\ 1 \end{pmatrix}$$

Zur Lösung der Aufgabe könnte man nun die beiden Komplanaritätsbedingungen überprüfen, aber soviel Aufwand ist gar nicht nötig. Es handelt sich um drei Vektoren aus dem $\mathbb{R}^2$, die Vektoren liegen also alle in einer Ebene. Drei Vektoren in einer Ebene sind aber immer linear abhängig. Auch die drei angeführten Vektoren sind also linear abhängig.

Jetzt werden drei Vektoren aus dem $\mathbb{R}^3$ betrachtet:

$$\vec{a} = \begin{pmatrix} 1 \\ 3 \\ 4 \end{pmatrix}; \ \vec{b} = \begin{pmatrix} 1 \\ 2 \\ 2 \end{pmatrix}; \ \vec{c} = \begin{pmatrix} 1 \\ 2 \\ -1 \end{pmatrix}$$

Sind diese drei Vektoren komplanar?

Die Aufgabenstellung wäre identisch, wenn die Fragestellung lauten würde: „Sind die drei Vektoren linear abhängig? Es müssen die beiden Komplanaritätsbedingungen überprüft werden (oder man nimmt die allgemeine Bedingung für lineare Abhängigkeit). Die Bedingungen lauten:

$$r * \vec{a} + s * \vec{b} = \vec{c} \quad \text{oder} \quad t * \vec{b} = \vec{a}$$

Wenn eine der Gleichungen erfüllt ist, sind die drei Vektoren linear abhängig.

Die erste Bedingung ergibt folgende Vektorgleichung:

$$r * \begin{pmatrix} 1 \\ 3 \\ 4 \end{pmatrix} + s * \begin{pmatrix} 1 \\ 2 \\ 2 \end{pmatrix} = \begin{pmatrix} 1 \\ 2 \\ -1 \end{pmatrix}$$

In einzelne Gleichungen übertragen, ergibt sich

$$\begin{aligned} r + s &= 1 \\ 3r + 2s &= 2 \quad | -3*\text{I} \\ 4r + 2s &= -1 \quad | -4*\text{I} \end{aligned}$$

Die Gleichungen werden nun mit dem Gauß-Algorithmus gelöst (man kann sie natürlich auch anders lösen).

$$\begin{aligned} r + s &= 1 \\ -s &= -1 \\ -2s &= -5 \quad | -2*\text{II} \end{aligned}$$

$$\begin{aligned} r + s &= 1 \\ -s &= -1 \\ 0 &= -3 \end{aligned}$$

Aus der unteren Gleichung ergibt sich ein Widerspruch, es gibt also keine Lösung dieses Gleichungssystems. Die erste Komplanaritätsbedingung ist nicht erfüllt. Nun muss überprüft werden, ob die zweite Komplanaritätsbedingung gültig ist:

$$t*\begin{pmatrix}1\\2\\2\end{pmatrix}=\begin{pmatrix}1\\3\\4\end{pmatrix}$$

In einzelnen Gleichungen ergibt sich:

$$\begin{aligned} t &= 1 \\ 2t &= 3 \mid -2*I \\ 2t &= 4 \mid -2*I \end{aligned}$$

Auch hier wird der Gauß-Algorithmus angewendet:

$$\begin{aligned} t &= 1 \\ 0 &= 1 \\ 0 &= 2 \end{aligned}$$

Die zweite und die dritte Gleichung führen zu einem Widerspruch, auch die zweite Komplanaritätsbedingung ist nicht erfüllt, die drei Vektoren sind also nicht komplanar. (Die drei Vektoren sind somit linear unabhängig.)

3 Die Parameterform der Geraden und der Ebene

3.1 Grundlagen

Man kann mittels Vektoren auch bestimmte Punkte im Raum definieren. Allerdings muss man hierzu den Anfangspunkt des Vektors festlegen, denn an sich steht ein Vektor ja für alle parallelen Pfeile, mit dem Pfeil auf derselben Seite. Sinnvollerweise legt man als Anfangspunkt den Ursprung des Koordinatensystems fest. Nebenstehend sind zwei solche Vektoren eingezeichnet. Der Vektor $\vec{a}$ beschreibt den Punkt A (2|4) und der Vektor $\vec{b}$ den Punkt B (5|−1). Da diese Vektoren einen ganz bestimmten Ort beschreiben, nennt man sie **Ortsvektoren**. Den Punkt A kann man also entweder durch seine Koordinaten als Punkt beschreiben oder durch seinen Ortsvektor.

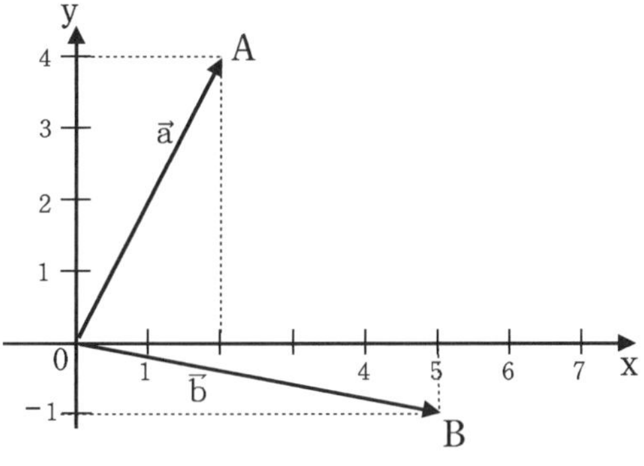

$$A\,(2|4) \text{ entspricht } \overrightarrow{0A} = \begin{pmatrix} 2 \\ 4 \end{pmatrix}$$

Der Ortsvektor wurde hierbei mit $\overrightarrow{0A}$ beschrieben, um deutlich zu machen, dass er im Ursprung (0) beginnt.

3.2 Geradengleichung

Nachfolgend sind eine Gerade und zwei Punkte auf dieser Geraden (P und Q) gezeichnet. Die Ortsvektoren der beiden Punkte sind ebenfalls eingezeichnet worden.

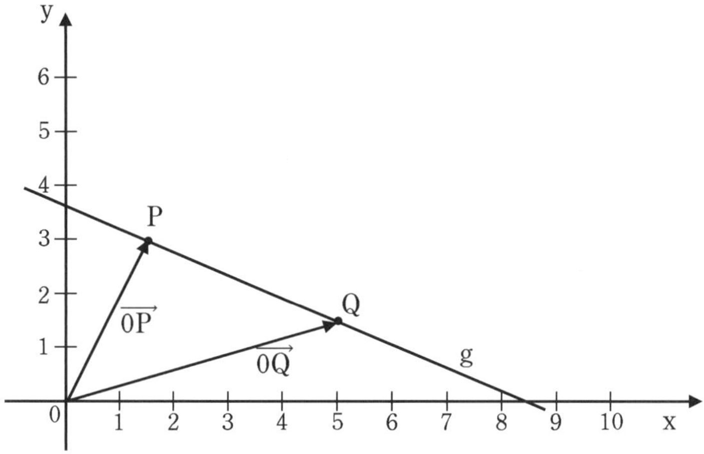

Man kann erkennen, dass die Gerade durch zwei Punkte eindeutig festgelegt ist, es gibt nur eine einzige Gerade, die durch diese beiden Punkte geht.

Allgemein kann eine Gerade also durch zwei Punkte festgelegt werden, allerdings ist dies noch keine sehr sinnvolle Beschreibung der Geraden. Letztendlich besteht die Gerade aus allen Punkten, die auf ihr liegen. Zu jedem dieser Punkte gibt es einen Ortsvektor. Die beiden eingezeichneten Vektoren $\overrightarrow{0P}$ und $\overrightarrow{0Q}$ sind nur zwei Beispiele für derartige Ortsvektoren. Insgesamt gibt es unendlich viele Ortsvektoren, die auf die Gerade führen. Interessant wäre es, wenn man eine einfache Beschreibung für alle diese Ortsvektoren finden könnte. Es sei hierzu zunächst angenommen, dass der Vektor $\vec{x}$ für einen beliebigen Ortsvektor der Geraden steht. In der nächsten Grafik sind einige Beispiele für mögliche Vektoren $\vec{x}$ angegeben.

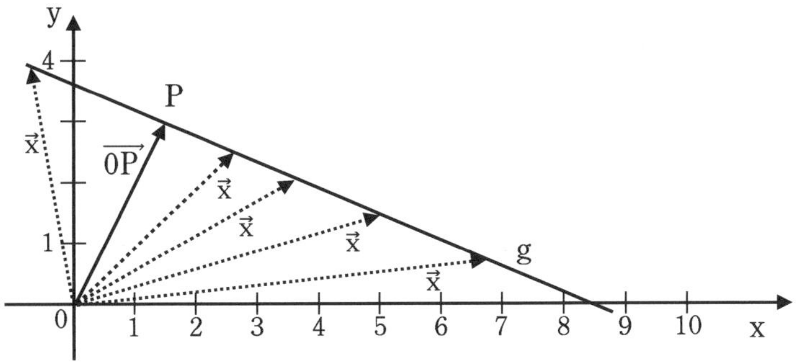

Es stellt sich nun die Frage, ob die Vektoren $\vec{x}$ eine Gemeinsamkeit haben, aufgrund derer man sie beschreiben kann. Natürlich haben sie eine solche Eigenschaft, denn sie enden alle auf der Geraden. Es sei nun angenommen, außer dem Vektor $\overrightarrow{0P}$, der auf die Gerade führt, sei auch ein Vektor bekannt, der in Richtung der Geraden verläuft, dieser Vektor wurde nachfolgend $\vec{a}$ genannt:

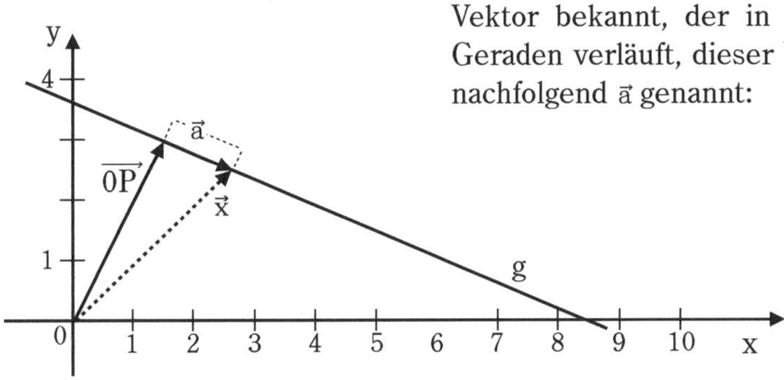

Wie man sieht, kann man den eingezeichneten Vektor $\vec{x}$ durch den Vektor, der auf die Gerade führt ($\overrightarrow{0P}$), und den Vektor, der auf der Geraden liegt ($\vec{a}$), darstellen. Es gilt:

$$\vec{x} = \overrightarrow{0P} + \vec{a}$$

Mittels geeigneter Vielfacher von $\vec{a}$ kann man aber auch jeden anderen Punkt auf der Geraden ansteuern.

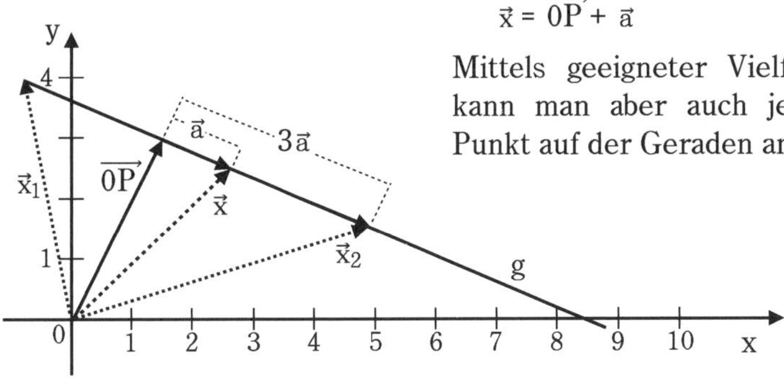

Für die eingezeichneten Vektoren $\vec{x}$ (diese wurden zur Unterscheidung mit Indizes versehen) ergibt sich:

$$\vec{x}_1 = \overrightarrow{0P} - 2\vec{a}$$

$$\vec{x}_2 = \overrightarrow{0P} + 3\vec{a}$$

Wenn man für den Faktor vor dem $\vec{a}$ beliebige andere Zahlen zulässt, kann man auf die beschriebene Weise jeden Punkt der Geraden darstellen. Somit ergibt sich also als allgemeine Form für einen Ortsvektor, der auf die Gerade führt:

$$\vec{x} = \overrightarrow{0P} + r * \vec{a} \quad \text{wobei } r \in \mathbb{R} \text{ gilt}$$

Da auf diese Weise alle Ortsvektoren der Geraden dargestellt werden, schreibt man vor den Ausdruck noch „g:". Außerdem wird ab jetzt für den Vektor, der auf die Gerade führt, statt $\overrightarrow{0P}$ kürzer $\vec{p}$ geschrieben. Schließlich wird noch das Malzeichen vor dem $\vec{a}$ weggelassen.

Es ergibt sich:

$$g: \vec{x} = \vec{p} + r\vec{a} \quad ; r \in \mathbb{R}$$

Den Vektor $\vec{p}$ nennt man **Aufpunktvektor** oder auch **Stützvektor** der Geraden. Den Vektor $\vec{a}$, der parallel zur Geraden ist, nennt man **Richtungsvektor** der Geraden, und r nennt man den **Parameter** der Geradengleichung.

Insgesamt spricht man von der **Parameterform der Geraden** oder der **Punkt-Richtungsform** der Geradengleichung.

Am Anfang war gezeigt worden, dass eine Gerade durch zwei Punkte festgelegt ist. Nun kann man sich natürlich fragen, ob aus der Kenntnis der beiden Ortsvektoren der Punkte bereits eine Geradengleichung konstruiert werden kann. Wie die folgende Abbildung zeigt, ist dies auf eine recht einfache Art möglich. Man erhält nämlich einen Richtungsvektor der Geraden, indem die beiden Vektoren, die auf die Gerade führen, subtrahiert werden. Zur einfacheren Darstellung wurden die beiden Ortsvektoren nachfolgend $\vec{p}$ und $\vec{q}$ genannt.

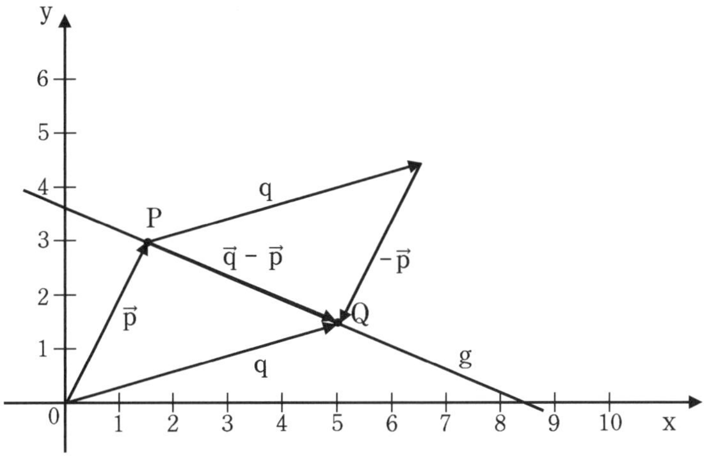

Die Geradengleichung kann also abhängig von zwei Ortsvektoren $\vec{q}$ und $\vec{p}$, die auf die Gerade führen, auch folgendermaßen geschrieben werden:

$$g:\ \vec{x} = \vec{p} + r(\vec{q} - \vec{p}) \quad ; r \in \mathbb{R}$$

Bisher wurden in den Zeichnungen nur Geraden im zweidimensionalen Raum (der xy-Ebene) betrachtet. Die Geradengleichung, die sich ergab, gilt aber in identischer Form auch im dreidimensionalen Raum, der einzige Unterschied ist, dass die Vektoren dann statt zwei drei Komponenten haben.

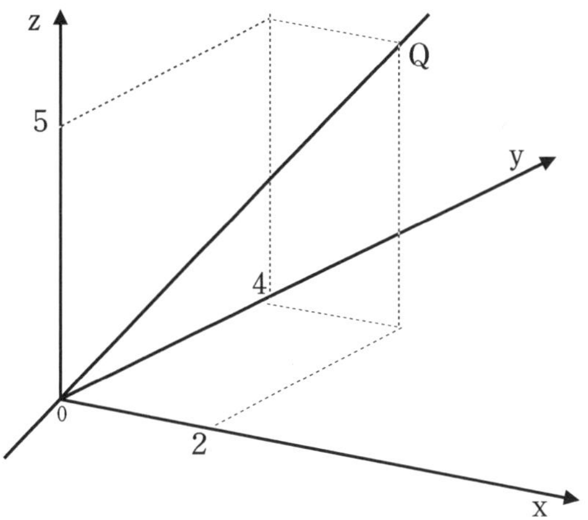

Nebenstehend ist eine grafische Darstellung für eine Gerade im dreidimensionalen Raum angeführt. Die eingezeichnete Gerade geht durch den Ursprung und den Punkt P (2|4|5).

Für die Geradengleichung ergibt sich:

$$g: \vec{x} = \vec{0} + r(\vec{q} - \vec{0}) \quad ; r \in \mathbb{R}$$

Werden die konkreten Werte in die Funktion eingesetzt, ergibt sich:

$$g: \vec{x} = r\begin{pmatrix} 2 \\ 4 \\ 5 \end{pmatrix} \quad ; r \in \mathbb{R}$$

3.3 Rechnen mit Geraden

3.3.1 Liegt ein Punkt auf einer Geraden?

Es seien eine bestimmte Gerade und ein Punkt gegeben, wie kann man herausfinden, ob der Punkt auf der Geraden liegt?

Der Vektor $\vec{x}$ in der Geradengleichung steht für alle Punkte auf der Geraden. Der zu untersuchende Punkt liegt genau dann auf der Geraden, wenn es einen Parameterwert gibt, so dass der Vektor $\vec{x}$ der Geradengleichung der Ortsvektor des betrachteten Punktes ist. An einem Beispiel wird dies nachfolgend verdeutlicht:

Es seien die folgende Gerade g und die Punkte B und C gegeben:

$$g: \vec{x} = \begin{pmatrix} 2 \\ 4 \end{pmatrix} + r\begin{pmatrix} 2 \\ 1 \end{pmatrix} \quad ; r \in \mathbb{R}$$

B (1|1); C (0|3)

Für die Untersuchung muss man für $\vec{x}$ den Ortsvektor des jeweiligen Punktes einsetzen und überprüfen, ob es eine Lösung für die Gleichung gibt. Wenn es eine Lösung gibt, liegt der Punkt auf der Geraden.

Für B ergibt sich:

$$\begin{pmatrix} 1 \\ 1 \end{pmatrix} = \begin{pmatrix} 2 \\ 4 \end{pmatrix} + r\begin{pmatrix} 2 \\ 1 \end{pmatrix}$$

Eine Vektorgleichung muss immer in allen Komponenten erfüllt sein, somit ist die Vektorgleichung mit dem folgendem Gleichungssystem identisch:

$$\begin{aligned} 1 &= 2 + 2r \\ 1 &= 4 + r \end{aligned}$$

Die Gleichungen sind so einfach, dass es sich hier nicht lohnt, den Gauß-Algorithmus anzuwenden. Aus der ersten Gleichung ergibt sich:

$$\begin{aligned} 1 &= 2 + 2r \quad | -2 \\ \Leftrightarrow -1 &= 2r \quad | \div 2 \\ \Leftrightarrow -\frac{1}{2} &= r \end{aligned}$$

Nun muss überprüft werden, ob die zweite Gleichung für diesen Wert auch erfüllt ist. Hierzu wird der Wert für r in die zweite Gleichung eingesetzt:

$$\begin{aligned} 1 &\stackrel{?}{=} 4 + \left(-\frac{1}{2}\right) \\ \Leftrightarrow 1 &\neq \frac{7}{2} \end{aligned}$$

Die Lösung der ersten Gleichung führt also bei der zweiten Gleichung zu einem Widerspruch, daher gibt es keine Lösung für das Gleichungssystem. Der Punkt B liegt also nicht auf der Geraden.

Für den Punkt C ergibt sich:

$$\begin{pmatrix} 0 \\ 3 \end{pmatrix} = \begin{pmatrix} 2 \\ 4 \end{pmatrix} + r \begin{pmatrix} 2 \\ 1 \end{pmatrix} \quad \Big| -\begin{pmatrix} 2 \\ 4 \end{pmatrix}$$

Auch hier könnte man wieder direkt zwei einzelne Gleichungen schreiben. Man kann aber auch zunächst noch die Vektorgleichung umformen. Dies soll nachfolgend durchgeführt werden:

$$\begin{aligned} &\Leftrightarrow \begin{pmatrix} 0 \\ 3 \end{pmatrix} - \begin{pmatrix} 2 \\ 4 \end{pmatrix} = r \begin{pmatrix} 2 \\ 1 \end{pmatrix} \\ &\Leftrightarrow \begin{pmatrix} -2 \\ -1 \end{pmatrix} = r \begin{pmatrix} 2 \\ 1 \end{pmatrix} \end{aligned}$$

Aus dieser Vektorgleichung ergeben sich nun die beiden folgenden Gleichungen:

$$\begin{aligned} -2 &= 2r \\ -1 &= r \end{aligned}$$

Hier ergibt sich der Wert für r aus der zweiten Gleichung sofort, dieser Wert kann nun in die erste Gleichung eingesetzt werden:

$$\begin{aligned} -2 &\stackrel{?}{=} 2 * (-1) \\ \Leftrightarrow -2 &= -2 \end{aligned}$$

Für $r = -1$ sind also beide Gleichungen erfüllt, der Punkt C liegt somit auf der Geraden.

Statt am Ende aus der einen Gleichung einen Wert für r zu berechnen und diesen dann in die andere einzusetzen, hätte man auch jeweils beide Gleichungen nach r auflösen können, um dann zu vergleichen, ob beide Male das Gleiche herauskommt.

Wenn untersucht werden soll, ob 3 (oder auch mehr) Punkte auf derselben Geraden liegen, kann man vom Prinzip so wie zuvor beschrieben vorgehen. Man benutzt zunächst 2 Punkte, um eine Geradengleichung aufzustellen, und überprüft dann, ob die anderen Punkte auf dieser Geraden liegen. An dem folgenden Beispiel wird das Verfahren demonstriert:

Liegen die Punkte A (1|0), B (2|1) und C (3|1) auf einer Geraden?

Aus den Punkten A und B wird zunächst eine Gerade konstruiert. Hierzu wird, wie im letzten Kapitel gezeigt, zunächst ein Richtungsvektor der Geraden produziert, indem die Ortsvektoren der beiden Punkte voneinander subtrahiert werden. Als Aufpunktvektor auf die Gerade kann man einen der beiden Ortsvektoren wählen, nachfolgend wird der von Punkt A gewählt. Für die Geradengleichung ergibt sich:

$$g\colon\ \vec{x} = \begin{pmatrix} 1 \\ 0 \end{pmatrix} + r\left(\begin{pmatrix} 1 \\ 0 \end{pmatrix} - \begin{pmatrix} 2 \\ 1 \end{pmatrix}\right)$$

$$\Leftrightarrow g\colon\ \vec{x} = \begin{pmatrix} 1 \\ 0 \end{pmatrix} + r\begin{pmatrix} 1-2 \\ 0-1 \end{pmatrix}$$

$$\Leftrightarrow g\colon\ \vec{x} = \begin{pmatrix} 1 \\ 0 \end{pmatrix} + r\begin{pmatrix} -1 \\ -1 \end{pmatrix}$$

Nun wird überprüft, ob der Punkt C auf dieser Geraden liegt, das geschieht wieder, indem man für den Vektor $\vec{x}$ den Ortsvektor von C einsetzt:

$$\begin{pmatrix} 3 \\ 1 \end{pmatrix} = \begin{pmatrix} 1 \\ 0 \end{pmatrix} + r\begin{pmatrix} -1 \\ -1 \end{pmatrix} \quad \Big| -\begin{pmatrix} 1 \\ 0 \end{pmatrix}$$

$$\Leftrightarrow \begin{pmatrix} 2 \\ 1 \end{pmatrix} = r\begin{pmatrix} -1 \\ -1 \end{pmatrix}$$

In Einzelgleichungen ergibt sich:

$$2 = -r$$
$$1 = -r$$

Man kann sofort erkennen, dass ein Widerspruch vorliegt, denn $-r$ kann nicht gleichzeitig gleich 2 und gleich 1 sein. Alternativ ergibt sich aus der ersten Gleichung:

$$r = -2$$

In die zweite Gleichung eingesetzt folgt:

$$1 \neq -2$$

Der Punkt C liegt also nicht auf der durch A und B gebildeten Geraden. Also liegen die drei Punkte nicht auf derselben Geraden.

Nachfolgend ist dieses Beispiel grafisch veranschaulicht. Die Gerade durch die Punkte A und B wurde gestrichelt eingezeichnet:

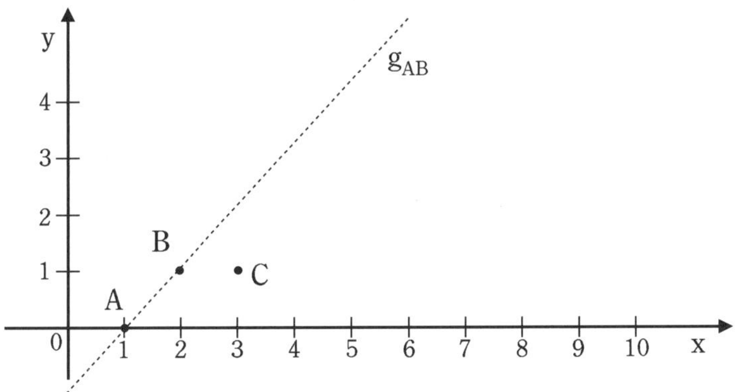

3.3.2 Schnittpunkte von Geraden im Zweidimensionalen

Es seien die folgenden beiden Geraden gegeben:

$$g_1: \vec{x} = \begin{pmatrix} 1 \\ 1 \end{pmatrix} + r\begin{pmatrix} 3 \\ 1 \end{pmatrix}$$

$$g_2: \vec{x} = \begin{pmatrix} 2 \\ 6 \end{pmatrix} + r\begin{pmatrix} 2{,}5 \\ -1{,}5 \end{pmatrix}$$

In der nachfolgenden Grafik sind die beiden Geraden eingezeichnet:

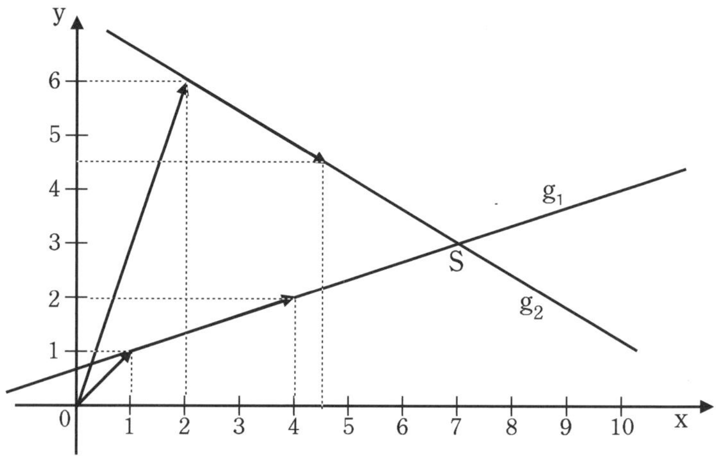

Man sieht in der Grafik, dass die beiden Geraden sich schneiden. Der Schnittpunkt wurde mit dem Buchstaben S gekennzeichnet. Man kann auch ablesen, dass der Schnittpunkt in etwa die Koordinaten (7|3) hat. Wie kann man den Schnittpunkt rechnerisch bestimmen?

Der Schnittpunkt ist der einzige Punkt, der auf beiden Geraden liegt. Wenn man diesen Punkt jeweils für $\vec{x}$ in die Geradengleichung einsetzt, sind beide Geradengleichungen erfüllt. Zur Bestimmung des Schnittpunktes kann man daher die beiden Geradengleichungen gleichsetzen. Zuvor gilt es aber noch zu beachten, dass bisher in beiden Gleichungen für den Parameter „r“ geschrieben wurde. Wenn man die Geraden nun gleichsetzt, ist das eine „r“ nicht das Gleiche wie das andere „r“. Deshalb muss man einen der Parameter umbenennen. Nachfolgend wurde bei g_2 „r“ durch „s“ ersetzt.

Beim Gleichsetzen ergibt sich nun:

$$\begin{pmatrix}1\\1\end{pmatrix}+r\begin{pmatrix}3\\1\end{pmatrix}=\begin{pmatrix}2\\6\end{pmatrix}+s\begin{pmatrix}2{,}5\\-1{,}5\end{pmatrix}$$

Auch diese Gleichung kann entweder zunächst als Vektorgleichung umgeformt oder sofort in einzelne Gleichungen übertragen werden. Nachfolgend wird in der Regel zunächst die Vektorgleichung umgestellt, und anschließend wird der Gauß-Algorithmus zum Lösen der Gleichungen verwendet. Wer will, kann beim Lösen derartiger Gleichungen natürlich auch sofort die Übertragung in Einzelgleichungen vornehmen. Für das Lösen der Gleichungen muss natürlich, insbesondere bei einem so einfachen Fall wie dem vorliegenden, nicht der Gauß-Algorithmus verwendet werden.

Die Terme mit den Variablen werden zunächst alle nach links und die Ortsvektoren nach rechts gebracht:

$$\begin{pmatrix}1\\1\end{pmatrix}+r\begin{pmatrix}3\\1\end{pmatrix}=\begin{pmatrix}2\\6\end{pmatrix}+s\begin{pmatrix}2{,}5\\-1{,}5\end{pmatrix}\quad\Big|-s\begin{pmatrix}2{,}5\\-1{,}5\end{pmatrix}$$

$$\begin{pmatrix}1\\1\end{pmatrix}+r\begin{pmatrix}3\\1\end{pmatrix}-s\begin{pmatrix}2{,}5\\-1{,}5\end{pmatrix}=\begin{pmatrix}2\\6\end{pmatrix}\quad\Big|-\begin{pmatrix}1\\1\end{pmatrix}$$

$$r\begin{pmatrix}3\\1\end{pmatrix}-s\begin{pmatrix}2{,}5\\-1{,}5\end{pmatrix}=\begin{pmatrix}1\\5\end{pmatrix}$$

In einzelnen Gleichungen ergibt sich:

$$\begin{aligned}3r-2{,}5s&=1\\ r+1{,}5s&=5\quad|*3\end{aligned}$$

Mit dem Gauß-Algorithmus folgt weiter:

$$\begin{aligned}3r-2{,}5s&=1\\ 3r+4{,}5s&=15\quad|-\mathrm{I}\end{aligned}$$

$$\begin{aligned}3r-2{,}5s&=1\\ 7s&=14\quad|\div 7\end{aligned}$$

$$\begin{aligned}3r-2{,}5s&=1\\ s&=2\end{aligned}$$

Der Wert für s wird nun in die erste Gleichung eingesetzt:

$$
\begin{array}{lrcl}
 & 3r - 2{,}5*2 & = & 1 \;|\; +5 \\
\Leftrightarrow & 3r & = & 6 \;|\; \div 3 \\
\Leftrightarrow & r & = & 2
\end{array}
$$

Die Lösung lautet also r = 2 und s = 2. Bei dieser Parameterkonstellation schneiden sich die beiden Geraden. Dass sich in beiden Fällen ein Wert von 2 ergeben hat, ist Zufall.

Es wurde gezeigt, dass die beiden Geraden sich schneiden. Den Wert des Schnittpunktes erhält man, indem in eine der Geradengleichungen der jeweils gefundene Parameterwert eingesetzt wird. Nachfolgend wird die zweite Geradengleichung[1] verwendet, für diese wurde beim Gleichsetzen der Parameter mit s benannt, somit wird in die zweite Geradengleichung für den Parameter s eine 2 eingesetzt.

Die Gleichung lautete:

$$g_2\colon\ \vec{x} = \begin{pmatrix} 2 \\ 6 \end{pmatrix} + s \begin{pmatrix} 2{,}5 \\ -1{,}5 \end{pmatrix}$$

$$\Rightarrow \vec{x}_S = \begin{pmatrix} 2 \\ 6 \end{pmatrix} + 2 \begin{pmatrix} 2{,}5 \\ -1{,}5 \end{pmatrix}$$

Der Vektor wurde $\vec{x}_S$ genannt, weil es sich um den Ortsvektor des Schnittpunktes handelt.

$$\Leftrightarrow \vec{x}_S = \begin{pmatrix} 2 \\ 6 \end{pmatrix} + \begin{pmatrix} 5 \\ -3 \end{pmatrix}$$

$$\Leftrightarrow \vec{x}_S = \begin{pmatrix} 7 \\ 3 \end{pmatrix}$$

Somit lautet der Schnittpunkt der beiden Geraden S (7|3).

Bei der Lösung des Gleichungssystems wurden die Werte für beide Parameter (r und s) berechnet. Zur Bestimmung des Schnittpunktes reicht aber einer der Parameter aus. Den anderen muss man also nicht unbedingt berechnen. Allerdings kann man den anderen Parameter für eine Kontrolle der Ergebnisse benutzen, indem man ihn in die entsprechende Gleichung einsetzt und überprüft, ob sich derselbe Schnittpunkt ergibt.

1: Man hätte genauso gut die erste Geradengleichung nehmen können. Es hätte sich hierbei natürlich das gleiche Ergebnis ergeben.

Es sei nun weiterhin die folgende Gerade gegeben:

$$g_3\colon\ \vec{x} = \begin{pmatrix} 0 \\ 2 \end{pmatrix} + r\begin{pmatrix} 6 \\ 2 \end{pmatrix}$$

Es soll der Schnittpunkt von g_1 und g_3 bestimmt werden.

Bei der Berechnung muss wieder einer der Parameter umbenannt werden. Nachfolgend wird der Parameter in g_3 in s umbenannt.

$$\begin{pmatrix} 1 \\ 1 \end{pmatrix} + r\begin{pmatrix} 3 \\ 1 \end{pmatrix} = \begin{pmatrix} 0 \\ 2 \end{pmatrix} + s\begin{pmatrix} 6 \\ 2 \end{pmatrix} \;\Big|\; -s\begin{pmatrix} 6 \\ 2 \end{pmatrix}$$

$$\begin{pmatrix} 1 \\ 1 \end{pmatrix} + r\begin{pmatrix} 3 \\ 1 \end{pmatrix} - s\begin{pmatrix} 6 \\ 2 \end{pmatrix} = \begin{pmatrix} 0 \\ 2 \end{pmatrix} \;\Big|\; -\begin{pmatrix} 1 \\ 1 \end{pmatrix}$$

$$r\begin{pmatrix} 3 \\ 1 \end{pmatrix} - s\begin{pmatrix} 6 \\ 2 \end{pmatrix} = \begin{pmatrix} -1 \\ 1 \end{pmatrix}$$

In einzelnen Gleichungen ergibt sich nun:

$$\begin{aligned} 3r - 6s &= -1 \;\big|\; \div 3 \\ r - 2s &= 1 \end{aligned}$$

$$\begin{aligned} r - 2s &= -\tfrac{1}{3} \\ r - 2s &= 1 \;\big|\; -\mathrm{I} \end{aligned}$$

$$\begin{aligned} r - 2s &= -\tfrac{1}{3} \\ 0 &= \tfrac{4}{3} \end{aligned}$$

Die zweite Gleichung führt zu einem Widerspruch, somit ist das Gleichungssystem unlösbar. Es gibt also keinen Punkt, der auf beiden Geraden liegt, die beiden Geraden haben keinen Schnittpunkt.

Nachfolgend sind die beiden Geraden gezeichnet worden:

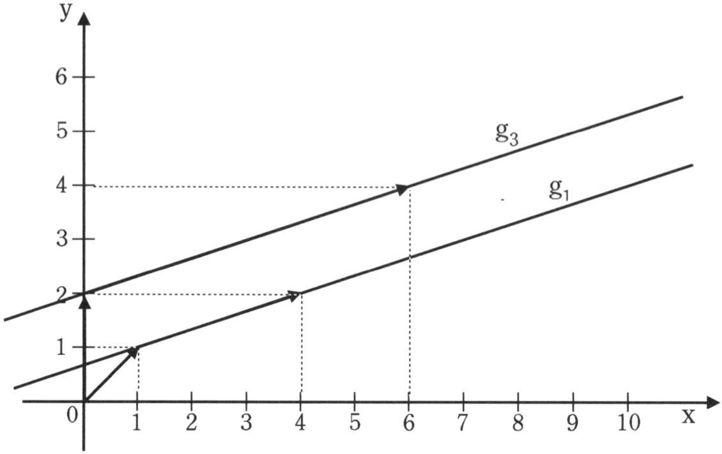

In der Zeichnung wurden für die beiden Geraden jeweils der Aufpunktvektor und der Richtungsvektor eingetragen. Man erkennt, dass die beiden Geraden parallel sind und daher keinen gemeinsamen Schnittpunkt haben.

Im Zweidimensionalen ist Parallelität der Geraden der einzige Fall, bei dem zwei Geraden keinen Schnittpunkt haben. Wenn sie nicht parallel sind, gibt es eine Richtung, in der sie aufeinander zu laufen. Da Geraden unendlich lang sind, wird es dann in jedem Fall irgendwo einen Schnittpunkt geben.

Zusätzlich zu der Geraden g_1 ist in der nachfolgenden Abbildung die Gerade g_4 eingezeichnet. Für g_4 gilt hierbei:

$$g_4\colon\ \vec{x} = \begin{pmatrix} 0 \\ 2 \end{pmatrix} + r\begin{pmatrix} 8 \\ 3 \end{pmatrix}$$

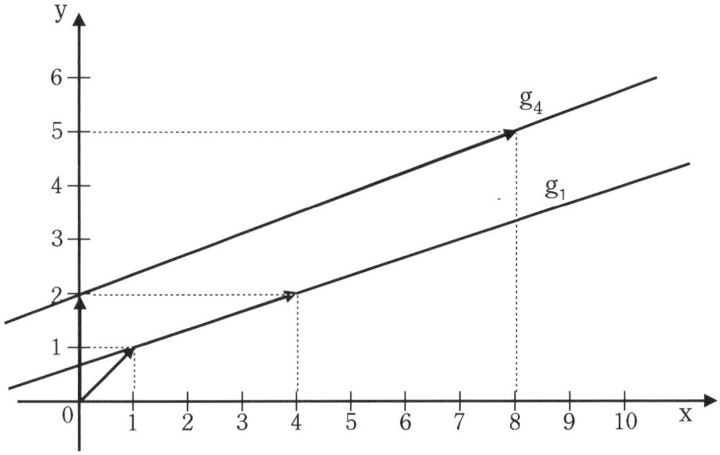

g_4 ist nicht parallel zu g_1. In der Zeichnung lässt sich dennoch kein Schnittpunkt zwischen g_1 und g_4 erkennen. Allerdings gibt es einen Schnittpunkt, denn Geraden sind unendlich lang, und wenn man die beiden Geraden in der Zeichnung immer weiter nach links verlängert, wird sich irgendwann ein Schnittpunkt ergeben.

Werden zwei parallele Geraden gleichgesetzt, ergibt sich, wie zuvor an dem Beispiel gezeigt wurde, ein Widerspruch. Eine Ausnahme hiervon ergibt sich, wenn die beiden Geraden identisch sind, denn dann ist jeder Punkt der Geraden ein „Schnittpunkt". Bei zwei identischen Geraden ergibt sich entsprechend bei der Lösung des Gleichungssystems die ganze Gerade als Lösung für die Menge der Schnittpunkte.

Statt wie zuvor in den Beispielen einfach mit dem Gleichsetzen zu beginnen, kann man auch zunächst überprüfen, ob die betrachteten Geraden parallel sind. Wenn sie parallel sind, sind auch ihre Richtungsvektoren parallel. Die Richtungsvektoren sind dann also linear abhängig. Für die vorherigen Aufgaben wird die entsprechende Überprüfung nachfolgend durchgeführt:

$$g_1\colon\ \vec{x} = \begin{pmatrix} 1 \\ 1 \end{pmatrix} + r\begin{pmatrix} 3 \\ 1 \end{pmatrix}$$

$$g_3\colon\ \vec{x} = \begin{pmatrix} 0 \\ 2 \end{pmatrix} + r\begin{pmatrix} 6 \\ 2 \end{pmatrix}$$

Es muss geprüft werden, ob der eine Richtungsvektor ein Vielfaches des anderen ist:

$$r\begin{pmatrix}3\\1\end{pmatrix}\stackrel{?}{=}\begin{pmatrix}6\\2\end{pmatrix}$$

Es ist also zu prüfen, ob das folgende Gleichungssystem eine Lösung hat:

$$\begin{aligned}3r &= 6 \mid \div 3\\ r &= 2\\[1em] r &= 2\\ r &= 2\end{aligned}$$

Aus beiden Gleichungen ergibt sich somit r = 2 als Lösung, die Richtungsvektoren sind also linear abhängig. Damit sind die Geraden parallel. Nun muss noch überprüft werden, ob die beiden Geraden identisch sind. Wenn sie identisch sind, führt der Aufpunktvektor einer der Geraden auch auf die andere Gerade. Wenn sie nicht identisch sind, also sozusagen „echt" parallel sind, ist dies nicht der Fall. Zur Überprüfung, ob zwei parallele Geraden identisch sind, kann man also den Aufpunktvektor einer der Geraden in die Geradengleichung der anderen Geraden einsetzen. Gibt es für die sich ergebende Gleichung eine Lösung, so liegt der Aufpunktvektor auch auf der anderen Geraden und die beiden Geraden sind identisch. Ansonsten sind sie „echt parallel". Zur Überprüfung wird nachfolgend der Aufpunktvektor von g_3 in die Gleichung für g_1 eingesetzt. Es ergibt sich:

$$\begin{pmatrix}1\\1\end{pmatrix}+r\begin{pmatrix}3\\1\end{pmatrix}\stackrel{?}{=}\begin{pmatrix}0\\2\end{pmatrix}\Bigg|-\begin{pmatrix}1\\1\end{pmatrix}$$

Die Gleichung wurde „andersherum" geschrieben, d. h. der Vektor $\vec{x}$ wurde auf die rechte Seite geschrieben, auf diese Weise erhält man bei den Gleichungen die vom Gauß-Algorithmus her gewohnte Reihenfolge. Nachfolgend wird generell so verfahren.

$$r\begin{pmatrix}3\\1\end{pmatrix}\stackrel{?}{=}\begin{pmatrix}-1\\1\end{pmatrix}$$

In Einzelgleichungen ergibt sich:

$$\begin{aligned}3r &= -1 \mid \div 3\\ r &= 1\end{aligned}$$

$$r = -\frac{1}{3}$$

$$r = 1$$

Die beiden Gleichungen führen zu unterschiedlichen Ergebnissen für r und somit zu einem Widerspruch. Der Aufpunktvektor liegt also nicht auf der anderen Geraden. Die beiden Geraden sind somit parallel, aber nicht identisch, sie sind also echt parallel.

Im nächsten Abschnitt wird auf Besonderheiten für Geraden im Dreidimensionalen eingegangen.

3.3.3 Schnittpunkte von Geraden im Dreidimensionalen

Im Zweidimensionalen hatte sich zuvor ergeben, dass sich zwei Geraden entweder schneiden, parallel oder identisch sind. Im Dreidimensionalen kommt eine weitere Möglichkeit hinzu. Die Geraden können quasi „aneinander vorbeilaufen“. In der nachstehenden Abbildung ist ein Beispiel für zwei Geraden gegeben, die nicht parallel sind, sich aber trotzdem nie schneiden.

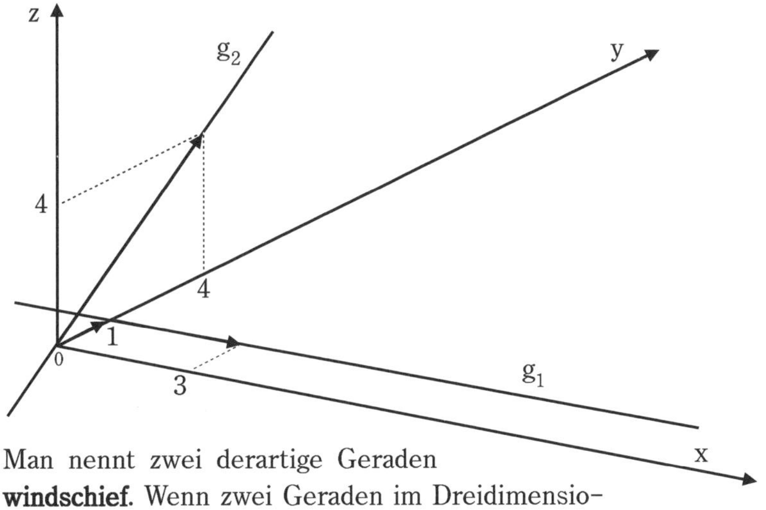

Man nennt zwei derartige Geraden **windschief**. Wenn zwei Geraden im Dreidimensionalen nicht parallel sind, kann es also trotzdem sein, dass sie keinen Schnittpunkt haben.

Als Geradengleichung für die beiden eingezeichneten Geraden ergibt sich:

$$g_1:\ \vec{x} = \begin{pmatrix} 0 \\ 1 \\ 0 \end{pmatrix} + r \begin{pmatrix} 3 \\ 0 \\ 0 \end{pmatrix} \quad ; r \in \mathbb{R}$$

$$g_2:\ \vec{x} = r \begin{pmatrix} 0 \\ 4 \\ 4 \end{pmatrix} \quad ; r \in \mathbb{R}$$

Wenn man einfach nur die beiden Geradengleichungen gegeben hat und den Schnittpunkt der Geraden (falls vorhanden) berechnen soll, so müssen die beiden Geradengleichungen gleichgesetzt werden.

Bei der Berechnung muss wieder einer der Parameter umbenannt werden. In der zweiten Gleichung wird der Parameter in s umbenannt. Nachfolgend wird zunächst die Vektorgleichung umgeformt:

$$\begin{pmatrix} 0 \\ 1 \\ 0 \end{pmatrix} + r \begin{pmatrix} 3 \\ 0 \\ 0 \end{pmatrix} = s \begin{pmatrix} 0 \\ 4 \\ 4 \end{pmatrix} \quad \Big| -s \begin{pmatrix} 0 \\ 4 \\ 4 \end{pmatrix}$$

$$\Leftrightarrow \begin{pmatrix} 0 \\ 1 \\ 0 \end{pmatrix} + r \begin{pmatrix} 3 \\ 0 \\ 0 \end{pmatrix} - s \begin{pmatrix} 0 \\ 4 \\ 4 \end{pmatrix} = \begin{pmatrix} 0 \\ 0 \\ 0 \end{pmatrix} \quad \Big| - \begin{pmatrix} 0 \\ 1 \\ 0 \end{pmatrix}$$

$$\Leftrightarrow r \begin{pmatrix} 3 \\ 0 \\ 0 \end{pmatrix} - s \begin{pmatrix} 0 \\ 4 \\ 4 \end{pmatrix} = - \begin{pmatrix} 0 \\ 1 \\ 0 \end{pmatrix}$$

In einzelnen Gleichungen ergibt sich:

$$\begin{aligned} 3r \qquad &= \ \ 0 \\ -4s &= -1 \\ -4s &= \ \ 0 \quad \big| \div(-4) \end{aligned}$$

Aus der unteren Gleichung ergibt sich nun[1]:

$$s = 0$$

1: Man bräuchte hier an sich gar nicht weiterzurechnen, an den beiden unteren Gleichungen kann man schon einen Widerspruch erkennen, denn $-4s$ kann nicht gleichzeitig -1 und 0 sein.

Wenn man dieses in die zweite Gleichung einsetzt, folgt:

$$-4*0 = -1$$

$$\Leftrightarrow \quad 0 = -1$$

Es ergibt sich ein Widerspruch, und somit ist das Gleichungssystem unlösbar. Es gibt also keinen Punkt, der auf beiden Geraden liegt, die beiden Geraden haben keinen Schnittpunkt.

3.4 Parametergleichung der Ebene

Auch für Ebenen gibt es eine Parameterdarstellung. So wie bei der Geradengleichung nimmt man zunächst einen Vektor, der auf die Ebene führt. Wie kann man nun, ausgehend von dem Punkt der Ebene, bei dem der ausgewählte Aufpunktvektor endet, alle anderen Punkte der Ebene ansteuern?

Im Zusammenhang mit der Basis eines Vektorraumes war behandelt worden, dass zwei linear unabhängige Vektoren auf der xy-Ebene eine Basis dieser Ebene bilden. Es ist also möglich, jeden Punkt der Ebene mittels einer Linearkombination dieser Vektoren anzusteuern. Wenn man zunächst mit einem Aufpunktvektor auf die Ebene gelangt, kann man jeden Punkt der Ebene mittels einer Linearkombination zweier linear unabhängiger Richtungsvektoren der Ebene erreichen. In der nachfolgenden Grafik sind die Zusammenhänge dargestellt:

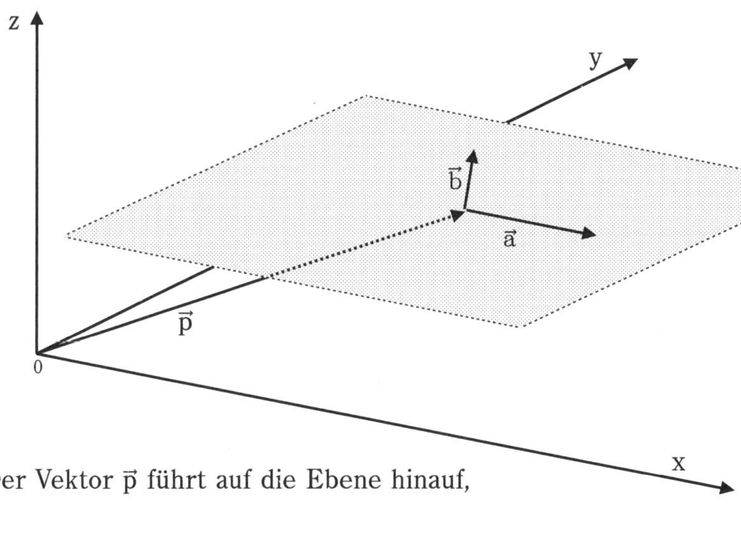

Der Vektor $\vec{p}$ führt auf die Ebene hinauf,

mittels einer Linearkombination der Vektoren $\vec{a}$ und $\vec{b}$ kann dann jeder Punkt auf der Ebene angesteuert werden. Die Ebene ist unendlich ausgedehnt, in der Zeichnung wurde somit nur ein Ausschnitt aus der Ebene dargestellt.

Für die Ebenengleichung ergibt sich:

$$E: \vec{x} = \vec{p} + r\vec{a} + s\vec{b} \quad ; r,s \in \mathbb{R}$$

Die Menge aller Ortsvektoren der Ebene ($\vec{x}$) ergibt sich also, indem man einen Aufpunktvektor (Stützvektor) auf die Ebene ($\vec{p}$) nimmt und zu diesem beliebige Vielfache der beiden Richtungsvektoren ($\vec{a}$ und $\vec{b}$) addiert. Da die beiden Richtungsvektoren die Ebene aufspannen, nennt man sie auch **Spannvektoren**.

3.5 Rechnen mit Ebenen

Für Ebenen kann man im Prinzip genauso wie schon vorher für Geraden „Schnittmengen" berechnen. Die Berechnungen beruhen wie schon bei den Geraden auf dem Gleichsetzen.

3.5.1 Punkte auf Ebenen

Wenn ein Punkt auf einer Ebene liegt, dann muss der Vektor $\vec{x}_p$ des Punktes die Ebenengleichung erfüllen. Man muss zur Überprüfung also für $\vec{x}$ den Ortsvektor des Punktes in die Ebenengleichung einsetzen und überprüfen, ob die sich ergebende Gleichung eine Lösung hat. Wenn sie eine Lösung hat, liegt der Punkt auf der Ebene, ansonsten nicht. Nachfolgend wird das Vorgehen anhand eines Beispiels beschrieben:

Es sei folgende Ebene gegeben

$$E: \vec{x} = \begin{pmatrix} 1 \\ 3 \\ 4 \end{pmatrix} + r \begin{pmatrix} 1 \\ 1 \\ 2 \end{pmatrix} + s \begin{pmatrix} 1 \\ -1 \\ 0 \end{pmatrix} \quad ; r,s \in \mathbb{R}$$

Liegt der Punkt Q = (2; 0; 2) auf der Ebene?

Für $\vec{x}$ werden nun die Koordinaten von Q in die Ebenengleichung eingesetzt. Wenn es für die sich ergebende Gleichung eine Lösung gibt, liegt der Punkt auf der Ebene.

$$\begin{pmatrix}2\\0\\2\end{pmatrix} = \begin{pmatrix}1\\3\\4\end{pmatrix} + r\begin{pmatrix}1\\1\\2\end{pmatrix} + s\begin{pmatrix}1\\-1\\0\end{pmatrix}$$

Die Seiten der Gleichung wurden nachfolgend vertauscht, damit, wie gewohnt, die Variablen auf der linken Seite stehen.

$$\begin{pmatrix}1\\3\\4\end{pmatrix} + r\begin{pmatrix}1\\1\\2\end{pmatrix} + s\begin{pmatrix}1\\-1\\0\end{pmatrix} = \begin{pmatrix}2\\0\\2\end{pmatrix}$$

Hieraus ergeben sich die folgenden Einzelgleichungen (alternativ könnte man auch zunächst weitere Umformungen mit der Vektorgleichung durchführen):

$$\begin{array}{rcl|l} 1 + r + s &=& 2 & -1 \\ 3 + r - s &=& 0 & -3 \\ 4 + 2r &=& 2 & -4 \end{array}$$

$$\begin{array}{rcl|l} r + s &=& 1 & \\ r - s &=& -3 & \\ 2r &=& -2 & \div 2 \end{array}$$

Aus der untersten Gleichung ergibt sich nun direkt ein Wert für r, so dass das Gleichungssystem nicht weiter mit dem Gauß-Algorithmus (oder anders) aufgelöst werden muss. Aus der unteren Gleichung folgt:

$$\mathbf{r = -1}$$

Der Wert für r wird nun in die zweite Gleichung eingesetzt:

$$\begin{array}{lrcl|l} & -1 - s &=& -3 & +1 \\ \Leftrightarrow & - s &=& -2 & *(-1) \\ \Leftrightarrow & \mathbf{s} &=& \mathbf{2} & \end{array}$$

Jetzt muss überprüft werden, ob die Lösung, die aus der zweiten und dritten Gleichung ermittelt wurde, auch die erste Gleichung erfüllt. Hierzu werden die Werte für r und s in die erste Gleichung eingesetzt:

$$\begin{array}{lrcl} & -1 + 2 &\stackrel{?}{=}& 1 \\ \Leftrightarrow & 1 &=& 1 \end{array}$$

Die Gleichung ist also erfüllt, somit liegt der betrachtete Punkt auf der Ebene.

3.5.2 Schnittpunkte: Gerade - Ebene

3.5.2.1 Grundlagen

Auch hier wird die Lösung wieder mittels Gleichsetzen ermittelt. Zunächst soll aber betrachtet werden, welche Lösungen überhaupt denkbar sind.

Zum einen ist es möglich, dass die Gerade und die Ebene parallel sind. In diesem Fall gibt es zwei Möglichkeiten, entweder die Gerade liegt auf der Ebene, dann ist die gesamte Gerade die Schnittmenge aus der Ebenen und der Geraden. Wenn die Gerade parallel zur Ebene ist, sie aber nicht auf der Ebene liegt, schneiden sich die Gerade und die Ebene nicht. Da eine Ebene, wie auch eine Gerade, unendlich ausgedehnt ist, muss es in allen anderen Fällen genau einen Schnittpunkt geben. Die Ebene teilt den Raum quasi in zwei Hälften, wenn die Gerade nicht parallel zu der Ebene ist, wird sie diese irgendwo durchstoßen. In der nachfolgenden Grafik durchstößt die Gerade g_1 die Ebene E. Der eingezeichnete **Durchstoßpunkt** ist der Schnittpunkt zwischen der Ebene und der Geraden. Die Gerade g_2 liegt parallel zu der Ebene, daher hat die Ebene mit g_2 keinen Schnittpunkt.

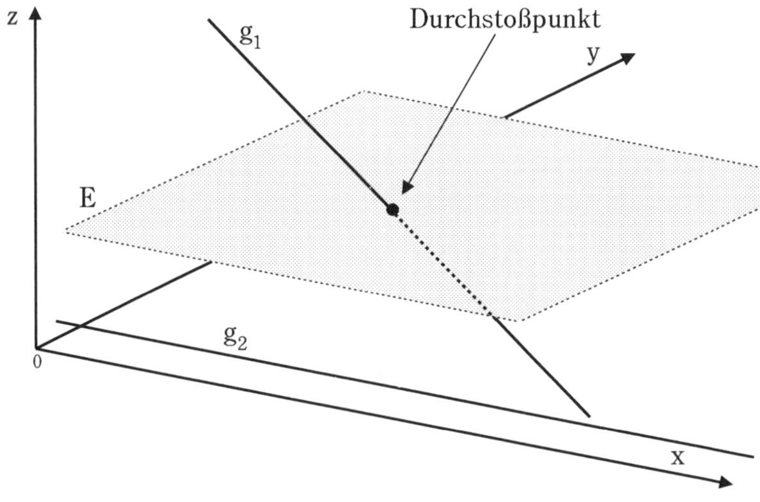

Für das rechnerische Lösen von Aufgaben gibt es zwei verschiedene Möglichkeiten, einerseits kann man die Ebene und die Gerade gleichsetzen und ermittelt die Lösungen des sich ergebenden Gleichungssystems. Wenn es eine eindeutige Lösung hat, ist dies der Schnittpunkt der Geraden mit der Ebene. Wenn das Gleichungssystem einfach unterbestimmt ist, liegt die Gerade auf der Ebene, die Lösungsmenge ist genau die Gerade. Wenn es keine Lösung gibt, sind die Ebene und die Gerade echt parallel, die Gerade liegt also nicht auf der Ebene.

Alternativ kann man auch zunächst überprüfen, ob die Ebene und die Gerade parallel sind. Falls ja, untersucht man, ob der Aufpunktvektor der Geraden auf der Ebene liegt. Tut er dies, dann liegt auch die ganze Gerade auf der Ebene. Tut er es nicht, gibt es keine Schnittmenge zwischen der Geraden und der Ebene. Nur in den Fällen, wo die Ebene und die Gerade nicht parallel sind, muss man dann die Ebene und die Gerade gleichsetzen.

3.5.2.2 Lösung mittels Gleichsetzen

Bei dem nachfolgenden Beispiel werden die Ebene und die Gerade sofort gleichgesetzt.

Es seien eine Ebene und eine Gerade gegeben

$$E: \vec{x} = \begin{pmatrix} 1 \\ 3 \\ 4 \end{pmatrix} + r \begin{pmatrix} 1 \\ 1 \\ 2 \end{pmatrix} + s \begin{pmatrix} 1 \\ -1 \\ 0 \end{pmatrix} \quad ; r,s \in \mathbb{R}$$

$$g: \vec{x} = \begin{pmatrix} 1 \\ 0 \\ 4 \end{pmatrix} + r \begin{pmatrix} 0 \\ 1 \\ 2 \end{pmatrix} \quad ; r \in \mathbb{R}$$

Schneiden sich die Ebene und die Gerade? Wie lautet gegebenenfalls der Schnittpunkt?

Bevor man die Ebene und die Gerade gleichsetzt, muss man noch dafür sorgen, dass die Parameter unterschiedlich benannt sind. Zuvor wurde sowohl bei der Ebenengleichung als auch bei der Geradengleichung ein Parameter mit r benannt. Diese beiden Parameter müssen aber keinesfalls identisch sein. Für die Berechnung des Schnittpunktes wird der Parameter der Geraden in t umbenannt, somit lautet die Geradengleichung:

$$g:\ \vec{x} = \begin{pmatrix} 1 \\ 0 \\ 4 \end{pmatrix} + t \begin{pmatrix} 0 \\ 1 \\ 2 \end{pmatrix} \ ; t \in \mathbb{R}$$

Das Gleichsetzen von Ebene und Gerade ergibt:

$$\begin{pmatrix} 1 \\ 3 \\ 4 \end{pmatrix} + r \begin{pmatrix} 1 \\ 1 \\ 2 \end{pmatrix} + s \begin{pmatrix} 1 \\ -1 \\ 0 \end{pmatrix} = \begin{pmatrix} 1 \\ 0 \\ 4 \end{pmatrix} + t \begin{pmatrix} 0 \\ 1 \\ 2 \end{pmatrix} \Bigg| -t \begin{pmatrix} 0 \\ 1 \\ 2 \end{pmatrix}$$

Die Terme mit den Variablen werden zunächst nach links gebracht:

$$\begin{pmatrix} 1 \\ 3 \\ 4 \end{pmatrix} + r \begin{pmatrix} 1 \\ 1 \\ 2 \end{pmatrix} + s \begin{pmatrix} 1 \\ -1 \\ 0 \end{pmatrix} - t \begin{pmatrix} 0 \\ 1 \\ 2 \end{pmatrix} = \begin{pmatrix} 1 \\ 0 \\ 4 \end{pmatrix} \Bigg| - \begin{pmatrix} 1 \\ 3 \\ 4 \end{pmatrix}$$

Der Aufpunktvektor der linken Seite der Gleichung wird nun subtrahiert:

$$r \begin{pmatrix} 1 \\ 1 \\ 2 \end{pmatrix} + s \begin{pmatrix} 1 \\ -1 \\ 0 \end{pmatrix} - t \begin{pmatrix} 0 \\ 1 \\ 2 \end{pmatrix} = \begin{pmatrix} 0 \\ -3 \\ 0 \end{pmatrix}$$

Nachfolgend wird die Vektorgleichung in einzelne Gleichungen zerlegt:

$$\begin{array}{rcrcrcr} r & + & s & & & = & 0 \\ r & - & s & - & t & = & -3 \\ 2r & & & - & 2t & = & 0 \end{array}$$

Die Lösung des Gleichungssystems wird nachfolgend mit dem Gauß-Algorithmus ermittelt (natürlich können hier auch andere Verfahren verwendet werden):

$$\begin{array}{rcrcrcrl} r & + & s & & & = & 0 & \\ r & - & s & - & t & = & -3 & | -I \\ 2r & & & - & 2t & = & 0 & | -2*I \end{array}$$

Die Terme mit r in der zweiten und dritten Gleichung werden eliminiert:

$$\begin{array}{rcrcrcrl} r & + & s & & & = & 0 & \\ & - & 2s & - & t & = & -3 & \\ & - & 2s & - & 2t & = & 0 & | -II \end{array}$$

Das "s" in der untersten Gleichung wird beseitigt, indem die zweite Gleichung subtrahiert wird:

$$\begin{array}{rcrcrcl} r & + & s & & & = & 0 \\ & - & 2s & - & t & = & -3 \mid \div(-2) \\ & & & - & t & = & 3 \mid *(-1) \end{array}$$

$$\begin{array}{rcrcrcl} r & + & s & & & = & 0 \\ & & s & + & 0{,}5t & = & 1{,}5 \\ & & & & t & = & -3 \end{array}$$

Entsprechend der untersten Gleichung gilt also:

$$\mathbf{t = -3}$$

Setzt man dies in die zweite Gleichung ein, so folgt:

$$\begin{array}{ll} & s + 0{,}5*(-3) = 1{,}5 \\ \Leftrightarrow & s - 1{,}5 = 1{,}5 \mid +1{,}5 \\ \Leftrightarrow & \mathbf{s = 3} \end{array}$$

Aus der ersten Gleichung lässt sich nun r ermitteln:

$$\begin{array}{ll} & r + 3 = 0 \mid -3 \\ \Leftrightarrow & \mathbf{r = -3} \end{array}$$

Die Ebene und die Gerade schneiden sich also für r = −3, s = 3 und t = −3. Um den Schnittpunkt zu bestimmen, müssen die ermittelten Parameter nun in die Geraden- oder Ebenengleichung eingesetzt werden. Einfacher ist das Einsetzen in die Geradengleichung, es ergibt sich:

$$\vec{x}_S = \begin{pmatrix} 1 \\ 0 \\ 4 \end{pmatrix} + (-3) * \begin{pmatrix} 0 \\ 1 \\ 2 \end{pmatrix}$$

$$= \begin{pmatrix} 1 \\ 0 \\ 4 \end{pmatrix} + \begin{pmatrix} 0 \\ -3 \\ -6 \end{pmatrix} = \begin{pmatrix} 1 \\ -3 \\ -2 \end{pmatrix}$$

Die Gerade und die Ebene schneiden sich also in dem Punkt (1|−3|−2)

Zur Überprüfung des Ergebnisses kann man den Schnittpunkt auch durch das Einsetzen der entsprechenden Parameterwerte in die Ebenengleichung ermitteln, hierbei ergibt sich:

$$\vec{x}_S = \begin{pmatrix} 1 \\ 3 \\ 4 \end{pmatrix} + (-3) * \begin{pmatrix} 1 \\ 1 \\ 2 \end{pmatrix} + 3 * \begin{pmatrix} 1 \\ -1 \\ 0 \end{pmatrix}$$

$$= \begin{pmatrix} 1 \\ 3 \\ 4 \end{pmatrix} + \begin{pmatrix} -3 \\ -3 \\ -6 \end{pmatrix} + \begin{pmatrix} 3 \\ -3 \\ 0 \end{pmatrix} = \begin{pmatrix} 1 \\ -3 \\ -2 \end{pmatrix}$$

Es ergibt sich also derselbe Schnittpunkt, falls dies nicht der Fall wäre, müsste man die vorherigen Berechnungen überprüfen.

Nachfolgend sei ein weiteres Beispiel betrachtet:

Es seien eine Ebene und eine Gerade gegeben

$$E: \vec{x} = \begin{pmatrix} 1 \\ 3 \\ 4 \end{pmatrix} + r \begin{pmatrix} 1 \\ 1 \\ 2 \end{pmatrix} + s \begin{pmatrix} 1 \\ -1 \\ 1 \end{pmatrix} \quad ; r,s \in \mathbb{R}$$

$$g: \vec{x} = \begin{pmatrix} 1 \\ 0 \\ 4 \end{pmatrix} + r \begin{pmatrix} 3 \\ 1 \\ 5 \end{pmatrix} \quad ; r \in \mathbb{R}$$

Schneiden sich die Ebene und die Gerade? Wie lautet gegebenenfalls der Schnittpunkt? Zunächst wird wieder der Parameter der Geraden in t umbenannt:

$$g: \vec{x} = \begin{pmatrix} 1 \\ 0 \\ 4 \end{pmatrix} + t \begin{pmatrix} 3 \\ 1 \\ 5 \end{pmatrix} \quad ; t \in \mathbb{R}$$

Das Gleichsetzen von Ebene und Gerade ergibt nun:

$$\begin{pmatrix} 1 \\ 3 \\ 4 \end{pmatrix} + r \begin{pmatrix} 1 \\ 1 \\ 2 \end{pmatrix} + s \begin{pmatrix} 1 \\ -1 \\ 1 \end{pmatrix} = \begin{pmatrix} 1 \\ 0 \\ 4 \end{pmatrix} + t \begin{pmatrix} 3 \\ 1 \\ 5 \end{pmatrix} \quad \Big| -t \begin{pmatrix} 3 \\ 1 \\ 5 \end{pmatrix}$$

Die Terme mit den Variablen werden zunächst nach links gebracht:

$$\begin{pmatrix} 1 \\ 3 \\ 4 \end{pmatrix} + r \begin{pmatrix} 1 \\ 1 \\ 2 \end{pmatrix} + s \begin{pmatrix} 1 \\ -1 \\ 1 \end{pmatrix} - t \begin{pmatrix} 3 \\ 1 \\ 5 \end{pmatrix} = \begin{pmatrix} 1 \\ 0 \\ 4 \end{pmatrix} \quad \Big| - \begin{pmatrix} 1 \\ 3 \\ 4 \end{pmatrix}$$

Der Aufpunktvektor der linken Seite der Gleichung wird nun subtrahiert:

$$r\begin{pmatrix}1\\1\\2\end{pmatrix}+s\begin{pmatrix}1\\-1\\1\end{pmatrix}-t\begin{pmatrix}3\\1\\5\end{pmatrix}=\begin{pmatrix}0\\-3\\0\end{pmatrix}$$

Nachfolgend wird die Vektorgleichung in einzelne Gleichungen zerlegt:

$$\begin{array}{rcrcrcrl} r & + & s & - & 3t & = & 0 & \\ r & - & s & - & t & = & -3 & \mid -I \\ 2r & + & s & - & 5t & = & 0 & \mid -2*I \end{array}$$

Mit dem Gauß-Algorithmus ergibt sich:

$$\begin{array}{rcrcrcrl} r & + & s & - & 3t & = & 0 & \\ & - & 2s & + & 2t & = & -3 & \mid \div(-2) \\ & - & s & + & t & = & 0 & \end{array}$$

$$\begin{array}{rcrcrcrl} r & + & s & - & 3t & = & 0 & \\ & & s & - & t & = & 1{,}5 & \\ & - & s & + & t & = & 0 & \mid +II \end{array}$$

$$\begin{array}{rcrcrcr} r & + & s & - & 3t & = & 0 \\ & & s & - & t & = & 1{,}5 \\ & & & & 0 & = & 1{,}5 \end{array}$$

Aus der untersten Gleichung ergibt sich ein Widerspruch. Somit hat das betrachtete Gleichungssystem keine Lösung, die Gerade und die Ebene haben keinen Schnittpunkt. Dies bedeutet, dass sie "echt parallel" sind.

Anhand der beiden Beispiele wurde gezeigt, wie man durch Gleichsetzen die Schnittpunkte zwischen Gerade und Ebene bestimmen kann. Bei dem ersten Beispiel ergab sich ein Schnittpunkt. Bei dem zweiten Beispiel lag die Gerade parallel zu der Ebene, aber nicht auf der Ebene, das Gleichungssystem liefert in diesem Fall keine Lösung, da kein Schnittpunkt existiert. Außer den beiden betrachteten Fällen ist noch ein weiterer Fall denkbar, und zwar der, dass die Gerade auf der Ebene liegt. In diesem Fall würde sich beim Gleichsetzen ein unterbestimmtes Gleichungssystem ergeben. Die Lösung wäre die gegebene Gerade, denn alle Punkte, die auf der Geraden liegen, liegen in diesem Fall auch auf der Ebene.

3.5.2.3 Parallelität zwischen Ebene und Gerade

Statt die Ebene und die Gerade direkt gleichzusetzen kann man auch zunächst überprüfen, ob die Gerade parallel zu der Ebene liegt. Bisweilen sind Aufgaben so gestellt, dass diese Überprüfung gefordert ist. Im Allgemeinen ist dies aber der umständlichere Weg, um Schnittprobleme zu lösen. Nachfolgend wird das Verfahren anhand der beiden Beispiele aus dem vorherigen Abschnitt beschrieben.

Es seien eine Ebene und eine Gerade gegeben

$$E: \vec{x} = \begin{pmatrix} 1 \\ 3 \\ 4 \end{pmatrix} + r\begin{pmatrix} 1 \\ 1 \\ 2 \end{pmatrix} + s\begin{pmatrix} 1 \\ -1 \\ 0 \end{pmatrix} \quad ; r,s \in \mathbb{R}$$

$$g: \vec{x} = \begin{pmatrix} 1 \\ 0 \\ 4 \end{pmatrix} + r\begin{pmatrix} 0 \\ 1 \\ 2 \end{pmatrix} \quad ; r \in \mathbb{R}$$

Schneiden sich die Ebene und die Gerade? Wie lautet gegebenenfalls der Schnittpunkt?

Nachfolgend wird für dieses Beispiel zunächst überprüft, ob überhaupt ein Schnittpunkt zwischen der Geraden und der Ebene existiert, dies ist nur dann der Fall, wenn die Ebene und die Gerade nicht echt parallel sind. Die Überprüfung vereinfacht sich, wenn man hierzu Determinanten benutzt. Das entsprechende Verfahren ist in Abschnitt 9.2.3 beschrieben.

Wenn die Ebene und die Gerade parallel sind, lässt sich der Richtungsvektor der Geraden als Linearkombination der beiden Richtungsvektoren der Ebene darstellen. Die Gerade und die Ebene sind also parallel zueinander, wenn die folgende Gleichung eine Lösung hat:

$$r\begin{pmatrix} 1 \\ 1 \\ 2 \end{pmatrix} + s\begin{pmatrix} 1 \\ -1 \\ 0 \end{pmatrix} = \begin{pmatrix} 0 \\ 1 \\ 2 \end{pmatrix}$$

Es ergeben sich folgende Gleichungen:

$$\begin{aligned} r + s &= 0 \\ r - s &= 1 \\ 2r &= 2 \end{aligned}$$

Aus der untersten Gleichung folgt:

$$2r = 2 \mid \div 2$$
$$\Leftrightarrow \quad \mathbf{r = 1}$$

Aus der zweiten Gleichung ergibt sich nun:

$$1 - s = 1 \mid -1$$
$$\Leftrightarrow -s = 0 \mid * (-1)$$
$$\Leftrightarrow \quad \mathbf{s = 0}$$

Jetzt ist zu prüfen, ob die gefundenen Lösung für r und s auch die erste Gleichung erfüllt:

$$-1 + 0 \stackrel{?}{=} 0$$
$$-1 \neq 0$$

Die erste Gleichung ist also für die aus der zweiten und dritten Gleichung ermittelte Lösung nicht erfüllt, somit gibt es keine Lösung für die drei Gleichungen. Die Gerade ist nicht parallel zu der Ebene, und es gibt einen Schnittpunkt zwischen Gerade und Ebene.

Der Schnittpunkt müsste nun, wie im vorherigen Abschnitt geschehen, durch Gleichsetzen der Geraden- und Ebenengleichung ermittelt werden. Die Berechnung des Schnittpunktes wurde also bei dem Beispiel durch die anfängliche Untersuchung auf Parallelität unnötig verkompliziert.

Das zweite Beispiel des vorherigen Abschnittes lautete:

Es seien eine Ebene und eine Gerade gegeben

$$E: \vec{x} = \begin{pmatrix} 1 \\ 3 \\ 4 \end{pmatrix} + r \begin{pmatrix} 1 \\ 1 \\ 2 \end{pmatrix} + s \begin{pmatrix} 1 \\ -1 \\ 1 \end{pmatrix} \quad ; r,s \in \mathbb{R}$$

$$g: \vec{x} = \begin{pmatrix} 1 \\ 0 \\ 4 \end{pmatrix} + r \begin{pmatrix} 3 \\ 1 \\ 5 \end{pmatrix} \quad ; r \in \mathbb{R}$$

Schneiden sich die Ebene und die Gerade? Wie lautet gegebenenfalls der Schnittpunkt?

Auch bei diesem Beispiel wird nun überprüft, ob sich der Richtungsvektor der Geraden als Linearkombination der Richtungsvektoren der Ebene darstellen lässt:

$$r\begin{pmatrix}1\\1\\2\end{pmatrix}+s\begin{pmatrix}1\\-1\\1\end{pmatrix}=\begin{pmatrix}3\\1\\5\end{pmatrix}$$

Es ergeben sich folgende Gleichungen:

$$\begin{array}{rcrcrl} r & + & s & = & 3 & \\ r & - & s & = & 1 & \mid -I \\ 2r & + & s & = & 5 & \mid -2*I \end{array}$$

In diesem Fall wird der Gauß-Algorithmus zur Ermittlung der Lösung verwendet:

$$\begin{array}{rcrcrl} r & + & s & = & 3 & \\ & - & 2s & = & -2 & \mid \div(-2) \\ & - & s & = & -1 & \end{array}$$

$$\begin{array}{rcrcrl} r & + & s & = & 3 & \\ & & s & = & 1 & \\ & - & s & = & -1 & \mid +II \end{array}$$

$$\begin{array}{rcrcr} r & + & s & = & 3 \\ & & s & = & 1 \\ & & 0 & = & 0 \end{array}$$

Die unterste Gleichung ist immer erfüllt, in der zweiten Gleichung steht schon das Ergebnis für s (s = 1). Der Wert für r ergibt sich nun durch Einsetzen in die erste Gleichung:

$$\begin{array}{rl} r + 1 = 3 & \mid -1 \\ \Leftrightarrow\ r = 2 & \end{array}$$

Der Richtungsvektor der Geraden lässt sich also als Linearkombination der Richtungsvektoren der Ebene darstellen. Somit liegt die Gerade parallel zu der Ebene. Bezüglich der Schnittpunkte zwischen der Ebene und der Geraden gibt es nun zwei Möglichkeiten: wenn die Gerade auf der Ebene liegt, stellt die ganze Gerade die Schnittmenge dar, wenn die Gerade hingegen "echt parallel" zu der Ebene ist, gibt es keine Schnittpunkte. Um zwischen den beiden Alternativen zu unterscheiden, muss man überprüfen, ob der Aufpunkt der Geraden auf der Ebene liegt, ist dies der Fall, so liegt die Gerade auf der Ebene. Die Überprüfung verläuft genauso, wie man für einen beliebigen Punkt feststellt, ob dieser auf einer Ebene liegt, man setzt einfach den Aufpunktvektor der Geraden für $\vec{x}$ in die Ebenengleichung ein:

$$\begin{pmatrix}1\\3\\4\end{pmatrix} + r\begin{pmatrix}1\\1\\2\end{pmatrix} + s\begin{pmatrix}1\\-1\\1\end{pmatrix} = \begin{pmatrix}1\\0\\4\end{pmatrix} \quad \Big| - \begin{pmatrix}1\\3\\4\end{pmatrix}$$

Der Aufpunktvektor wurde auf der rechten Seite der Gleichung eingesetzt. Zunächst wird nun der Aufpunktvektor der Ebene subtrahiert:

$$r\begin{pmatrix}1\\1\\2\end{pmatrix} + s\begin{pmatrix}1\\-1\\1\end{pmatrix} = \begin{pmatrix}0\\-3\\0\end{pmatrix}$$

Hieraus ergeben sich folgende Einzelgleichungen:

$$\begin{aligned} r + s &= 0 \\ r - s &= -3 \quad | -\mathrm{I} \\ 2r + s &= 0 \quad | -2\mathrm{I} \end{aligned}$$

$$\begin{aligned} r + s &= 0 \\ -2s &= -3 \quad | \div(-2) \\ -s &= 0 \end{aligned}$$

$$\begin{aligned} r + s &= 0 \\ s &= 1{,}5 \\ -s &= 0 \quad | +\mathrm{II} \end{aligned}$$

$$\begin{aligned} r + s &= 0 \\ s &= 1{,}5 \\ 0 &= 1{,}5 \end{aligned}$$

Aus der letzten Gleichung ergibt sich ein Widerspruch, das betrachtete Gleichungssystem ist also nicht lösbar. Der Aufpunkt der Geraden liegt somit nicht auf der Ebene. Da zuvor schon gezeigt wurde, dass der Richtungsvektor der Geraden parallel zu der Ebene ist, sind die Gerade und die Ebene "echt parallel" und haben keinen Schnittpunkt.

Die zuvor durchgeführten Betrachtungen vereinfachen sich deutlich, wenn man die jeweiligen Überprüfungen mit Hilfe von Determinanten durchführt. Die entsprechenden Zusammenhänge werden in Kapitel 9 dargestellt. Wenn Determinanten im Unterricht benutzt werden, sollte man derartige Aufgaben auch mittels Determinanten lösen.

3.5.2.4 Spurpunkte

Die Punkte, bei denen eine Gerade die Koordinatenebenen schneidet, nennt man die Spurpunkte der Geraden. Diese Punkte sind quasi die Spur, die die Gerade beim Durchgang durch die Koordinatenebenen hinterlässt. In der folgenden Grafik sind die Spurpunkte der dargestellten Geraden mit der xy-Ebene und der yz-Ebene eingezeichnet.

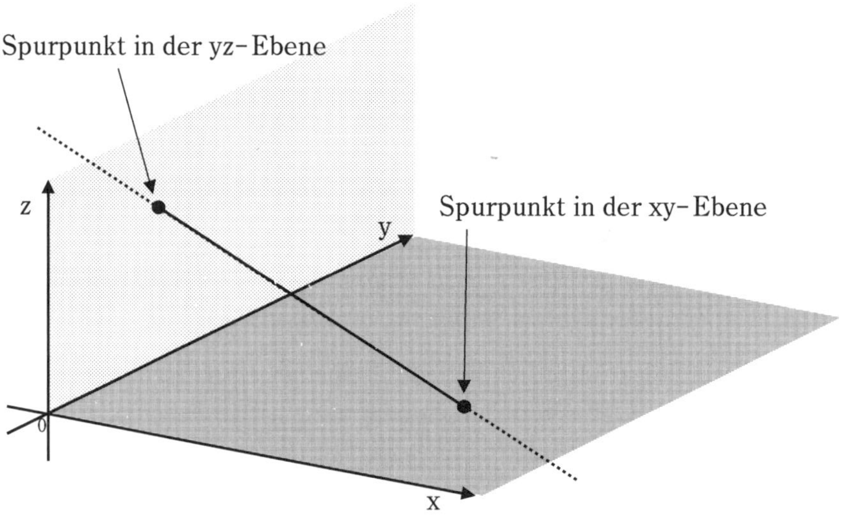

Man kann die Spurpunkte berechnen, indem man die Schnittpunkte der Geraden mit der jeweiligen Koordinatenebene bestimmt. Es handelt sich bei der Bestimmung von Spurpunkten also im Grunde um nichts anderes, als um die Berechnung von Schnittpunkten zwischen Geraden und Ebenen.

Die Ebenengleichung für die Koordinatenebenen erhält man auf eine einfache Weise, indem man jeweils die Menge der Linearkombinationen der jeweiligen Einheitsvektoren darstellt. Die xy-Ebene ergibt sich entsprechend als die Menge aller Linearkombinationen von $\vec{e}_x$ und $\vec{e}_y$:

$$E_{xy}: \vec{x} = r\begin{pmatrix}1\\0\\0\end{pmatrix} + s\begin{pmatrix}0\\1\\0\end{pmatrix}; r,s \in \mathbb{R}$$

Es sei der Spurpunkt der folgenden Gerade in der xy-Ebene zu bestimmen:

$$g: \vec{x} = \begin{pmatrix}1\\3\\4\end{pmatrix} + t\begin{pmatrix}4\\1\\-2\end{pmatrix}; t \in \mathbb{R}$$

Beim Gleichsetzen der Ebene und der Gerade ergibt sich:

$$r\begin{pmatrix}1\\0\\0\end{pmatrix} + s\begin{pmatrix}0\\1\\0\end{pmatrix} = \begin{pmatrix}1\\3\\4\end{pmatrix} + t\begin{pmatrix}4\\1\\-2\end{pmatrix}$$

Wird dieser Ausdruck wieder in einzelne Gleichungen umgewandelt, ergibt die unterste Gleichung folgendes:

$$0r + 0s = 4 - 2t \quad |+2t$$

Aufgelöst nach t ergibt sich:

$$\Leftrightarrow 2t = 4 \quad |\div 2$$

$$\Leftrightarrow t = 2$$

Dieser Wert muss noch in die Geradengleichung eingesetzt werden:

$$\vec{x}_S = \begin{pmatrix}1\\3\\4\end{pmatrix} + 2\begin{pmatrix}4\\1\\-2\end{pmatrix} = \begin{pmatrix}9\\5\\0\end{pmatrix}$$

Der Spurpunkt in der xy-Ebene lautet also $(9|5|0)$.

Für die Berechnung des Spurpunktes der Gerssaden in der xy-Ebene hätte man auch direkt die z-Komponente der Geraden gleich Null setzen können. Der Zusammenhang gilt für alle Spurpunkte, entsprechend kann bei dem Spurpunkt in der xz-Ebene die y-Komponente und bei dem Spurpunkt in der yz-Ebene die x-Komponente der Geradengleichung geleich Null gesetzt werden.

3.5.3 Schnittgerade: Ebene - Ebene

3.5.3.1 Grundlagen

Was für ein Gebilde ergibt sich bei dem Schnitt zweier Ebenen?

Zunächst dürfte klar sein, dass zwei Ebenen, die parallel, aber nicht identisch sind, sich nie schneiden. Wenn zwei Ebenen nicht parallel sind, so müssen sie sich schneiden. Wie Geraden, so sind auch Ebenen unendlich ausgedehnt, wenn sie nicht parallel sind, gibt es irgendeine Richtung, in der sie aufeinander zu laufen und in der sie sich irgendwann schneiden. Das sich hierbei ergebende Schnittgebilde ist eine Gerade. Zur Veranschaulichung kann man sich z. B. vorstellen, ein unendlich ausgedehntes Stück Pappe schneide den Fußboden, das sich ergebende Schnittgebilde ist eine Gerade.

In der nachfolgenden Grafik sind zwei Ebenen dargestellt, die sich schneiden. Auch die sich ergebende Schnittgerade ist in der Zeichnung kenntlich gemacht.

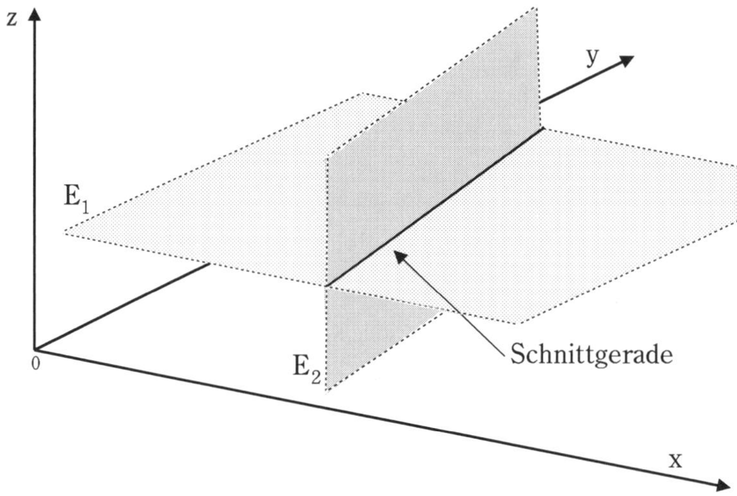

Insgesamt kann es für den Schnitt zweier Ebenen folgende verschiedene Möglichkeiten geben:

1) Die Ebenen sind parallel, aber nicht identisch (echt parallel)
die Schnittmenge ist leer

2) Die Ebenen sind parallel und identisch
die ganze Ebene ist die Schnittmenge

3) Die Ebenen sind nicht parallel
die Schnittmenge ist eine Gerade

Für das Vorgehen zur Berechnung von der Schnittmenge zweier Ebenen gibt es, wie zuvor für die Schnittmenge zwischen einer Ebene und einer Geraden dargestellt, zwei Möglichkeiten:

a) Man setzt die beiden Ebenen gleich und berechnet die Lösungsmenge des sich ergebenden Gleichungssystems.

b) Man prüft zunächst, ob die beiden Ebenen parallel sind. Wenn sie nicht parallel sind, berechnet man, wie zuvor beschrieben, durch Gleichsetzen die Schnittmenge. Wenn sie parallel sind, überprüft man, ob sie identisch sind.

3.5.3.2 Lösung mittels Gleichsetzen

An einem Beispiel wird das Lösen mittels Gleichsetzen, das ähnlich wie beim Gleichsetzen einer Ebene und einer Geraden funktioniert, behandelt.

Es sei die Schnittmenge der beiden folgenden Ebenen zu bestimmen:

$$E_1\colon\ \vec{x} = \begin{pmatrix} 2 \\ 0 \\ -1 \end{pmatrix} + r \begin{pmatrix} -1 \\ 3 \\ 10 \end{pmatrix} + s \begin{pmatrix} -1 \\ 2 \\ 4 \end{pmatrix} \quad ; r,s \in \mathbb{R}$$

$$E_2\colon\ \vec{x} = \begin{pmatrix} 0 \\ 1 \\ 0 \end{pmatrix} + r \begin{pmatrix} -1 \\ 1 \\ 3 \end{pmatrix} + s \begin{pmatrix} 4 \\ 0 \\ 2 \end{pmatrix} \quad ; r,s \in \mathbb{R}$$

Schneiden sich die beiden Ebenen? Wie lautet gegebenenfalls die Schnittgerade?

Die Aufgabe wird nachfolgend mit dem Gauß-Algorithmus gelöst. Man kann derartige Aufgaben auch mittels Determinanten lösen, hierbei ergibt sich ein deutlich kürzerer Rechenweg. Das dabei verwendete Lösungsverfahren ist eine Abwandlung der Cramerschen Regel für mehrdeutige Gleichungssysteme und wird in Abschnitt 9.3.3 für die hier betrachtete Aufgabe dargestellt. Es reicht im Normalfall natürlich aus, wenn man eines der Verfahren beherrscht.

Bevor man die beiden Ebenen gleichsetzt, muss man noch dafür sorgen, dass die Parameter unterschiedlich benannt sind. Zuvor wurden bei beiden Ebenengleichungen die Parameter mit r und s benannt. Für die Berechnung der Schnittgeraden werden die Parameter der zweiten Ebene nachfolgend in t und u umbenannt. Somit ergibt sich für E_2:

$$E_2: \vec{x} = \begin{pmatrix} 0 \\ 1 \\ 0 \end{pmatrix} + t\begin{pmatrix} -1 \\ 1 \\ 3 \end{pmatrix} + u\begin{pmatrix} 4 \\ 0 \\ 2 \end{pmatrix} \quad ; t,u \in \mathbb{R}$$

Das Gleichsetzen der Ebenen ergibt nun:

$$\begin{pmatrix} 2 \\ 0 \\ -1 \end{pmatrix} + r\begin{pmatrix} -1 \\ 3 \\ 10 \end{pmatrix} + s\begin{pmatrix} -1 \\ 2 \\ 4 \end{pmatrix} = \begin{pmatrix} 0 \\ 1 \\ 0 \end{pmatrix} + t\begin{pmatrix} -1 \\ 1 \\ 3 \end{pmatrix} + u\begin{pmatrix} 4 \\ 0 \\ 2 \end{pmatrix} \quad \Big| -t\begin{pmatrix} 1 \\ 1 \\ 3 \end{pmatrix} - u\begin{pmatrix} 4 \\ 0 \\ 2 \end{pmatrix}$$

Die Terme mit den Variablen werden zunächst nach links gebracht:

$$\begin{pmatrix} 2 \\ 0 \\ -1 \end{pmatrix} + r\begin{pmatrix} -1 \\ 3 \\ 10 \end{pmatrix} + s\begin{pmatrix} -1 \\ 2 \\ 4 \end{pmatrix} - t\begin{pmatrix} -1 \\ 1 \\ 3 \end{pmatrix} - u\begin{pmatrix} 4 \\ 0 \\ 2 \end{pmatrix} = \begin{pmatrix} 0 \\ 1 \\ 0 \end{pmatrix} \quad \Big| - \begin{pmatrix} 2 \\ 0 \\ -1 \end{pmatrix}$$

Der Aufpunktvektor der linken Seite der Gleichung wird nun subtrahiert:

$$r\begin{pmatrix} -1 \\ 3 \\ 10 \end{pmatrix} + s\begin{pmatrix} -1 \\ 2 \\ 4 \end{pmatrix} - t\begin{pmatrix} -1 \\ 1 \\ 3 \end{pmatrix} - u\begin{pmatrix} 4 \\ 0 \\ 2 \end{pmatrix} = \begin{pmatrix} -2 \\ 1 \\ 1 \end{pmatrix}$$

Nachfolgend wird die Vektorgleichung in einzelne Gleichungen zerlegt:

$$\begin{aligned} -r - s + t - 4u &= -2 \\ 3r + 2s - t &= 1 \\ 10r + 4s - 3t - 2u &= 1 \end{aligned}$$

Die Lösung des Gleichungssystems wird nachfolgend mit dem Gauß-Algorithmus ermittelt (natürlich könnten auch andere Verfahren verwendet werden).

$$\begin{aligned} -r - s + t - 4u &= -2 & & \\ 3r + 2s - t &= 1 & &\big| +3*\mathrm{I} \\ 10r + 4s - 3t - 2u &= 1 & &\big| +10*\mathrm{I} \end{aligned}$$

Die Terme mit r in der zweiten und dritten Gleichung werden eliminiert:

$$\begin{array}{rrrrl} -r & -\ s & +\ t & -\ 4u & = -2 \\ & -\ s & +\ 2t & -\ 12u & = -5 \\ & -\ 6s & +\ 7t & -\ 42u & = -19 \quad |\ -6*II \end{array}$$

Das "s" in der untersten Gleichung wird beseitigt, indem das Sechsfache der zweiten Gleichung subtrahiert wird:

$$\begin{array}{rrrrl} -r & -\ s & +\ t & -\ 4u & = -2 \\ & -\ s & +\ 2t & -\ 12u & = -5 \\ & & -\ 5t & +\ 30u & = 11 \end{array}$$

Es sind also drei linear unabhängige Gleichungen gegeben. Da insgesamt 4 Variable vorhanden sind, ist das Gleichungssystem einfach unterbestimmt. Eine Variable muss als freier Parameter gewählt werden. Nachfolgend wird u als freie Variable gewählt. (Wenn sich in einer der Gleichungen ein Widerspruch ergeben hätte, wäre das Gleichungssystem nicht lösbar, die beiden Ebenen wären in diesem Fall parallel, und es würde keine Schnittgerade geben.)

$$-5t + 30u = 11 \quad |\ -30u$$
$$\Leftrightarrow -5t = 11 - 30u \quad |\ \div(-5)$$
$$\Leftrightarrow t = -2{,}2 + 6u$$

Nun würde man normalerweise auch r und s in Abhängigkeit von u ausdrücken. Allerdings ist dieses hier nicht nötig, denn man kann nun den für t gefundenen Ausdruck in die Ebenengleichung E_2 einsetzen, hierbei ergibt sich:

$$E_2:\ \vec{x} = \begin{pmatrix} 0 \\ 1 \\ 0 \end{pmatrix} + t \begin{pmatrix} -1 \\ 1 \\ 3 \end{pmatrix} + u \begin{pmatrix} 4 \\ 0 \\ 2 \end{pmatrix} \quad ;\ t,u \in \mathbb{R}$$

$$\Rightarrow\ \vec{x} = \begin{pmatrix} 0 \\ 1 \\ 0 \end{pmatrix} + (-2{,}2 + 6u) * \begin{pmatrix} -1 \\ 1 \\ 3 \end{pmatrix} + u \begin{pmatrix} 4 \\ 0 \\ 2 \end{pmatrix}$$

$$\Leftrightarrow\ \vec{x} = \begin{pmatrix} 0 \\ 1 \\ 0 \end{pmatrix} - 2{,}2 \begin{pmatrix} -1 \\ 1 \\ 3 \end{pmatrix} + 6u \begin{pmatrix} -1 \\ 1 \\ 3 \end{pmatrix} + u \begin{pmatrix} 4 \\ 0 \\ 2 \end{pmatrix}$$

$$\Leftrightarrow\ \vec{x} = \begin{pmatrix} 0 \\ 1 \\ 0 \end{pmatrix} - \begin{pmatrix} -2{,}2 \\ 2{,}2 \\ 6{,}6 \end{pmatrix} + u\begin{pmatrix} -6 \\ 6 \\ 18 \end{pmatrix} + u\begin{pmatrix} 4 \\ 0 \\ 2 \end{pmatrix}$$

$$\Leftrightarrow\ \vec{x} = \begin{pmatrix} 2{,}2 \\ -1{,}2 \\ -6{,}6 \end{pmatrix} + u\begin{pmatrix} -2 \\ 6 \\ 20 \end{pmatrix}$$

Die nun entstandene Gleichung ist eine Geradengleichung. Zur Bestimmung dieser Geradengleichung war die sich aus dem Gleichsetzen der Ebenengleichungen ergebende Bedingung verwendet worden. Daher ist die gefundene Geradengleichung die Gleichung der Schnittgeraden der beiden Ebenen. Die Schnittgerade lautet also:

$$g_S\!: \vec{x} = \begin{pmatrix} 2{,}2 \\ -1{,}2 \\ -6{,}6 \end{pmatrix} + u\begin{pmatrix} 10 \\ 6 \\ 20 \end{pmatrix} \quad u \in \mathbb{R}$$

Natürlich hätte man den Parameter in der Geradengleichung auch in r umbenennen können.

Wichtig bei der Gleichsetzung der beiden Ebenen ist es, dass man für eine der Ebenengleichungen den einen Parameter durch den anderen ausdrückt. Also muss eine Gleichung gefunden werden, die nur r und s, oder nur t und u enthält. Am einfachsten ermittelt man einen derartigen Zusammenhang, indem man die Gleichungen, wie in dem Beispiel gezeigt, mit dem Gauß-Algorithmus lösst. Wenn dann alle drei Gleichungen am Ende des Gauß-Algorithmus übrig bleiben, ohne dass sich ein Widerspruch ergibt, schneiden sich die Ebenen. Aus der untersten Gleichung kann man dann einen Zusammenhang für die Parameter der zweiten Ebene ermitteln.

3.5.3.3 Parallelität zwischen Ebenen

Wenn es beim Gleichsetzen der Ebenen keine Lösung gibt, lässt sich daraus folgern, dass die Ebenen echt parallel sind. Denn ansonsten würden sie sich irgendwo schneiden. Man kann also durch Gleichsetzen von zwei Ebenen auch überprüfen, ob diese parallel sind. Wenn allerdings nur zu untersuchen ist, ob zwei Ebenen parallel sind, kann man auch direkt überprüfen, ob dies zutrifft.

Zuvor war bereits für eine Ebene und eine Gerade gezeigt worden, dass diese parallel sind, wenn ihre Richtungsvektoren in einer Ebene liegen, sie also linear abhängig sind. Unter welchen Voraussetzungen sind nun zwei Ebenen parallel?

Alle 4 Richtungsvektoren der beiden Ebenen müssen in einer Ebene liegen. Man kann dies überprüfen, indem man untersucht, ob die Richtungsvektoren der einen Ebene sich durch eine Linearkombination der Richtungsvektoren der anderen Ebene darstellen lassen. Für das Beispiel aus dem vorherigen Abschnitt wird dies nachfolgend untersucht. (Man kann alternativ auch hier wieder Determinanten zur Überprüfung benutzen. Das Verfahren wird in Abschnitt 9.2.3 beschrieben.)

Die beiden Ebenen lauteten:

$$E_1: \vec{x} = \begin{pmatrix} 2 \\ 0 \\ -1 \end{pmatrix} + r \begin{pmatrix} -1 \\ 3 \\ 10 \end{pmatrix} + s \begin{pmatrix} -1 \\ 2 \\ 4 \end{pmatrix} \quad ; r,s \in \mathbb{R}$$

$$E_2: \vec{x} = \begin{pmatrix} 0 \\ 1 \\ 0 \end{pmatrix} + r \begin{pmatrix} 1 \\ 1 \\ 3 \end{pmatrix} + s \begin{pmatrix} 4 \\ 0 \\ 2 \end{pmatrix} \quad ; r,s \in \mathbb{R}$$

Es wird versucht, die beiden Richtungsvektoren der zweiten Ebene als Linearkombination der Richtungsvektoren der ersten Ebene darzustellen:

$$r \begin{pmatrix} -1 \\ 3 \\ 10 \end{pmatrix} + s \begin{pmatrix} -1 \\ 2 \\ 4 \end{pmatrix} = \begin{pmatrix} 1 \\ 1 \\ 3 \end{pmatrix}$$

$$r \begin{pmatrix} -1 \\ 3 \\ 10 \end{pmatrix} + s \begin{pmatrix} -1 \\ 2 \\ 4 \end{pmatrix} = \begin{pmatrix} 4 \\ 0 \\ 2 \end{pmatrix}$$

Nur wenn es in beiden Fällen eine Lösung für r und s gibt, sind die beiden Ebenen parallel. Die erste Bedingung ergibt, in einzelne Gleichungen übertragen:

$$\begin{array}{rcrcl} -r & - & s & = & 1 \\ 3r & + & 2s & = & 1 \quad | +3*I \\ 10r & + & 4s & = & 3 \quad | +10*I \end{array}$$

Die Lösung wird hier mit dem Gauß-Algorithmus durchgeführt:

$$\begin{array}{rcrcl} -r & - & s & = & 1 \\ & - & s & = & 4 \\ & - & 6s & = & 13 \quad | -6*II \end{array}$$

$$\begin{array}{rcrcl} -r & - & s & = & 1 \\ & - & s & = & 4 \\ & & 0 & = & -11 \end{array}$$

Die unterste Gleichung bedeutet einen Widerspruch, somit lässt sich der erste Richtungsvektor der zweiten Ebene nicht als Linearkombination der Richtungsvektoren der ersten Ebene darstellen. Die beiden Ebenen sind also nicht parallel. Wenn es eine Linearkombination gegeben hätte, müsste man auch untersuchen, ob man den zweiten Richtungsvektor als Linearkombination der Richtungsvektoren der ersten Ebene darstellen kann, denn nur wenn sich beide Richtungsvektoren als Linearkombination darstellen lassen, sind die Ebenen parallel.

Auch für die beiden folgenden Ebenen soll untersucht werden, ob diese parallel sind:

$$E_1: \vec{x} = \begin{pmatrix} 2 \\ 0 \\ -1 \end{pmatrix} + r \begin{pmatrix} 1 \\ 1 \\ 3 \end{pmatrix} + s \begin{pmatrix} 1 \\ 0 \\ 2 \end{pmatrix} \quad ; r,s \in \mathbb{R}$$

$$E_2: \vec{x} = \begin{pmatrix} 0 \\ 1 \\ 2 \end{pmatrix} + r \begin{pmatrix} 1 \\ 2 \\ 4 \end{pmatrix} + s \begin{pmatrix} 2 \\ 1 \\ 5 \end{pmatrix} \quad ; r,s \in \mathbb{R}$$

Wieder wird versucht, die beiden Richtungsvektoren der zweiten Ebene als Linearkombination der Richtungsvektoren der ersten Ebene darzustellen:

$$r \begin{pmatrix} 1 \\ 1 \\ 3 \end{pmatrix} + s \begin{pmatrix} 1 \\ 0 \\ 2 \end{pmatrix} = \begin{pmatrix} 1 \\ 2 \\ 4 \end{pmatrix}$$

$$r\begin{pmatrix}1\\1\\3\end{pmatrix}+s\begin{pmatrix}1\\0\\2\end{pmatrix}=\begin{pmatrix}2\\1\\5\end{pmatrix}$$

Die erste Bedingung ergibt, in einzelne Gleichungen übertragen:

$$\begin{aligned} r + s &= 1\\ r &= 2\\ 3r + 2s &= 4 \end{aligned}$$

Man könnte auch hier wieder den Gauß-Algorithmus anwenden, allerdings ergibt sich aus der zweiten Gleichung direkt r = 2, diesen Wert braucht man nun nur noch in die anderen Gleichungen einzusetzen:

$$\text{I} \Rightarrow 2 + s = 1 \,|\, -2$$
$$\Leftrightarrow s = -1$$

Nun muss noch überprüft werden, ob für die gefundenen Werte auch die dritte Gleichung erfüllt ist:

$$\text{III} \Rightarrow 3*2 + 2*(-1) \overset{?}{=} 4$$
$$\Rightarrow 4 = 4$$

Die dritte Gleichung ist also auch erfüllt, somit lässt sich der erste Richtungsvektor der zweiten Ebene als Linearkombination der Richtungsvektoren der ersten Ebene darstellen. Nun muss der zweite Richtungsvektor untersucht werden, in einzelnen Gleichungen ergibt sich:

$$\begin{aligned} r + s &= 2\\ r &= 1\\ 3r + 2s &= 5 \end{aligned}$$

Auch hier lässt sich der Wert für r wieder sofort aus der zweiten Gleichung ablesen: r = 1. Aus den anderen Gleichungen ergibt sich:

$$\text{I} \Rightarrow 1 + s = 2 \,|\, -1$$
$$\Leftrightarrow s = 1$$

Nun muss noch überprüft werden, ob für die gefundenen Werte auch die dritte Gleichung erfüllt ist:

$$\text{III} \Rightarrow 3*1 + 2*1 \overset{?}{=} 5$$
$$\Rightarrow 5 = 5$$

Auch der zweite Richtungsvektor der zweiten Ebene lässt sich also als Linearkombination der Richtungsvektoren der ersten Ebene darstellen.

Die beiden Ebenen sind somit parallel.

Die Untersuchung auf Parallelität ist nun abgeschlossen, möglicherweise will man aber auch noch angeben, wie die Schnittmenge der beiden Ebenen aussieht. Hierzu muss man feststellen, ob die beiden Ebenen identisch oder „echt“ parallel sind. Wenn sie identisch sind, bilden alle Punkte der Ebenen die Schnittmenge, wenn sie hingegen „echt“ parallel sind, ist die Schnittmenge leer. Wenn die beiden Ebenen identisch sind, muss der Aufpunktvektor der einen Ebene auf der anderen Ebene liegen. Das Verfahren für diese Untersuchung wurde zuvor bereits bei der Überprüfung, ob ein vorgegebener Punkt auf einer Ebene liegt, dargestellt. Nachfolgend wird für die beiden parallelen Ebenen aus dem letzten Beispiel untersucht, ob sie identisch sind. Hierzu wird der Aufpunktvektor der ersten Ebene in die zweite Ebene eingesetzt (natürlich hätte man es auch andersherum überprüfen können):

$$\begin{pmatrix} 0 \\ 1 \\ 2 \end{pmatrix} + r\begin{pmatrix} 1 \\ 2 \\ 4 \end{pmatrix} + s\begin{pmatrix} 2 \\ 1 \\ 5 \end{pmatrix} = \begin{pmatrix} 2 \\ 0 \\ -1 \end{pmatrix} \quad \Big| -\begin{pmatrix} 0 \\ 1 \\ 2 \end{pmatrix}$$

$$\Leftrightarrow r\begin{pmatrix} 1 \\ 2 \\ 4 \end{pmatrix} + s\begin{pmatrix} 2 \\ 1 \\ 5 \end{pmatrix} = \begin{pmatrix} 2 \\ -1 \\ -3 \end{pmatrix}$$

In einzelnen Gleichungen ergibt sich:

$$\begin{array}{rcrcrl} r & + & 2s & = & 2 & \\ 2r & + & s & = & -1 & \mid -2*\mathrm{I} \\ 4r & + & 5s & = & -3 & \mid -4*\mathrm{I} \end{array}$$

Mit dem Gauß-Algorithmus folgt:

$$\begin{array}{rcrcrl} r & + & 2s & = & 2 & \\ & - & 3s & = & -5 & \\ & - & 3s & = & -11 & \mid -\mathrm{II} \end{array}$$

$$\begin{array}{rcrcr} r & + & 2s & = & 2 \\ & - & 3s & = & -5 \\ & & 0 & = & -6 \end{array}$$

Es hat sich ein Widerspruch ergeben. Daher gibt es keine Lösung für das Gleichungssystem, und der Aufpunktvektor liegt nicht auf der anderen

Ebene. Die beiden Ebenen sind also nicht identisch, die Schnittmenge zwischen den beiden Ebenen ist leer.

3.5.3.4 Spurgeraden

So wie man die Schnittpunkte einer Geraden mit den Koordinatenebenen Spurpunkte nennt, nennt man die Schnittgeraden einer Ebene mit den Koordinatenebenen **Spurgeraden**. In der folgenden Zeichnung ist die Spurgerade der eingezeichneten Ebene E_1 mit der xy-Koordinatenebene dargestellt:

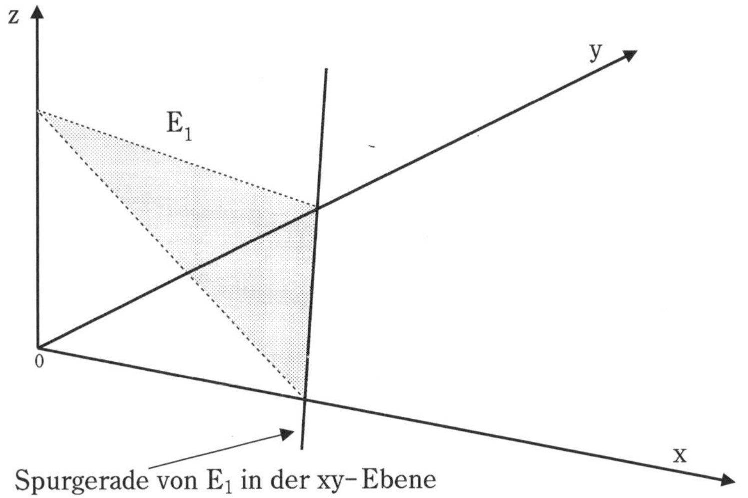

Die Spurgeraden kann man berechnen, indem man die Schnittgerade der betrachteten Ebene mit der jeweiligen Koordinatenebene berechnet.

Die xy-Ebene kann man z. B. folgendermaßen darstellen:

$$E_{xy}: \vec{x} = r\begin{pmatrix}1\\0\\0\end{pmatrix} + s\begin{pmatrix}0\\1\\0\end{pmatrix}; r,s \in \mathbb{R}$$

Wenn man diese Ebene mit der betrachteten Ebene gleichsetzt, erhält man die Spurgerade in der xy-Ebene. Die Berechnung von Spurgeraden ist mit der nachfolgend dargestellten Koordinatenform der Ebene besonders einfach.

4 Koordinatenform

4.1 Koordinatenform der Geraden

Zunächst sei betont, dass die Koordinatenform für Geraden nur im Zweidimensionalen existiert. Für Geraden im Dreidimensionalen gibt es keine Koordinatendarstellung. Die nachfolgenden Betrachtungen beziehen sich daher nur auf Geraden im Zweidimensionalen (im $\mathbb{R}^2$).

Es sei die folgende Geradengleichung in Parameterform gegeben.

$$g: \vec{x} = \begin{pmatrix} 1 \\ 3 \end{pmatrix} + r \begin{pmatrix} 2 \\ 1 \end{pmatrix}$$

Den Vektor $\vec{x}$ kann man auch mit seinen einzelnen Komponenten darstellen:

$$g: \begin{pmatrix} x \\ y \end{pmatrix} = \begin{pmatrix} 1 \\ 3 \end{pmatrix} + r \begin{pmatrix} 2 \\ 1 \end{pmatrix}$$

Man kann diese Vektorgleichung auch wieder in einzelne Gleichungen übertragen. Es ergibt sich:

$$\begin{aligned} x &= 1 + 2r \\ y &= 3 + r \end{aligned}$$

Aus diesen beiden Gleichungen kann nun der Parameter r entfernt werden. Aus der zweiten Gleichung ergibt sich:

$$y = 3 + r \mid -3$$
$$\Leftrightarrow y - 3 = r$$

Dieses Ergebnis für r wird in die erste Gleichung eingesetzt:

$$x = 1 + 2 * (y - 3)$$
$$\Leftrightarrow x = 1 + 2y - 6$$
$$\Leftrightarrow x = -5 + 2y$$

Nun ist eine Gleichung zwischen x und y entstanden, auch diese Gleichung beschreibt eine Gerade. Man kann die Gleichung auch noch nach y auflösen, hierbei ergibt sich:

$$x = -5 + 2y \mid +5$$
$$x + 5 = 2y \mid \div 2$$
$$y = 0{,}5x + 2{,}5$$

Es hat sich eine ganz normale Geradengleichung ergeben, wie sie bereits aus der Mittelstufe bekannt ist. Die Steigung der Geraden beträgt 0,5 und der Achsenabschnitt 2,5. Nachfolgend ist diese Gerade eingezeichnet:

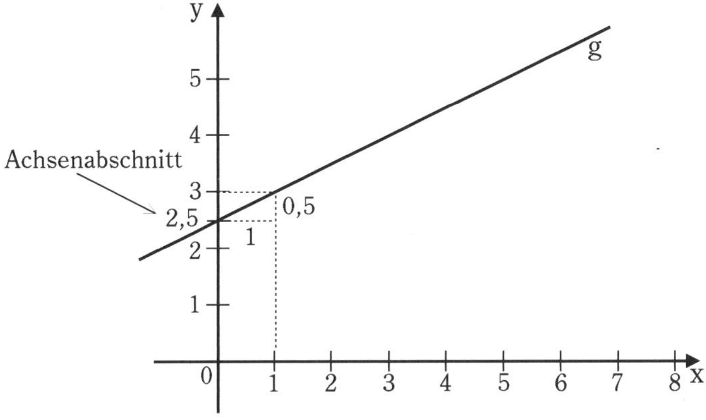

Der Achsenabschnitt (2,5) gibt den Schnittpunkt der Geraden mit der y-Achse an. Die Gerade hat eine Steigung von 0,5, sie steigt also bei jedem Schritt in x-Richtung einen halben Schritt an.

Nachfolgend wird die Gerade mittels der zuvor angegebenen Parameterform gezeichnet. Die Parameterdarstellung lautete:

$$g: \begin{pmatrix} x \\ y \end{pmatrix} = \begin{pmatrix} 1 \\ 3 \end{pmatrix} + r \begin{pmatrix} 2 \\ 1 \end{pmatrix}$$

Somit lautet der Aufpunktvektor $\begin{pmatrix} 1 \\ 3 \end{pmatrix}$ und der Richtungsvektor $\begin{pmatrix} 2 \\ 1 \end{pmatrix}$.

Es ergibt sich:

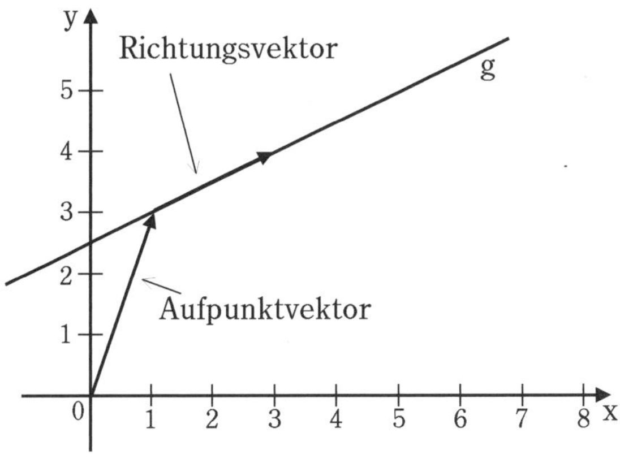

Man erkennt, dass die beiden Darstellungen tatsächlich die gleiche Gerade beschreiben.

Zuvor war die Gerade in der Form

$$y = mx + a$$

angegeben worden. Dieses ist die gängige Form der Darstellung von Geraden in der Analysis. Für die Koordinatenform wird aber in der Regel die nachfolgend angeführte Darstellung benutzt:

> Allgemein lautet die Koordinatenform einer Geraden in der xy-Ebene:
>
> $$c*x + d*y = e \qquad c, d, e \in \mathbb{R}$$

Man kann die angeführte Gleichung auch noch durch e teilen, dann steht auf der rechten Seite der Gleichung eine 1:

$$c*x + d*y = e \quad | \div e$$

$$\frac{c}{e}*x + \frac{d}{e}*y = 1$$

Nun kann man auch neue Parameter einführen und auf diese Weise die Anzahl der Parameter wieder auf 2 reduzieren. Es wird folgendermaßen ersetzt:

$$\frac{c}{e} = \frac{1}{a_1}; \ \frac{d}{e} = \frac{1}{a_2}$$

Warum man bei den neuen Parametern den Kehrwert benutzt, wird später erklärt. Mit den neuen Parametern ergibt sich:

$$\frac{1}{a_1} * x + \frac{1}{a_2} * y = 1$$

Diese Form nennt man die **Achsenabschnittsform**. Der Name beruht darauf, dass man bei dieser Form die Achsenabschnitte, also die Schnittpunkte der Geraden mit den Koordiantenachsen, direkt ablesen kann. Bei dem Schnittpunkt mit der y-Achse hat x den Wert 0, denn sonst würde man sich nicht auf der y-Achse befinden. Setzt man in die Achsenabschnittsform für x den Wert 0 ein, so ergibt sich:

$$\frac{1}{a_1} * 0 + \frac{1}{a_2} * y = 1 \quad | * a_2$$

$$\Leftrightarrow y = a_2$$

Der Achsenabschnitt auf der y-Achse ist also gleich a_2. Wenn man für y

Null einsetzt, folgt:

$$\frac{1}{a_1} * x + \frac{1}{a_2} * 0 = 1 \mid * a_1$$

$$\Leftrightarrow x = a_1$$

a_1 ist also gerade der Achsenabschnitt auf der x-Achse.

Nun wird auch klar, warum die Achsenabschnittsform definiert wurde, man kann bei der Achsenabschnittsform direkt die Achsenabschnitte ablesen, a_1 ist der Achsenabschnitt auf der x-Achse und a_2 der Achsenabschnitt auf der y-Achse.

Für die Gerade aus dem Beispiel wird nachfolgend die Achsenabschnittsform berechnet. Die Geradengleichung lautete:

$$y = 0{,}5x + 2{,}5 \mid -0{,}5x$$

$$\Leftrightarrow -0{,}5x + y = 2{,}5$$

Dies ist die Koordinatenform der Geraden. Wenn man nun noch durch 2,5 teilt, erhält man die Achsenabschnittsform:

$$-\ 0{,}5x + y = 2{,}5 \mid \div 2{,}5$$

$$\frac{1}{-5} x + \frac{1}{2{,}5} y = 1$$

Somit beträgt der Achsenabschnitt auf der y-Achse 2,5 und auf der x-Achse -5.

Man kann auch aus einer Koordinatendarstellung wieder eine Parameterdarstellung gewinnen. An dem folgenden Beispiel wird das Verfahren beschrieben.

Es sei die folgende Gerade gegeben:

$$-\ 2x + y = 5 \mid +2x$$

$$y = 5 + 2x$$

Die Steigung der Geraden beträgt 2, aus dieser Steigung kann direkt ein Richtungsvektor der Geraden ermittelt werden, denn die Steigung sagt ja, wie viel es in y-Richtung geht, wenn man einen Schritt in x-Richtung macht. Für die vorliegende Gerade kann man also folgenden Richtungsvektor angeben:

$$\begin{pmatrix} 1 \\ 2 \end{pmatrix}$$

Den Aufpunktvektor kann man aus dem Achsenabschnitt der Geraden ermitteln. Die Gerade schneidet die y-Achse bei dem Wert y = 5. Somit ist der folgende Vektor ein möglicher Aufpunktvektor der Geraden:

$$\begin{pmatrix} 0 \\ 5 \end{pmatrix}$$

Die Geradengleichung lautet also insgesamt in Parameterform:

$$g: \begin{pmatrix} x \\ y \end{pmatrix} = \begin{pmatrix} 0 \\ 5 \end{pmatrix} + r \begin{pmatrix} 1 \\ 2 \end{pmatrix} \quad r \in \mathbb{R}$$

Das Vorgehen kann man verallgemeinern:

> Es sei eine Gerade in Koordinatenform in der Darstellung
>
> $$y = mx + a$$
>
> gegeben. In Parameterform lautet die Gerade dann:
>
> $$g: \begin{pmatrix} x \\ y \end{pmatrix} = \begin{pmatrix} 0 \\ a \end{pmatrix} + r \begin{pmatrix} 1 \\ m \end{pmatrix} \quad r \in \mathbb{R}$$

Neben der zuvor angeführten Methode, aus der Koordinatendarstellung zur Parameterdarstellung zu gelangen, ist es auch möglich, zwei Punkte auf der Geraden zu ermitteln, indem man für x oder y bestimmte Werte in die Koordinatenform einsetzt. Aus den beiden Punkten kann man dann die Parameterform ermitteln.

4.2 Koordinatenform der Ebene

Auch bei Ebenen kann man eine Koordinatenform aufstellen. Es sei die folgende Ebene in Parameterform gegeben:

$$E:\ \vec{x} = \begin{pmatrix} 0 \\ 1 \\ 2 \end{pmatrix} + r\begin{pmatrix} 1 \\ 1 \\ 3 \end{pmatrix} + s\begin{pmatrix} 1 \\ 2 \\ 2 \end{pmatrix} \quad ; r,s \in \mathbb{R}$$

Auch hier muss zunächst der Vektor $\vec{x}$ mittels der einzelnen Komponenten geschrieben werden:

$$E:\ \begin{pmatrix} x \\ y \\ z \end{pmatrix} = \begin{pmatrix} 0 \\ 1 \\ 2 \end{pmatrix} + r\begin{pmatrix} 1 \\ 1 \\ 3 \end{pmatrix} + s\begin{pmatrix} 1 \\ 2 \\ 2 \end{pmatrix} \quad ; r,s \in \mathbb{R}$$

In einzelnen Gleichungen geschrieben ergibt sich:

$$\begin{aligned} x &= r + s \\ y &= 1 + r + 2s \\ z &= 2 + 3r + 2s \end{aligned}$$

Aus diesen 3 Gleichungen müssen nun die Parameter r und s entfernt werden, damit sich eine Gleichung ergibt, in der nur x, y und z auftauchen. Hierzu wird zunächst die erste Gleichung nach s aufgelöst:

I: $x = r + s \mid -r$

$x - r = s$

Dieser Ausdruck für s wird nun in die zweite und dritte Gleichung eingesetzt:

II: $y = 1 + r + 2(x - r)$

III: $z = 2 + 3r + 2(x - r)$

Aus diesen beiden Gleichungen muss nun das r entfernt werden. Nachfolgend wird hierzu die obere Gleichung nach r aufgelöst und das Ergebnis dann in die untere Gleichung eingesetzt.

II: $y = 1 + r + 2(x - r)$

$\Leftrightarrow y = 1 + r + 2x - 2r \mid -1 - 2x$

$\Leftrightarrow y - 1 - 2x = -r \mid *(-1)$

$\Leftrightarrow -y + 1 + 2x = r$

Bevor dieser Wert in die untere Gleichung eingesetzt wird, wird diese

Gleichung zunächst noch etwas umgeformt:

III: $z = 2 + 3r + 2(x - r)$

$\Leftrightarrow z = 2 + 3r + 2x - 2r$

$\Leftrightarrow z = 2 + r + 2x$

Eingesetzt ergibt sich nun:

$\Leftrightarrow z = 2 + (-y + 1 + 2x) + 2x$

$\Leftrightarrow z = 3 - y + 4x$

Jetzt ist eine Gleichung entstanden, in der nur noch x, y und z auftauchen. Wie schon zuvor für Geraden angeführt, sind bei der Koordinatendarstellung gewöhnlich alle Variablen auf der linken Seite der Gleichung.

$z = 3 - y + 4x \mid +y - 4x$

$\Leftrightarrow -4x + y + z = 3$

Die letzte Gleichung ist die **Koordinatendarstellung der Ebene**. Wenn man noch durch 3 teilt, erhält man die Achsenabschnittsform der Ebene:

$\Leftrightarrow -4x + y + z = 3 \mid \div 3$

$\Leftrightarrow -\frac{4}{3}x + \frac{1}{3}y + \frac{1}{3}z = 1$

In der **Achsenabschnittsform** muss oben in dem Bruch immer eine 1 stehen. Dies erreicht man, indem man vor dem x durch den Kehrwert des Bruches teilt:

$\Leftrightarrow \frac{1}{-\frac{3}{4}}x + \frac{1}{3}y + \frac{1}{3}z = 1$

Somit hat sich die Achsenabschnittsform der Ebene ergeben. Die Schnittpunkte der Ebene mit den Koordinatenachsen (ihre Achsenabschnitte) lauten also $-\frac{3}{4}$, 3 und 3.

Mit Hilfe der Achsenabschnitte kann die Ebene gezeichnet werden, wie sich aus der folgenden Grafik erkennen lässt:

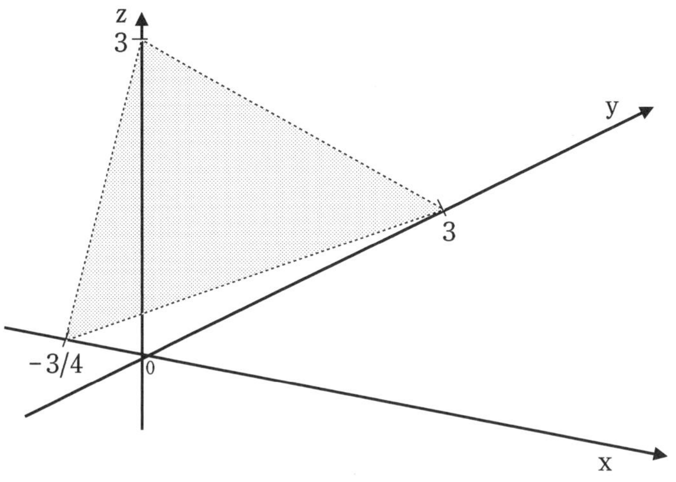

Allgemein lautet die Koordinatendarstellung einer Ebene:

$$E: d*x + e*y + f*z = g$$

Die Achsenabschnittsform der Ebene lautet allgemein:

$$E: \frac{1}{a_1} * x + \frac{1}{a_2} * y + \frac{1}{a_3} * z = 1$$

Natürlich kann **aus der Koordinatendarstellung einer Ebene wieder die Parameterdarstellung entwickelt werden.** Es sei die folgende Ebene gegeben:

$$\Leftrightarrow 8 = 4x - 2y + z$$

Wenn man 3 Punkte der Ebene kennt, kann man die Parameterdarstellung aus diesen Punkten entwickeln. Am einfachsten erhält man die 3 Punkte, indem man von den 3 Variablen (x, y und z) jeweils zwei gleich 0 setzt und den Wert der anderen Variablen dann errechnet:

$$x, y = 0 \;\Rightarrow\; 8 = 4*0 - 2*0 + z$$
$$\Leftrightarrow\; 8 = z$$

$$
\begin{aligned}
x, z = 0 \quad &\Rightarrow 8 = 4*0 - 2y + 0 \\
&\Leftrightarrow 8 = -2y \mid \div(-2) \\
&\Leftrightarrow -4 = y \\
y, z = 0 \quad &\Rightarrow 8 = 4x - 2*0 + 0 \\
&\Leftrightarrow 8 = 4x \mid \div 4 \\
&\Leftrightarrow 2 = x
\end{aligned}
$$

Somit hat man 3 Punkte, die auf der Ebene liegen, gefunden. Die drei Punkte lauten:

$$\begin{pmatrix} 0 \\ 0 \\ 8 \end{pmatrix}, \begin{pmatrix} 0 \\ -4 \\ 0 \end{pmatrix} \text{ und } \begin{pmatrix} 2 \\ 0 \\ 0 \end{pmatrix}$$

Die drei Punkte stellen die Schnittpunkte der Ebene mit den Koordinatenachsen dar. Man hätte die drei Punkte genauso gut ermitteln können, indem man die Achsenabschnittsform der Ebene bestimmt hätte.

Sollte die Ebene parallel zu einer Koordinatenachse liegen, so ergibt sich auf die angeführte Weise kein Schnittpunkt mit der Koordinatenachse. Man erhält dann einen weiteren Punkt auf der Ebene, indem man andere Werte als 0 für die Variablen vorgibt.

Aus den drei Punkten kann nun die Ebenengleichung ermittelt werden. Wenn man zwei der Punkte voneinander abzieht, ergibt sich ein Richtungsvektor[1] der Ebene. Somit kann die Ebene z. B. folgendermaßen beschrieben werden:

$$E: \vec{x} = \begin{pmatrix} 0 \\ 0 \\ 8 \end{pmatrix} + r\left(\begin{pmatrix} 0 \\ 0 \\ 8 \end{pmatrix} - \begin{pmatrix} 0 \\ -4 \\ 0 \end{pmatrix}\right) + s\left(\begin{pmatrix} 0 \\ 0 \\ 8 \end{pmatrix} - \begin{pmatrix} 2 \\ 0 \\ 0 \end{pmatrix}\right); r,s \in \mathbb{R}$$

$$\Rightarrow E: \vec{x} = \begin{pmatrix} 0 \\ 0 \\ 8 \end{pmatrix} + r\begin{pmatrix} 0 \\ 4 \\ 8 \end{pmatrix} + s\begin{pmatrix} -2 \\ 0 \\ 8 \end{pmatrix}; r,s \in \mathbb{R}$$

1: Voraussetzung für das Verfahren ist, dass nicht alle drei Punkte auf einer Geraden liegen, denn ansonsten würden die beiden Richtungsvektoren parallel zueinander sein und somit die Ebene nicht aufspannen. Dadurch, dass die Punkte als Schnittpunkte mit den Koordinatenachsen ermittelt wurden, ist allerdings garantiert, dass sie nicht alle auf einer Geraden liegen. (Dies gilt unter der Voraussetzung, dass die Ebene nicht durch den Ursprung geht.)

5 Metrischer Raum (Normalenform)

Bisher waren für die Grafiken kartesische (rechtwinklige Koordinaten verwendet worden. Allerdings galten die vorherigen Ausführungen auch für andere Koordinatensysteme. Die Parameterform und Koordinatenform der Geraden und Ebene verlangt kein kartesisches Koordinatensystem, sondern ist bei beliebigen affinen Koordinaten anwendbar. Die nachfolgenden Betrachtungen bauen allerdings auf kartesischen Koordinaten auf. Für die weiteren Betrachtungen sei daher stets unterstellt, dass kartesische Koordinaten vorliegen.

5.1 Skalarprodukt

5.1.1 Definition des Skalarproduktes

Das Skalarprodukt ist die Grundlage für die später dargelegte Normalenform. Bei dem Skalarprodukt werden zwei Vektoren miteinander multipliziert, und das Ergebnis der Multiplikation (das Produkt) ist ein Skalar, also eine normale Zahl, und kein Vektor. Hierin unterscheidet sich das Skalarprodukt von dem Vektorprodukt. Bei dem Vektorprodukt werden auch zwei Vektoren miteinander multipliziert, aber das Ergebnis dieser Multiplikation ist ein Vektor.

Wichtig ist es, das Skalarprodukt nicht mit der Skalar-Multiplikation (S-Multiplikation) zu verwechseln. Bei der Skalar-Multiplikation wird ein Vektor mit einem Skalar (einer Zahl) multipliziert, bei dem Skalarprodukt werden hingegen zwei Vektoren miteinander multipliziert, das Ergebnis dieser Multiplikation ist ein Skalar.

Naheliegend ist es, an das Skalarprodukt, also die Multiplikation zweier Vektoren miteinander, ähnliche Forderungen zu stellen, wie sie für die „normale“ Multiplikation (Multiplikation von reellen Zahlen miteinander) gelten. Bei der normalen Multiplikation gilt das Kommutativgesetz, das Assoziativgesetz und das Distributivgesetz. Nun mag man meinen, dass es doch ganz selbstverständlich ist, dass diese Gesetze für eine Multiplikation gelten, egal was man miteinander multipliziert. Dem ist aber nicht so, das Skalarprodukt erfüllt das Assoziativgesetz nicht, wie später gezeigt wird. Allerdings soll es das Kommutativgesetz und das Distributivgesetz erfüllen.

Es sei folgender Zusammenhang gegeben:

$$\vec{c} = \vec{a} - \vec{b}$$

Man kann nun beide Seiten der Gleichung quadrieren:

$$\vec{c}^2 = (\vec{a} - \vec{b})^2$$

Die rechte Seite der Gleichung kann man auch folgendermaßen schreiben:

$$\vec{c}^2 = (\vec{a} - \vec{b}) * (\vec{a} - \vec{b})$$

Das Distributivgesetz erlaubt nun, dass man die beiden Klammern auf der rechten Seite ausmultipliziert:

$$\vec{c}^2 = \vec{a}^2 - \vec{b} * \vec{a} - \vec{a} * \vec{b} + \vec{b}^2$$

Aufgrund des Kommutativgesetzes lässt sich die Reihenfolge der Multiplikation vertauschen:

$$\Leftrightarrow \vec{c}^2 = \vec{a}^2 - \vec{a} * \vec{b} - \vec{a} * \vec{b} + \vec{b}^2$$

$$\Leftrightarrow \vec{c}^2 = \vec{a}^2 - 2\vec{a} * \vec{b} + \vec{b}^2$$

Eine weitere sinnvolle Forderung an die Multiplikation zweier Vektoren ist, dass das Quadrat eines Vektors identisch mit dem Quadrat des Betrages des Vektors ist. Diese Forderung kann später genutzt werden, um die Längen von Vektoren (ihre Beträge) zu erhalten. Mittels dieser Forderung ergibt sich aus der Gleichung:

$$\Leftrightarrow c^2 = a^2 - 2\vec{a} * \vec{b} + b^2$$

Der zuvor vorausgesetzte Zusammenhang ($\vec{c} = \vec{a} - \vec{b}$) lässt sich auch zeichnerisch darstellen. Nebenstehend lässt sich erkennen, dass der Vektor $\vec{c}$ durch den Vektorzug $-\vec{b} + \vec{a}$ gebildet wird. Die Reihenfolge der Vektoren lässt sich auch umstellen, so dass in der Zeichnung gilt:

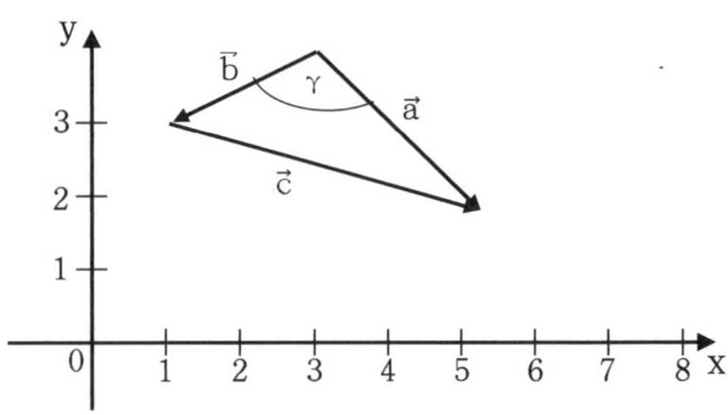

$$\vec{c} = \vec{a} - \vec{b}$$

Die 3 Vektoren stellen ein Dreieck dar. Für ein Dreieck gilt der Cosinussatz[1], dieser lautet:

$$c^2 = a^2 + b^2 - 2a * b * \cos(\gamma)$$

Zuvor hatte sich die folgende Beziehung ergeben:

$$c^2 = a^2 - 2\vec{a} * \vec{b} + b^2$$

In beiden Gleichungen steht auf der linken Seite c^2, also müssen die rechten Seiten der Gleichungen identisch sein, es muss also gelten:

$$a^2 - 2\vec{a} * \vec{b} + b^2 = a^2 + b^2 - 2a * b * \cos(\gamma) \quad | -a^2 - b^2$$

Wenn man nun a^2 und b^2 auf beiden Seiten abzieht, ergibt sich:

$$- 2\vec{a} * \vec{b} = - 2a * b * \cos(\gamma) \quad | \div(-2)$$

Nun wird die Gleichung noch durch (−2) geteilt:

$$\vec{a} * \vec{b} = a * b * \cos(\gamma)$$

Jetzt hat sich eine Definition für das Skalarprodukt zweier Vektoren ergeben. γ ist der von den beiden Vektoren eingeschlossene Winkel, wie er zuvor in dem gezeichneten Dreieck dargestellt wurde, also der Winkel, der sich zwischen den beiden Vektoren ergibt, wenn sie von dem gleichen Anfangspunkt aus gezeichnet werden. Es gilt also:

Das Skalarprodukt der Vektoren $\vec{a}$ und $\vec{b}$ ist folgendermaßen definiert:

$$\vec{a} * \vec{b} = a * b * \cos(\gamma)$$

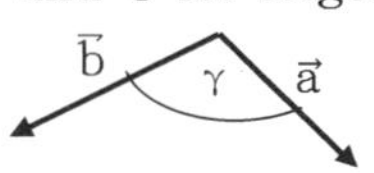

Wobei γ der von den beiden Vektoren eingeschlossene Winkel ist.

Es sei nochmals angeführt, dass für die Herleitung dieser Definition 3 Forderungen an das Skalarprodukt aufgestellt wurden:

1) Es gilt das Distributivgesetz.

2) Es gilt das Kommutativgesetz.

3) Das Quadrat eines Vektors entspricht dem Quadrat seines Betrages.

1: Wenn der Winkel γ ein rechter Winkel ist, er also 90^0 beträgt, ergibt sich für den Kosinus des Winkels der Wert 0. Der angeführte Cosinussatz reduziert sich dann auf den Zusammenhang $c^2 = a^2 + b^2$, dies ist gerade der Satz des Pythagoras.

Die vorherige Herleitung zeigte, dass aus diesen 3 Forderungen zwingend die angeführte Definition für das Skalarprodukt folgt.

Nachfolgend sind die verschiedenen Gesetze für das Skalarprodukt nochmals formal aufgeführt:

Für alle $\vec{a}$, $\vec{b}$, $\vec{c} \in \mathbb{V}$ gilt:

SP1 $\vec{a} * (\vec{b} + \vec{c}) = \vec{a} * \vec{b} + \vec{a} * \vec{c}$ (Distributivgesetz)

SP2 $\vec{a} * \vec{b} = \vec{b} * \vec{a}$ (Kommutativgesetz)

SP3 $\vec{a} * \vec{b} = a * b * \cos(\gamma)$

SP4 $\vec{a}^2 = a^2$ bzw. $\vec{a} * \vec{a} = a * a$

Hierbei ist γ der von den beiden Vektoren eingeschlossene Winkel und a (bzw. b) ist der Betrag von $\vec{a}$ (bzw. $\vec{b}$).

5.1.2 Wesentliche Eigenschaften des Skalarproduktes

Für das Verständnis des Skalarproduktes ist es gut, wenn man den Verlauf des Kosinus in etwa vor Augen hat. Daher ist nachfolgend zunächst der Kosinus dargestellt:

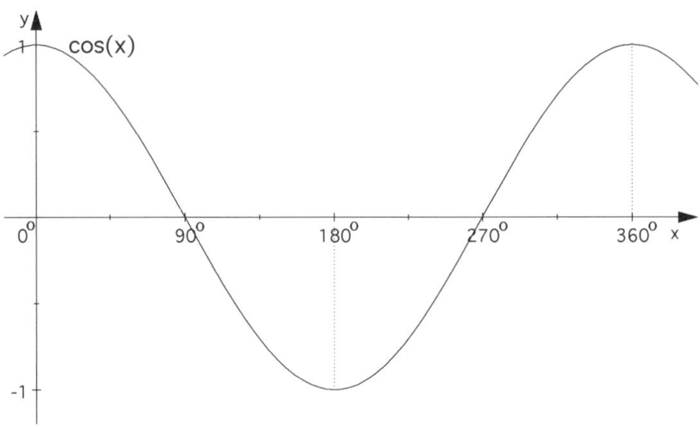

Von Bedeutung sind insbesondere die Werte des Kosinus bei Winkeln von 0°, 90° und 180°. Nachfolgend sind Vektoren, zwischen denen der jeweilige Winkel besteht, dargestellt, und es ist der jeweilige Wert des Kosinus angegeben:

Winkel (γ)	0°	90°	180°
cos (γ)	cos(0°) = 1	cos(90°) = 0	cos(180°) = -1
Zeichnung		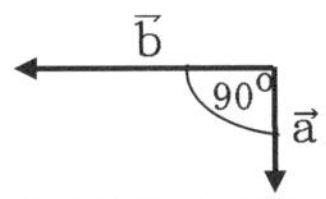	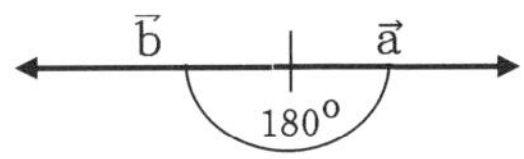
$\vec{a} * \vec{b}$ $= a * b * \cos(\gamma)$	$\vec{a} * \vec{b}$ $= a * b$	$\vec{a} * \vec{b}$ $= 0$	$\vec{a} * \vec{b}$ $= -a * b$

In der untersten Zeile ist das Skalarprodukt für den jeweiligen Winkel berechnet worden. Wenn der Winkel zwischen den beiden Vektoren 0° beträgt, hat der Kosinus den Wert 1, und das Skalarprodukt ergibt sich somit als das Produkt der Beträge der beiden Vektoren.[1]

Wenn die beiden Vektoren senkrecht aufeinander stehen, der Winkel zwischen ihnen also 90° beträgt, ergibt das Skalarprodukt den Wert 0. Man sagt auch, dass zwei senkrecht zueinander stehende Vektoren **orthogonal** sind. Das Skalarprodukt von orthogonalen Vektoren ist also 0.

Sind die beiden Vektoren parallel, zeigen aber mit dem Pfeil in verschiedene Richtungen, so ergibt sich das Skalarprodukt als das negative Produkt der Beträge der Vektoren.

Natürlich kann man beliebige Skalarprodukte nicht einfach im Kopf berechnen, bei den 3 betrachteten Sonderfällen (0°, 90° und 180°) ist es aber für die weiteren Betrachtungen sehr sinnvoll, wenn man die in der Tabelle angeführten Werte des Skalarproduktes ($a * b$, 0 und $-a * b$) im Kopf hat.

Bisher war bei der Berechnung des Skalarproduktes ($\vec{a} * \vec{b} = a * b * \cos(\gamma)$) nicht näher auf die Bestimmung des Winkels γ eingegangen worden. Zwischen zwei Vektoren gibt es immer zwei Winkel, wie in der folgenden Abbildung dargestellt:

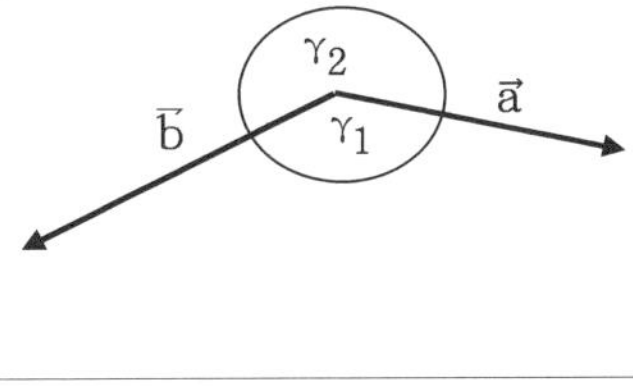

1: Ein Spezialfall dieses Ergebnisses ist die zuvor aufgestellte Forderung $\vec{x}^2 = x^2$.

Zusammen haben die beiden Winkel einen Wert von 360°, der eine ist also gerade um soviel größer als 180°, wie der andere kleiner als 180° ist. In der folgenden Zeichnung des Kosinus sind die beiden Winkel eingezeichnet:

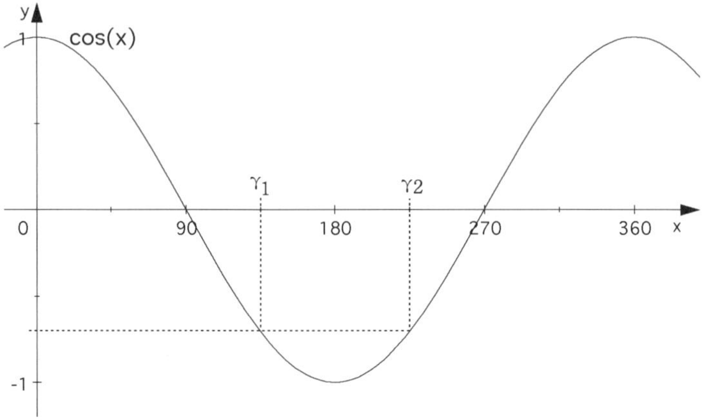

Wie sich erkennen lässt, ergibt sich für den Kosinus von beiden Winkeln das gleiche Ergebnis. Somit ist es egal, welchen der beiden Winkel man für die Berechnung des Skalarproduktes heranzieht. Zur Vereinfachung soll aber nachfolgend generell der kleinere der beiden Winkel gewählt werden.

Unter den Forderungen an das Skalarprodukt waren die Gültigkeit des Kommutativgesetzes und des Distributivgesetzes. Wie sieht es nun mit dem Assoziativgesetz (Klammervertauschungsgesetz) aus. Nach dem Assoziativgesetz müsste der folgende Zusammenhang gelten:[1]

$$(\vec{a} * \vec{b}) * \vec{c} \stackrel{?}{=} \vec{a} * (\vec{b} * \vec{c})$$

Wenn man die Skalarprodukte in den Klammern jeweils auflöst, ergibt sich:

$$(a * b * \cos(\gamma)) * \vec{c} \stackrel{?}{=} \vec{a} * (b * c * \cos(\alpha))$$

1: Genau genommen handelt es sich sowieso nicht um eine Überprüfung des Assoziativgesetzes für die Skalarmultiplikation, denn nur in den Klammern stehen Skalarprodukte. Zwischen den Klammern und den Vektoren handelt es sich um eine S-Multiplikation.Schon von daher kann es für die Skalarmultiplikation kein Assoziativgesetzt geben.

Die Ausdrücke in den Klammern ergeben Zahlen (Skalare), somit ergibt sich auf der linken Seite ein Vektor, der in Richtung von $\vec{c}$ zeigt, und auf der rechten Seite ein Vektor, der in Richtung von $\vec{a}$ zeigt. Die beiden Seiten der Gleichung sind also im Allgemeinen verschieden, somit gilt das Assoziativgesetz für das Skalarprodukt nicht.

5.1.3 Skalarprodukt für Vektoren in Koordinatenschreibweise

Aus den Betrachtungen des vorherigen Abschnitts ergibt sich, dass sich das Skalarprodukt für Vektoren in Koordinatenschreibweise mit kartesischen Koordinaten besonders elegant berechnen lässt. Nachfolgend sind zwei Vektoren gezeichnet, deren Skalarprodukt berechnet werden soll:

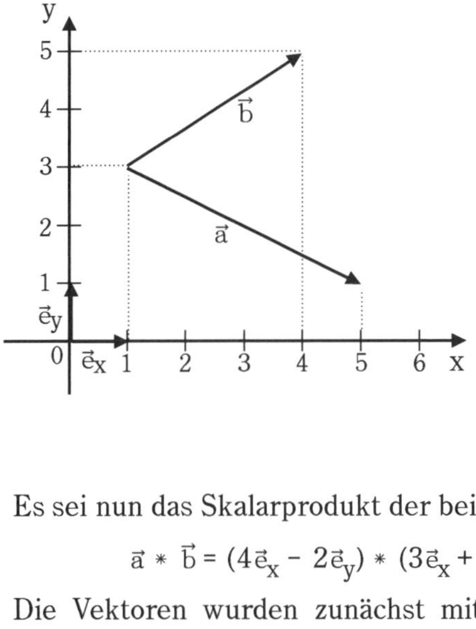

Als Linearkombination der Basisvektoren ausgedrückt, ergibt sich für die beiden Vektoren $\vec{a}$ und $\vec{b}$ folgendes:

$$\vec{a} = 4\vec{e}_x - 2\vec{e}_y$$

$$\vec{b} = 3\vec{e}_x + 2\vec{e}_y$$

Somit lautet die Koordinatendarstellung der Vektoren:

$$\vec{a} = 4\vec{e}_x - 2\vec{e}_y = \begin{pmatrix} 4 \\ -2 \end{pmatrix}$$

$$\vec{b} = 3\vec{e}_x + 2\vec{e}_y = \begin{pmatrix} 3 \\ 2 \end{pmatrix}$$

Es sei nun das Skalarprodukt der beiden Vektoren betrachtet:

$$\vec{a} * \vec{b} = (4\vec{e}_x - 2\vec{e}_y) * (3\vec{e}_x + 2\vec{e}_y)$$

Die Vektoren wurden zunächst mittels der Basisvektoren dargestellt. Das Produkt zwischen den beiden Klammern kann ausmultipliziert werden, denn für das Skalarprodukt gilt ja das Distributivgesetz. Es ergibt sich:

$$(4\vec{e}_x - 2\vec{e}_y) * (3\vec{e}_x + 2\vec{e}_y)$$

$$= 4 * 3 * \vec{e}_x{}^2 + 4 * 2 * \vec{e}_x * \vec{e}_y - 2 * 3 * \vec{e}_y * \vec{e}_x - 2 * 2 * \vec{e}_y{}^2$$

Die Vektoren $\vec{e}_x$ und $\vec{e}_y$ schließen einen Winkel von 90° ein, das Skalarprodukt zwischen diesen beiden Vektoren ist daher 0. Somit werden die beiden mittleren Ausdrücke zu 0. Für den Ausdruck $\vec{e}_x{}^2$ gilt:

$$\vec{e}_x{}^2 = |\vec{e}_x| * |\vec{e}_x| * \cos(0)$$

$|\vec{e}_x|$ steht für den Betrag (die Länge) des Vektors $\vec{e}_x$, da es sich bei $\vec{e}_x$ um einen Einheitsvektor handelt, ist seine Länge 1. Somit gilt:

$$\vec{e}_x{}^2 = |\vec{e}_x| * |\vec{e}_x| * \cos(0) = 1*1*1 = 1$$

Entsprechend ergibt sich auch für $\vec{e}_y{}^2$ der Wert 1.

Insgesamt ergibt sich für das Skalarprodukt von $\vec{a}$ und $\vec{b}$ durch Einsetzen der gefundenen Ausdrücke in die ausmultiplizierte Gleichung somit:

$$4*3*\vec{e}_x{}^2 + 4*2*\vec{e}_x*\vec{e}_y + (-2)*3*\vec{e}_y*\vec{e}_x + (-2)*2*\vec{e}_y{}^2$$

$$= 4*3*\vec{e}_x{}^2 + 4*2*0 + (-2)*3*0 + (-2)*2*\vec{e}_y{}^2$$

$$= 4*3*1 + (-2)*2*1$$

$$= 4*3 + (-2)*2 = 12 - 4 = 8$$

Die einzelnen Zahlen wurden zuvor noch nicht ausmultipliziert, denn auf diese Weise ist ein Vergleich mit der nachfolgend dargestellten Multiplikation in Koordinatenschreibweise möglich.

Die beiden Vektoren lauteten in Koordinatenschreibweise:

$$\vec{a} = 4\vec{e}_x - 2\vec{e}_y = \begin{pmatrix} 4 \\ -2 \end{pmatrix}, \qquad \vec{b} = 3\vec{e}_x + 2\vec{e}_y = \begin{pmatrix} 3 \\ 2 \end{pmatrix}$$

Wenn man das Skalarprodukt mittels der Spaltenvektoren schreibt, ergibt sich:

$$\vec{a} * \vec{b} = \begin{pmatrix} 4 \\ -2 \end{pmatrix} * \begin{pmatrix} 3 \\ 2 \end{pmatrix}$$

Als Ergebnis hatte sich zuvor ergeben:

$$\vec{a} * \vec{b} = \begin{pmatrix} 4 \\ -2 \end{pmatrix} * \begin{pmatrix} 3 \\ 2 \end{pmatrix} = 4*3 + (-2)*2$$

Wie man sieht, muss man einfach die jeweiligen Komponenten der Vektoren miteinander multiplizieren und die sich auf diese Weise ergebenden Produkte addieren.

Man kann die Betrachtung auch für zwei beliebige Vektoren durchführen und auf diese Weise zeigen, dass der angeführte Zusammenhang generell gilt.

Es seien die beiden Vektoren

$$\vec{a} = a_1\vec{e}_x + a_2\vec{e}_y = \begin{pmatrix} a_1 \\ a_2 \end{pmatrix} \text{ und}$$

$$\vec{b} = b_1\vec{e}_x + b_2\vec{e}_y = \begin{pmatrix} b_1 \\ b_2 \end{pmatrix} \text{ gegeben.}$$

Es sei nun das Skalarprodukt der beiden Vektoren betrachtet:

$$\vec{a} * \vec{b} = (a_1\vec{e}_x + a_2\vec{e}_y) * (b_1\vec{e}_x + b_2\vec{e}_y)$$

Das Produkt zwischen den beiden Klammern wird nun ausmultipliziert:

$$= a_1 * b_1 * \vec{e}_x^{\,2} + a_2 * b_1 * \vec{e}_y * \vec{e}_x + a_1 * b_2 * \vec{e}_x * \vec{e}_y + a_2 * b_2 * \vec{e}_y^{\,2}$$

$$= a_1 * b_1 + a_2 * b_2$$

Somit gilt ganz allgemein:

$$\begin{pmatrix} a_1 \\ a_2 \end{pmatrix} * \begin{pmatrix} b_1 \\ b_2 \end{pmatrix} = a_1 * b_1 + a_2 * b_2$$

Bisher wurden nur Vektoren aus dem $\mathbb{R}^2$ betrachtet, die angeführte Methode zur Berechnung des Skalarproduktes gilt aber auch bei Vektoren mit 3 Komponenten[1]:

$$\begin{pmatrix} a_1 \\ a_2 \\ a_3 \end{pmatrix} * \begin{pmatrix} b_1 \\ b_2 \\ b_3 \end{pmatrix} = a_1 * b_1 + a_2 * b_2 + a_3 * b_3$$

Für Vektoren in Koordinatenschreibweise lässt sich das Skalarprodukt also recht einfach auf die soeben beschriebene Weise berechnen. Es gilt natürlich trotzdem die zuvor angeführte Definition für das Skalarprodukt:

$$\vec{a} * \vec{b} = a * b * \cos(\gamma)$$

Bei den späteren Betrachtungen zu dem Winkel zwischen zwei Vektoren werden aus dieser Definition weitere Zusammenhänge hergeleitet.

1: Die Definition lässt sich auf Vektoren mit beliebig vielen Komponenten anwenden. Es müssen lediglich beide Vektoren gleichviele Komponenten enthalten. In der Schule beschränken sich die Betrachtungen allerdings in der Regel auf Vektoren mit höchstens 3 Komponenten.

5.1.4 Erzeugung von orthogonalen Vektoren

Es ist häufiger von Interesse, zu einem Vektor oder einer Geraden einen senkrechten Vektor zu finden. Wie zuvor schon erwähnt, spricht man bei senkrechten Vektoren auch von orthogonalen Vektoren. Das Skalarprodukt zweier orthogonaler Vektoren muss wegen des 90° Winkels zwischen den Vektoren Null sein. Diese Bedingung kann man ausnutzen, um einen orthogonalen Vektor zu produzieren. Es sei nachfolgend zunächst ein Vektor aus dem $\mathbb{R}^2$ betrachtet:

$$\vec{a} = \begin{pmatrix} 3 \\ 1 \end{pmatrix}$$

Am einfachsten erhält man einen senkrechten Vektor, indem man die Komponenten des Vektors vertauscht und bei einer der Komponenten das Vorzeichen verändert. Auf diese Weise erhält man den nachfolgend mit $\vec{b}$ bezeichneten Vektor:

$$\vec{b} = \begin{pmatrix} 1 \\ -3 \end{pmatrix}$$

Dass dieser Vektor tatsächlich senkrecht zu $\vec{a}$ ist, kann man zeigen, indem man das Skalarprodukt zwischen $\vec{a}$ und $\vec{b}$ berechnet. Es ergibt sich:

$$\vec{a} * \vec{b} = \begin{pmatrix} 3 \\ 1 \end{pmatrix} * \begin{pmatrix} 1 \\ -3 \end{pmatrix} = 3*1 + 1*(-3) = 3 - 3 = 0$$

Das Skalarprodukt ist Null, somit stehen die Vektoren senkrecht aufeinander.[1] Das dargestellte Prinzip funktioniert immer, somit kann man allgemein festhalten:

> Es sei der Vektor $\vec{a} = \begin{pmatrix} a_1 \\ a_2 \end{pmatrix}$ gegeben, dann ist der Vektor
> $\vec{b} = \begin{pmatrix} a_2 \\ -a_1 \end{pmatrix}$ orthogonal zu $\vec{a}$.

1: Natürlich hätte man auch das Vorzeichen der oberen statt der unteren Komponente verändern können. Außer dem gefundenen Vektor sind auch alle Vielfache dieses Vektors orthogonal zu $\vec{a}$.

Auf ähnliche Weise kann auch zu einem Vektor aus dem $\mathbb{R}^3$ ein orthogonaler Vektor konstruiert werden. Es sei folgender Vektor gegeben:

$$\vec{a} = \begin{pmatrix} 2 \\ 5 \\ 1 \end{pmatrix}$$

Wird eine Komponente des Vektors gleich Null gesetzt, kann für die beiden anderen Komponenten wieder das vorherige Verfahren angewendet werden. Nachfolgend wird der orthogonale Vektor $\vec{b}$ gebildet, indem die mittlere Komponente gleich Null gesetzt wird, die anderen beiden Komponenten vertauscht werden und dann das Vorzeichen der einen Komponente verändert wird. Es ergibt sich für $\vec{b}$:

$$\vec{b} = \begin{pmatrix} 1 \\ 0 \\ -2 \end{pmatrix}$$

Für das Produkt von $\vec{a}$ und $\vec{b}$ ergibt sich:

$$\vec{a} * \vec{b} = \begin{pmatrix} 2 \\ 5 \\ 1 \end{pmatrix} * \begin{pmatrix} 1 \\ 0 \\ -2 \end{pmatrix} = 2*1 + 5*0 + 1*(-2) = 2 + 0 - 2 = 0$$

Das Skalarprodukt ist Null, somit stehen die Vektoren $\vec{a}$ und $\vec{b}$ senkrecht aufeinander.

Allgemein erhält man zu einem Vektor aus dem Dreidimensionalen folgendermaßen einen orthogonalen (senkrechten) Vektor:

> Es sei der Vektor $\vec{a} = \begin{pmatrix} a_1 \\ a_2 \\ a_3 \end{pmatrix}$ gegeben, dann ist der Vektor
> $\vec{b} = \begin{pmatrix} a_3 \\ 0 \\ -a_1 \end{pmatrix}$ orthogonal zu $\vec{a}$.

Wenn a_1 und a_3 beide Null sind, erhält man als Ergebnis den Nullvektor. Um einen „richtigen" orthogonalen Vektor zu erhalten, müssen dann zwei andere Komponenten vertauscht werden.

5.1.5 Die Länge eines Vektors

Für das Skalarprodukt eines Vektors mit sich selbst gilt:

$$\vec{a} * \vec{a} = a * a * \cos(0°)$$

$$\Leftrightarrow \vec{a} * \vec{a} = a^2 \quad |\sqrt{}$$

$$\Leftrightarrow \sqrt{\vec{a} * \vec{a}} = a$$

oder andersherum geschrieben

$$\Leftrightarrow a = \sqrt{\vec{a} * \vec{a}}$$

Der Betrag (die Länge) eines Vektors ergibt sich also als Wurzel aus dem Skalarprodukt des Vektors mit sich selbst. Auf der rechten Seite der Gleichung darf man nicht einfach die Wurzel ziehen, denn sonst würde sich $a = \vec{a}$ ergeben, und dieser Zusammenhang gilt nicht.[1]

Man mag sich fragen, was mit der obigen Gleichung gewonnen ist, wie kann man mittels der Gleichung die Länge des Vektors berechnen? Es sei angenommen, dass es sich bei $\vec{a}$ um einen Vektor aus dem $\mathbb{R}^2$ handelt, man kann dann schreiben:

$$\vec{a} = \begin{pmatrix} a_1 \\ a_2 \end{pmatrix}$$

Für das Skalarprodukt von $\vec{a}$ mit sich selbst ergibt sich:

$$\begin{pmatrix} a_1 \\ a_2 \end{pmatrix} * \begin{pmatrix} a_1 \\ a_2 \end{pmatrix} = a_1 * a_1 + a_2 * a_2 = a_1{}^2 + a_2{}^2$$

Wenn man dieses in den zuvor gefundenen Zusammenhang für den Betrag des Vektors einsetzt, ergibt sich:

$$\Leftrightarrow a = \sqrt{\vec{a} * \vec{a}} = \sqrt{a_1{}^2 + a_2{}^2}$$

1: Die Wurzel in der Gleichung steht für die Wurzel aus einer reellen Zahl. Das Skalarprodukt muss also erst berechnet werden, damit die Wurzel gezogen werden kann.

Für die Länge (man spricht auch von dem **Betrag** oder der **Norm**) eines Vektors mit zwei Komponenten $\vec{a} = \begin{pmatrix} a_1 \\ a_2 \end{pmatrix}$ gilt also:

$$|\vec{a}| = a = \sqrt{a_1^2 + a_2^2}$$

Entsprechend ergibt sich für die Länge eines Vektors mit 3 Komponenten:

$$\vec{a} = \begin{pmatrix} a_1 \\ a_2 \\ a_3 \end{pmatrix} \qquad |\vec{a}| = a = \sqrt{a_1^2 + a_2^2 + a_3^2}$$

Man kann nun auch den Abstand zweier Punkte recht einfach bestimmen. Es sei angenommen, es soll der Abstand zwischen den Punkten A (1|7|−1) und B (3|1|−4) bestimmt werden. Der Abstand zwischen zwei Punkten ist die Länge der kürzesten Verbindung zwischen den beiden Punkten, dies entspricht der Länge des Vektors zwischen den Punkten. Den Vektor zwischen den Punkten erhält man, indem man die Ortsvektoren der Punkte subtrahiert:

$$\overrightarrow{AB} = \vec{b} - \vec{a} = \begin{pmatrix} 3 \\ 1 \\ -4 \end{pmatrix} - \begin{pmatrix} 1 \\ 7 \\ -1 \end{pmatrix} = \begin{pmatrix} 2 \\ -6 \\ -3 \end{pmatrix}$$

Nun muss die Länge des Vektors bestimmt werden:

$$|\overrightarrow{AB}| = \sqrt{2^2 + (-6)^2 + (-3)^2}$$

$$= \sqrt{4 + 36 + 9}$$

$$= \sqrt{49} = 7$$

Der Abstand zwischen den beiden Punkten beträgt also 7 Längeneinheiten.

5.1.6 Der Winkel zwischen zwei Vektoren

Man kann die Definition für das Skalarprodukt auch nach dem Winkel auflösen und erhält auf diese Weise einen Ausdruck für den Winkel zwischen zwei Vektoren:

$$\vec{a} * \vec{b} = a * b * \cos(\gamma) \mid \div a \div b$$

$$\frac{\vec{a} * \vec{b}}{a * b} = \cos(\gamma) \mid \arccos$$

Den Kosinus auf der rechten Seite löst man auf, indem man die Umkehrfunktion des Kosinus, den Arkuskosinus, auf beide Seiten der Gleichung anwendet.

$$\arccos\left(\frac{\vec{a} * \vec{b}}{a * b}\right) = \gamma$$

Es gilt also für den Winkel zwischen zwei Vektoren:

$$\gamma = \arccos\left(\frac{\vec{a} * \vec{b}}{a * b}\right)$$

Den arccos oder auch $\cos^{-1}$ findet man auf dem Taschenrechner meist auf derselben Taste wie den Kosinus. Man aktiviert ihn dann, indem man zuvor die „inv" (Invers) Taste aktiviert. Für diese Taste gibt es auch andere Bezeichnungen.

Der arccos ist die Umkehrfunktion zum Kosinus, er nimmt sozusagen die Werte des Kosinus von der y-Achse und „produziert" wieder die Ausgangswerte entlang der x-Achse. Auf der y-Achse ergeben sich für den Kosinus nur Werte zwischen -1 und 1, somit ist der arccos nur für Werte zwischen -1 und 1 definiert. Außerdem kommen die verschiedenen y-Werte beim Kosinus unendlich oft vor. Nebenstehend ist dies für den Wert 0,5 verdeutlicht worden. Für den gesamten Definitionsbereich des Kosimus gibt es daher keine Umkehrfunktion, denn es würden bei der Umkehrung der Abbildung den verschiedenen x-Werten mehrere (unendlich viele) Funktionswerte zugeordnet werden. Eine Umkehr-

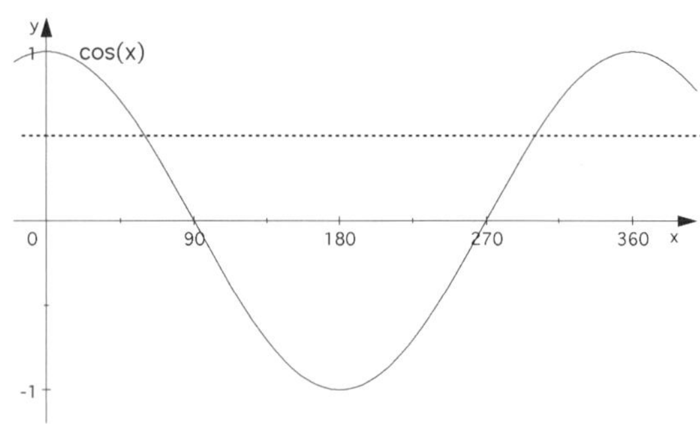

funktion erhält man, wenn die Definitionsmenge des Kosinus auf 0^0 bis 180^0 beschränkt wird. Auf diese Weise definiert, gilt für den arccos, dass er Werten zwischen -1 und 1 Winkel zwischen 0^0 und 180^0 zuordnet. Wie man an der Zeichnung erkennt, gibt es zu jedem y-Wert zwischen -1 und 1 genau einen x-Wert zwischen 0° und 180°. Der arccos liefert also direkt den Winkel zwischen den beiden Vektoren.

Achtung: Es gibt verschiedene Winkelmaße. In den hier angestellten Betrachtungen wurde generell das **Gradmaß (deg)** verwendet. Der Taschenrechner liefert die entsprechenden Werte, wenn er auf „deg“ eingestellt ist. Wenn man nicht die richtigen Werte erhält, sollte man also zunächst die Einstellung des Taschenrechners überprüfen. Weitere Details zu den Winkelmaßen finden sich in Band 1.

5.1.7 Übungsaufgaben

1) Berechnen Sie das Skalarprodukt der beiden folgenden Vektoren:

$$\vec{a} = \begin{pmatrix} 3 \\ 1 \\ 8 \end{pmatrix} \text{ und } \vec{b} = \begin{pmatrix} 3 \\ -4 \\ 2 \end{pmatrix}$$

2) Es seien die beiden folgenden Vektoren gegeben:

$$\vec{a} = \begin{pmatrix} 3 \\ 4 \end{pmatrix} \text{ und } \vec{b} = \begin{pmatrix} 4 \\ -2 \end{pmatrix}$$

Berechnen Sie

a) $\vec{a} * \vec{b}$

b) $|\vec{a}|$ (Die Länge des Vektors $\vec{a}$)

c) den Winkel zwischen $\vec{a}$ und $\vec{b}$

3) Bestimmen Sie für die Vektoren aus der nebenstehenden Zeichnung:

a) $\vec{e}_x * \vec{e}_y$

b) den Winkel zwischen $\vec{a}$ und $\vec{b}$

c) den Winkel zwischen $\vec{e}_x$ und $\vec{b}$

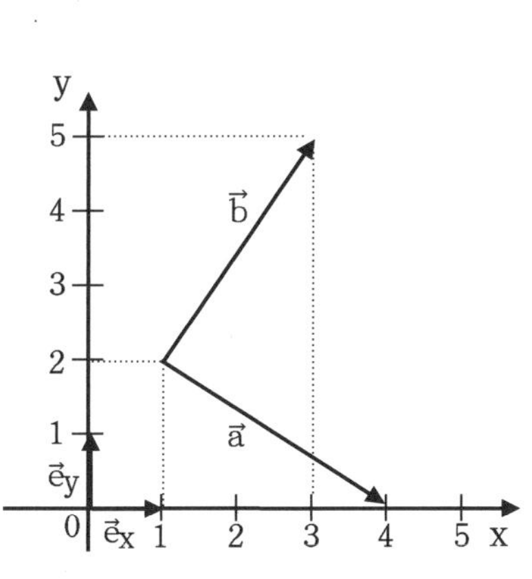

4) Welchen Winkel schließen die beiden folgenden Vektoren ein?

$$\vec{a} = \begin{pmatrix} 4 \\ 2 \\ 3 \end{pmatrix}, \vec{b} = \begin{pmatrix} 2 \\ -4 \\ 1 \end{pmatrix}$$

Lösungsvorschläge zu den Aufgaben:

1)

$$\vec{a} * \vec{b} = \begin{pmatrix} 3 \\ 1 \\ 8 \end{pmatrix} * \begin{pmatrix} 3 \\ -4 \\ 2 \end{pmatrix} = 3*3 + 1*(-4) + 8*2 = 21$$

2) a) $\vec{a} * \vec{b} = \begin{pmatrix} 3 \\ 4 \end{pmatrix} * \begin{pmatrix} 4 \\ -2 \end{pmatrix} = 3*4 + 4*(-2) = 12 - 8 = 4$

b) Es gilt:

$|\vec{a}| = a = \sqrt{a_1^2 + a_2^2}$ somit ergibt sich:

$|\vec{a}| = \sqrt{3^2 + 4^2} = \sqrt{25} = 5$

c) Für den Winkel zwischen $\vec{a}$ und $\vec{b}$ gilt:

$$\gamma = \arccos\left(\frac{\vec{a} * \vec{b}}{a * b}\right)$$

Um den Winkel berechnen zu können, müssen zunächst a, b und $\vec{a} * \vec{b}$ bestimmt werden. In den vorherigen Aufgabenteilen wurden bereits a und $\vec{a} * \vec{b}$ bestimmt. Für b ergibt sich:

$$b = |\vec{b}| = \sqrt{b_1^2 + b_2^2}$$

$$b = \sqrt{4^2 + (-2)^2} = \sqrt{16 + 4} = \sqrt{20}$$

Insgesamt ergibt sich für den Winkel also:

$$\gamma = \arccos\left(\frac{\vec{a} * \vec{b}}{a * b}\right) = \arccos\left(\frac{4}{5 * \sqrt{20}}\right)$$

$$= \arccos(0{,}1789) = 79{,}7^\circ$$

Der Winkel zwischen den beiden Vektoren beträgt also 79,7 Grad.

3) a) $\vec{e}_x * \vec{e}_y = 0$, denn die beiden Vektoren stehen senkrecht zueinander. Alternativ kann man die beiden Vektoren auch als Spaltenvektoren schreiben und miteinander multiplizieren:

$$\begin{pmatrix} 1 \\ 0 \end{pmatrix} * \begin{pmatrix} 0 \\ 1 \end{pmatrix} = 1*0 + 0*1 = 0$$

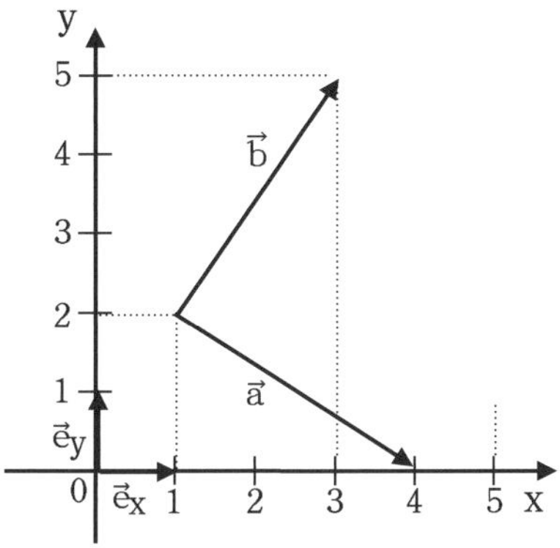

b) $\vec{a}$ und $\vec{b}$ lauten in Koordinatenschreibweise:

$$\vec{a} = \begin{pmatrix} 3 \\ -2 \end{pmatrix}, \quad \vec{b} = \begin{pmatrix} 2 \\ 3 \end{pmatrix}$$

Um den Winkel zu berechnen, wird nachfolgend zunächst das Skalarprodukt der Vektoren berechnet:

$$\vec{a} * \vec{b} = \begin{pmatrix} 3 \\ -2 \end{pmatrix} * \begin{pmatrix} 2 \\ 3 \end{pmatrix} = 3*2 + (-2)*3 = 6 - 6 = 0$$

Für den Winkel zwischen $\vec{a}$ und $\vec{b}$ gilt:

$$\gamma = \arccos\left(\frac{\vec{a} * \vec{b}}{a * b}\right)$$

a und b brauchen in diesem Fall nicht mehr berechnet zu werden, denn da der Zähler des Bruches 0 ist, ergibt sich für den Bruch immer ein Wert von 0, egal wie groß a und b sind.[1] Somit ergibt sich:

$$\gamma = \arccos(0) = 90^\circ$$

Die beiden Vektoren schließen also auch einen Winkel von 90 Grad ein.

Aus der vorherigen Berechnung ergibt sich, dass es bei der Bestimmung eines Winkels zwischen zwei Vektoren generell am geschicktesten ist, zunächst das Skalarprodukt der beiden Vektoren zu berechnen, denn wenn das Skalarprodukt 0 ergibt, brauchen die anderen Werte nicht mehr berechnet zu werden. Der Winkel zwischen den beiden Vektoren beträgt in diesen Fällen 90°.

1: Strenggenommen gilt dies nur, wenn a und b beide nicht 0 sind, da es sich bei keinem der beiden Vektoren um den Nullvektor handelt und nur dieser Vektor eine Länge von 0 hat, ist diese Bedingung erfüllt.

c) Als Spaltenvektoren lauten $\vec{e}_x$ und $\vec{b}$:

$$\vec{e}_x = \begin{pmatrix} 1 \\ 0 \end{pmatrix} \text{ und } \vec{b} = \begin{pmatrix} 2 \\ 3 \end{pmatrix}$$

Somit ergibt sich:

$$\vec{e}_x * \vec{b} = \begin{pmatrix} 1 \\ 0 \end{pmatrix} * \begin{pmatrix} 2 \\ 3 \end{pmatrix} = 1*2 + 0*3 = 2$$

Für den Betrag von $\vec{e}_x$ gilt $|\vec{e}_x| = 1$, denn $\vec{e}_x$ ist ein Einheitsvektor. Für den Betrag von $\vec{b}$ ergibt sich:

$$|\vec{b}| = \sqrt{\begin{pmatrix} 2 \\ 3 \end{pmatrix} * \begin{pmatrix} 2 \\ 3 \end{pmatrix}} = \sqrt{(2*2 + 3*3)} = \sqrt{13}$$

Für den Winkel zwischen $\vec{e}_x$ und $\vec{b}$ ergibt sich nun:

$$\gamma = \arccos\left(\frac{2}{1*\sqrt{13}}\right) = \arccos(0{,}5547)$$

$$\Leftrightarrow \gamma = 56{,}31^\circ$$

4)
$$\vec{a} * \vec{b} = \begin{pmatrix} 4 \\ 2 \\ 3 \end{pmatrix} * \begin{pmatrix} 2 \\ -4 \\ 1 \end{pmatrix} = 4*2 + 2*(-4) + 3*1 = 3$$

$$|\vec{a}| = \sqrt{\begin{pmatrix} 4 \\ 2 \\ 3 \end{pmatrix} * \begin{pmatrix} 4 \\ 2 \\ 3 \end{pmatrix}} = \sqrt{4^2 + 2^2 + 3^2} = \sqrt{29}$$

$$|\vec{b}| = \sqrt{\begin{pmatrix} 2 \\ -4 \\ 1 \end{pmatrix} * \begin{pmatrix} 2 \\ -4 \\ 1 \end{pmatrix}} = \sqrt{2^2 + (-4)^2 + 1^2} = \sqrt{21}$$

$$\gamma = \arccos\left(\frac{\vec{a} * \vec{b}}{a * b}\right) = \arccos\left(\frac{3}{\sqrt{29} * \sqrt{21}}\right)$$

$$\Leftrightarrow \gamma = \arccos(0{,}1216) = 83{,}02^\circ$$

5.2 Normalenform der Geraden

5.2.1 Grundlagen

Die Normalenform einer Geraden existiert nur im $\mathbb{R}^2$, daher wird nachfolgend eine Gerade im Zweidimensionalen betrachtet.

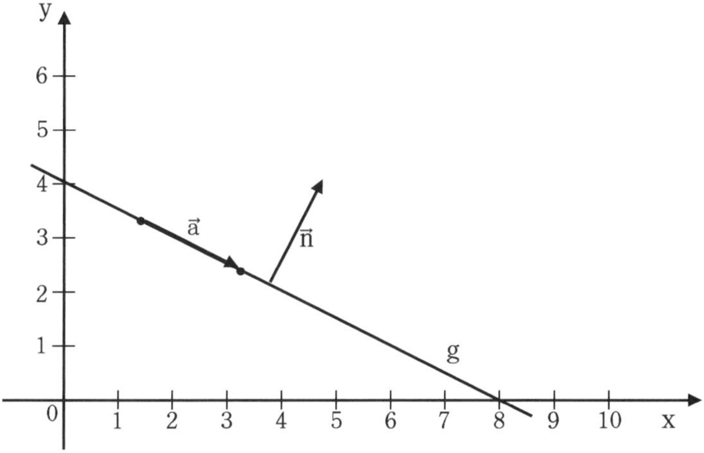

Der Vektor $\vec{n}$ steht senkrecht (orthogonal) zu der Geraden. Man nennt einen derartigen orthogonalen Vektor auch einen **Normalenvektor** der Geraden und kürzt ihn deshalb mit $\vec{n}$ ab. Der Normalenvektor einer Geraden ist also ein Vektor, der senkrecht zu der Geraden ist. In der Zeichnung ist außerdem ein Vektor eingezeichnet, der auf der Geraden liegt. Bei diesem Vektor handelt es sich somit um einen Richtungsvektor der Geraden, er wurde in der Zeichnung mit $\vec{a}$ bezeichnet. Wie lautet nun das Skalarprodukt der Vektoren $\vec{n}$ und $\vec{a}$?

$$\vec{n} * \vec{a} = |\vec{n}| * |\vec{a}| * \cos(90^\circ) = |\vec{n}| * |\vec{a}| * 0 = 0$$

Da der Winkel zwischen den Vektoren 90° beträgt, ergibt sich für das Skalarprodukt der Wert von 0. Der Vektor $\vec{a}$ ist nur ein Beispiel für einen Vektor, der auf der Geraden liegt, alle anderen Vektoren, die auf der Geraden liegen, sind parallel zu $\vec{a}$ und stehen ebenfalls senkrecht auf dem Normalenvektor $\vec{n}$. Man kann also festhalten, dass das Skalarprodukt des Normalenvektors mit allen Vektoren, die parallel zu der Geraden sind, 0 ergibt. Wenn ein Vektor nicht parallel zu der Geraden liegt, steht er nicht senkrecht zu dem Normalenvektor, und das Skalarprodukt mit dem Normalenvektor ist in diesen Fällen entsprechend nicht 0. Zusammenfassend kann man festhalten:

Es sei $\vec{n}$ der Normalenvektor der betrachteten Geraden, alle Vektoren $\vec{a}$, die parallel zu der Geraden sind[1], werden durch die folgende Gleichung eindeutig beschrieben:

$$\vec{n} * \vec{a} = 0$$

Die Frage ist nun, wie man diesen Zusammenhang ausnutzen kann, um durch eine Gleichung alle Vektoren $\vec{x}$, die auf die Gerade führen, zu beschreiben. Hierzu muss man die Vektoren $\vec{a}$ auf der Geraden durch einen Aufpunktvektor auf die Gerade $\vec{p}$ und den Vektor $\vec{x}$ ausdrücken.

Es gilt:

$$\vec{a} = \vec{x} - \vec{p}$$

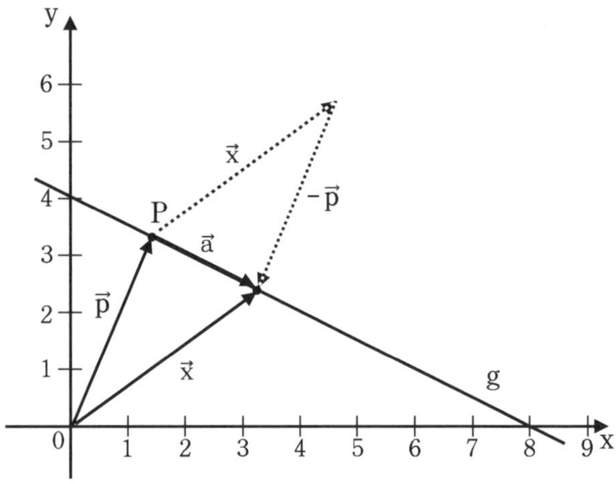

In der nebenstehenden Grafik wurde der entsprechende Zusammenhang dargestellt. $\vec{x}$ steht hierbei für einen beliebigen Aufpunktvektor auf die Gerade. Abhängig von $\vec{x}$ ergibt sich für $\vec{a}$ jeder beliebige Vektor, der auf der Geraden liegt. Wenn man in die vorherige Gleichung

$$\vec{n} * \vec{a} = 0$$

für $\vec{a}$ nun den Zusammenhang einsetzt, ergibt sich:

$$\vec{n} * (\vec{x} - \vec{p}) = 0$$

Diese Gleichung beschreibt alle Vektoren $\vec{x}$, die auf die Gerade führen. Somit kann auch auf diese Weise eine Gerade beschrieben werden. In der folgenden Grafik sind die Zusammenhänge noch einmal dargestellt.

1: Ein Repräsentant dieser Vektoren liegt auf der Geraden.

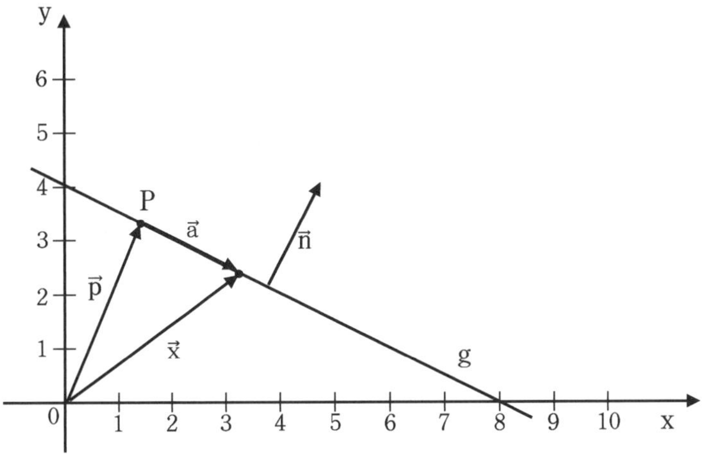

5.2.2 Punkt-Normalenform und allgemeine Normalenform

Man kann die Klammer in der vorherigen Gleichung nun noch ausmultiplizieren:

$$\Leftrightarrow \vec{n} * \vec{x} - \vec{n} * \vec{p} = 0$$

Die Gerade ergibt sich durch alle Vektoren $\vec{x}$, die die angeführte Gleichung erfüllen, als Geradengleichung würde man also schreiben:

$$g: \ \vec{n} * \vec{x} - \vec{n} * \vec{p} = 0, \qquad \text{mit } \vec{n}, \vec{x}, \vec{p} \in \mathbb{R}^2$$

Da die Gerade in diesem Fall mittels des Aufpunktvektors $\vec{p}$ und des Normalenvektors $\vec{n}$ beschrieben wird, nennt man diese Form der Geradengleichung **Punkt-Normalenform**.

Das Produkt aus $\vec{n}$ und $\vec{p}$ ist unabhängig von $\vec{x}$, somit kann man das Produkt für eine vorgegebene Gerade auch ausrechnen, hierbei ergibt sich eine bestimmte Zahl, die nachfolgend mit c bezeichnet wird:

$$\vec{n} * \vec{p} = c$$

Mittels c kann die Geradengleichung folgendermaßen geschrieben werden:

$$g: \ \vec{n} * \vec{x} - c = 0$$

Diese Gleichung nennt man die **allgemeine Normalenform**.

Nachfolgend soll als Beispiel für die zuvor schon in der Zeichnung dargestellte Gerade die Punkt-Normalenform und die allgemeine Normalenform aufgestellt werden. In der nachfolgenden Zeichnung sind zwei Punkte auf der Geraden, P = (0|4) und Q = (4|2), dargestellt:

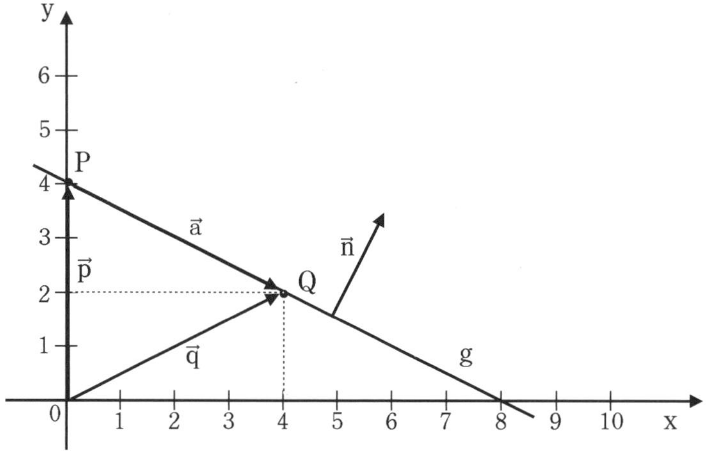

Durch zwei Punkte ist eine Gerade eindeutig festgelegt. Somit muss die Kenntnis der beiden Punkte ausreichen, um die Normalenform der Geraden aufzustellen. Für die Punkt-Normalenform benötigt man einen Aufpunktvektor und einen Normalenvektor. Als Aufpunktvektor kann man den Vektor $\vec{p}$ oder $\vec{q}$ wählen. Den Normalenvektor erhält man, indem man zunächst einen Richtungsvektor der Geraden ($\vec{a}$) bestimmt und dann einen hierzu senkrechten Vektor berechnet. Ein Richtungsvektor $\vec{a}$ auf der Geraden ergibt sich aus $\vec{p}$ und $\vec{q}$ folgendermaßen:

$$\vec{a} = \vec{q} - \vec{p} = \begin{pmatrix} 4 \\ 2 \end{pmatrix} - \begin{pmatrix} 0 \\ 4 \end{pmatrix} = \begin{pmatrix} 4 \\ -2 \end{pmatrix}$$

Einen senkrechten Vektor zu $\vec{a}$ erhält man, wie in Abschnitt 5.1.4 beschrieben, indem die Komponenten des Vektors vertauscht werden und das Vorzeichen der einen Komponente verändert wird. Es ergibt sich auf diese Weise der folgende Normalenvektor:

$$\vec{n} = \begin{pmatrix} 2 \\ 4 \end{pmatrix}$$

Dass es sich tatsächlich um einen Normalenvektor handelt, kann man überprüfen, indem man zeigt, dass $\vec{n} * \vec{a} = 0$ gilt.

Für die Punkt-Normalenform der Geraden ergibt sich:

$$g: \begin{pmatrix} 2 \\ 4 \end{pmatrix} * \vec{x} - \begin{pmatrix} 2 \\ 4 \end{pmatrix} * \begin{pmatrix} 0 \\ 4 \end{pmatrix} = 0$$

Als Aufpunktvektor wurde der Vektor $\vec{p}$ eingesetzt. Natürlich könnte auch der Vektor $\vec{q}$ benutzt werden, es würde sich dann ergeben:

$$g: \begin{pmatrix} 2 \\ 4 \end{pmatrix} * \vec{x} - \begin{pmatrix} 2 \\ 4 \end{pmatrix} * \begin{pmatrix} 4 \\ 2 \end{pmatrix} = 0$$

Beide Gleichungen beschreiben dieselbe Gerade. Die allgemeine Normalenform erhält man, indem man das Skalarprodukt aus Normalenvektor und Aufpunktvektor ausrechnet. Für die erste Gleichung ergibt sich:

$$\begin{pmatrix} 2 \\ 4 \end{pmatrix} * \begin{pmatrix} 0 \\ 4 \end{pmatrix} = 2*0 + 4*4 = 0 + 16 = 16$$

Somit lautet die allgemeine Normalenform der Geraden:

$$g: \begin{pmatrix} 2 \\ 4 \end{pmatrix} * \vec{x} - 16 = 0$$

Nachfolgend soll überprüft werden, was sich ergibt, wenn die allgemeine Normalenform aus der zweiten Gleichung, bei der $\vec{q}$ als Aufpunktvektor gewählt wurde, berechnet wird:

$$\begin{pmatrix} 2 \\ 4 \end{pmatrix} * \begin{pmatrix} 4 \\ 2 \end{pmatrix} = 2*4 + 4*2 = 8 + 8 = 16$$

Auch in diesem Fall ergibt sich für die allgemeine Normalenform also:

$$g: \begin{pmatrix} 2 \\ 4 \end{pmatrix} * \vec{x} - 16 = 0$$

Die allgemeine Normalenform ist also unabhängig von der Wahl des Aufpunktvektors. Allerdings hängt die Darstellung von der Wahl des Normalenvektors ab. Der Normalenvektor ist nur bis auf ein beliebiges Vielfaches eindeutig.

5.2.3 Zusammenhang zwischen Koordinaten-, Normalen- und Parameterform der Geraden

In dem letzten Beispiel des vorherigen Abschnittes lässt sich schon erkennen, wie man aus der Parameterform eine Normalenform erhält. Allgemein lautet die Parameterform der Geraden:

$$g:\ \vec{x} = \vec{p} + r\vec{a} \quad ; r \in \mathbb{R}$$

Wie in Abschnitt 5.1.4 beschrieben, erhält man folgendermaßen einen orthogonalen Vektor zu $\vec{a}$:

Es sei der Vektor $\vec{a} = \begin{pmatrix} a_1 \\ a_2 \end{pmatrix}$ gegeben, dann ist der Vektor $\vec{b} = \begin{pmatrix} a_2 \\ -a_1 \end{pmatrix}$ orthogonal zu $\vec{a}$.

Der so gefundenen Vektor $\vec{b}$ ist ein Normalenvektor der Geraden. Es gilt also:

$$\vec{n} = \begin{pmatrix} a_2 \\ -a_1 \end{pmatrix}$$

Somit kann man insgesamt festhalten:

Es sei eine Gerade in Parameterform gegeben:

$$g:\ \vec{x} = \vec{p} + r * \begin{pmatrix} a_1 \\ a_2 \end{pmatrix} \quad ; r \in \mathbb{R}$$

Die Punkt-Normalenform dieser Geraden lautet:

$$g:\ \begin{pmatrix} a_2 \\ -a_1 \end{pmatrix} * \vec{x} - \begin{pmatrix} a_2 \\ -a_1 \end{pmatrix} * \vec{p} = 0$$

Natürlich kann auch andersherum aus der Normalenform wieder eine Parameterform aufgestellt werden:

Es sei eine Gerade in der Punkt-Normalenform gegeben:

$$g:\ \begin{pmatrix} n_1 \\ n_2 \end{pmatrix} * \vec{x} - \begin{pmatrix} n_1 \\ n_2 \end{pmatrix} * \vec{p} = 0$$

Die Parameterform der Geraden lautet:

$$g:\ \vec{x} = \vec{p} + r * \begin{pmatrix} n_2 \\ -n_1 \end{pmatrix} \quad ; r \in \mathbb{R}$$

Besonders einfach ist die Umwandlung zwischen der Normalenform und der **Koordinatenform**. Es sei nachfolgend eine Gerade in der allgemeinen

Normalenform betrachtet:

$$g:\ \vec{n} * \vec{x} - c = 0$$

Werden die beiden Vektoren mit ihren einzelnen Komponenten geschrieben, ergibt sich:

$$g:\ \begin{pmatrix} n_1 \\ n_2 \end{pmatrix} * \begin{pmatrix} x \\ y \end{pmatrix} - c = 0$$

Die Komponenten des Vektors $\vec{x}$ wurden hier mit x und y bezeichnet, dies entspricht der bereits zuvor verwendeten Darstellung in diesem Buch. Stattdessen ist es auch gebräuchlich, den Vektor folgendermaßen darzustellen:

$$\vec{x} = \begin{pmatrix} x_1 \\ x_2 \end{pmatrix}$$

In den folgenden Ausdrücken würde dann statt x x_1 und statt y x_2 stehen.

Das Skalarprodukt aus der Geradengleichung kann gelöst werden:

$$\Rightarrow n_1 * x + n_2 * y - c = 0$$

Wenn man das c noch auf die andere Seite bringt, ergibt sich die Koordinatenform der Geraden:

$$\Leftrightarrow n_1 * x + n_2 * y = c$$

Die einzelnen Konstanten sind bei dieser Darstellung lediglich anders benannt als bei der zuvor angeführten Darstellung für die Koordinatenform:

$$c * x + d * y = e \qquad c, d, e \in \mathbb{R}$$

Man kann auch aus der Koordinatenform wieder die Normalenform basteln. Hierzu müssen die zuvor dargestellten Umformungen rückgängig gemacht werden:

$$c * x + d * y = e$$

$$\Leftrightarrow c * x + d * y - e = 0$$

$$\Leftrightarrow \begin{pmatrix} c \\ d \end{pmatrix} * \begin{pmatrix} x \\ y \end{pmatrix} - e = 0$$

Die Gerade ist nun in der allgemeinen Normalenform geschrieben, wie man sieht ist der Vektor $\begin{pmatrix} c \\ d \end{pmatrix}$ ein Normalenvektor der Geraden.

5.3 Normalenform der Ebene

5.3.1 Grundlagen

Zuvor waren alle Betrachtungen zur Normalenform auf den zweidimensionalen Raum beschränkt gewesen. Ausgangspunkt der Betrachtungen war die folgende Gleichung:

$$\vec{n} * \vec{a} = 0$$

Hierbei war die Überlegung, dass ein Normalenvektor $\vec{n}$ gegeben ist und alle Vektoren $\vec{a}$, die die Gleichung erfüllen, parallel zu einer Geraden sind. Was folgt nun für die Lösungen der Gleichung, wenn es sich in der Gleichung um Vektoren aus dem Dreidimensionalen handelt? Nachfolgend ist ein Vektor $\vec{n}$ im Dreidimensionalen eingezeichnet:

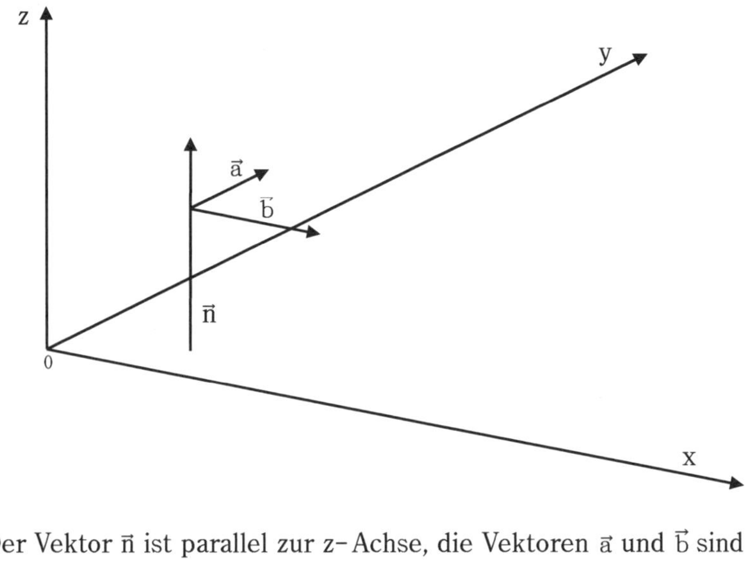

Der Vektor $\vec{n}$ ist parallel zur z-Achse, die Vektoren $\vec{a}$ und $\vec{b}$ sind parallel zur y- bzw. x-Achse.[1] Somit ist sowohl $\vec{a}$ als auch $\vec{b}$ senkrecht zu dem Vektor $\vec{n}$. Aber auch alle Vielfachen der Vektoren $\vec{a}$ und $\vec{b}$ und sogar alle Lienarkombinationen von $\vec{a}$ und $\vec{b}$ sind senkrecht zu $\vec{n}$. Die Menge aller

1: Dass die Vektoren in der Zeichnung parallel zu den Koordinatenachsen gewählt worden sind, dient lediglich der einfacheren Veranschaulichung. Die Zusammenhänge gelten entsprechend für alle Vektoren $\vec{a}$ und $\vec{b}$ die senkrecht zu einem beliebigen vorgegebenen Normalenvektor sind.

Linearkombinationen von $\vec{a}$ und $\vec{b}$ bildet eine Ebene die nachfolgend eingezeichnet ist:

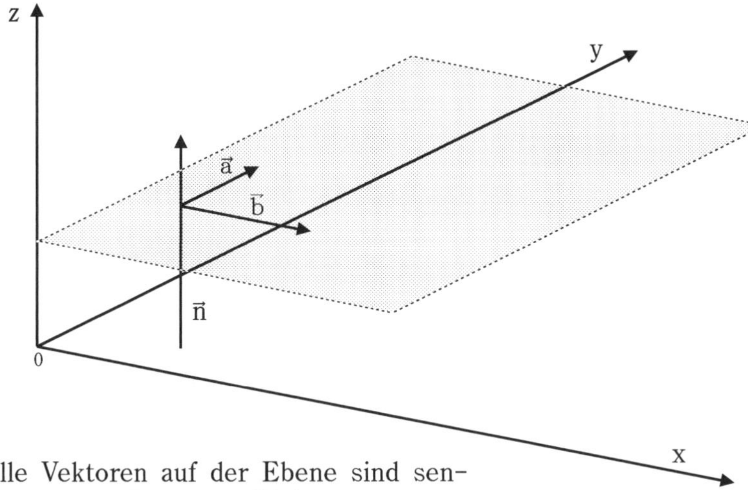

Alle Vektoren auf der Ebene sind senkrecht zu $\vec{n}$. Durch die Gleichung

$$\vec{n} * \vec{x} = 0$$

werden die Vektoren $\vec{x}$ bestimmt, die senkrecht zu $\vec{n}$ sind, also deren Repräsentanten auf der eingezeichneten Ebene liegen. Um tatsächlich eine bestimmte Ebene aus den zu $\vec{n}$ senkrechten Ebenen auszuwählen, muss zusätzlich noch ein Aufpunktvektor der Ebene vorgegeben werden, mit diesem kann, analog zur Normalenform der Geraden im Zweidimensionalen, mit der Normalenform im Dreidimensionalen eine Ebene beschrieben werden. An dieser Stelle sei nochmals bemerkt, dass es keine Normalenform der Geraden im Dreidimensionalen gibt.

5.3.2 Punkt-Normalenform und allgemeine Normalenform

Die Vektoren $\vec{x}$, die auf eine Ebene führen, kann man mittels eines Normalenvektors der Ebene und eines Aufpunktvektors folgendermaßen beschreiben:

$$\vec{n} * (\vec{x} - \vec{p}) = 0 , \qquad \text{mit } \vec{n}, \vec{x}, \vec{p} \in \mathbb{R}^3$$

Der einzige Unterschied zu der zuvor angeführten Beschreibung der Punkte einer Geraden ist, dass die Vektoren hier aus dem $\mathbb{R}^3$ und nicht dem $\mathbb{R}^2$ stammen. Auch hier können die Vektoren noch ausmultipliziert werden:

$$\Leftrightarrow \vec{n} * \vec{x} - \vec{n} * \vec{p} = 0$$

Die **Punkt-Normalenform der Ebene** lautet also:

$$E: \vec{n} * \vec{x} - \vec{n} * \vec{p} = 0 , \qquad \text{mit } \vec{n}, \vec{x}, \vec{p} \in \mathbb{R}^3$$

Es sei noch einmal betont, dass die Gleichung ($\vec{n} * \vec{x} - \vec{n} * \vec{p} = 0$) identisch mit der Gleichung der Punkt-Normalenform der Geraden ist. Der Unterschied liegt darin, dass bei der Ebene die Vektoren aus dem Dreidimensionalen kommen.

Auch für die Ebene kann man eine **allgemeine Normalenform** aufstellen, sie lautet:

$$E: \vec{n} * \vec{x} - c = 0 , \qquad \text{mit } \vec{n}, \vec{x}, \vec{p} \in \mathbb{R}^3$$

Hierbei wurde $\vec{n} * \vec{p} = c$ gesetzt.

5.3.3 Zusammenhang zwischen Koordinaten- und Normalenform der Ebene

So wie schon bei Geraden gezeigt, ist die Umwandlung zwischen der Normalenform und der **Koordinatenform** relativ einfach. Es sei nachfolgend eine Ebene in der allgemeinen Normalenform betrachtet:

$$E:\ \vec{n} * \vec{x} - c = 0$$

Werden die beiden Vektoren mit Ihren einzelnen Komponenten geschrieben, ergibt sich:

$$E:\ \begin{pmatrix} n_1 \\ n_2 \\ n_3 \end{pmatrix} * \begin{pmatrix} x \\ y \\ z \end{pmatrix} - c = 0$$

Das Skalarprodukt kann man nun auflösen:

$$\Rightarrow n_1 * x + n_2 * y + n_3 * z - c = 0$$

Wenn man das c noch auf die andere Seite bringt, ergibt sich die Koordinatenform der Ebene:

$$\Leftrightarrow n_1 * x + n_2 * y + n_3 * z = c$$

Die einzelnen Konstanten sind bei dieser Darstellung lediglich anders benannt als bei der zuvor angeführten Darstellung für die Koordinatenform:

$$d * x + e * y + f * z = g \qquad d, e, f, g \in \mathbb{R}$$

Man kann aus der Koordinatenform wieder die Normalenform basteln. Hierzu müssen die zuvor dargestellten Umformungen rückgängig gemacht werden:

$$d * x + e * y + f * z = g$$

$$\Leftrightarrow d * x + e * y + f * z - g = 0$$

$$\Leftrightarrow \begin{pmatrix} d \\ e \\ f \end{pmatrix} * \begin{pmatrix} x \\ y \\ z \end{pmatrix} - g = 0$$

Die Ebene ist nun in der allgemeinen Koordinatenform geschrieben, wie man sieht ist der Vektor $\begin{pmatrix} d \\ e \\ f \end{pmatrix}$ ein Normalenvektor der Ebene.

Wie kann man die Parameterform einer Ebene in die Normalenform überführen?

Besonders elegant geht dies in Verbindung mit dem Vektorprodukt, das in Abschnitt 6 behandelt wird. Dort wird auf das Verfahren näher eingegangen. Allerdings kann die Umformung auch mit den bisherigen Mitteln durchgeführt werden. In Abschnitt 4.2 wurde gezeigt, wie aus der Parameterform die Koordinatenform entwickelt wird. Man kann somit, wie in Abschnitt 4.2 beschrieben, zunächst aus der Parameterform die Koordinatenform aufstellen, aus der Koordinatenform kann dann, wie zuvor beschrieben, die Normalenform entwickelt werden.

Wenn man aus der Normalenform eine Parameterform erhalten will, kann man zunächst aus der Normalenform, wie zuvor beschrieben, die Koordiantenform entwickeln. Aus der Koordinatenform lässt sich dann, wie in Abschnitt 4.2 gezeigt, die Parameterform ermitteln.

5.4 Schnittmengen-Berechnung für die Normalenform

5.4.1 Grundlagen

Für Geraden und Ebenen in Parameterdarstellung war bereits ausführlich gezeigt worden, wie man die sich beim Schnitt ergebenden Mengen berechnen kann. Wenn nun Geraden bzw. Ebenen in Normalenform gegeben sind, könnte man natürlich zunächst die Parameterform ermitteln und dann über die Parameterformen die Schnittmenge bestimmen. Dieses Vorgehen ist aber sehr umständlich. Man kann die Schnittmenge auch ohne diesen Umweg bestimmen. Wenn eine der sich schneidenden Geraden/Ebenen in der Parameterform und die andere in der Normalenform gegeben ist, kann man den sich aus der Parameterform ergebenden Ausdruck für $\vec{x}$ in der Normalenform für $\vec{x}$ einsetzen. Diese Fälle werden nachfolgend zunächst behandelt. Wenn beide Geraden/Ebenen in der Normalenform vorliegen, ist es am einfachsten, zunächst beide in die Koordinatenform umzuwandeln. Anschließend kann man die sich ergebenden Gleichungen lösen.

5.4.2 Schnitt zwischen Normalenform und Parameterform

5.4.2.1 Schnittpunkt zweier Geraden im Zweidimensionalen

Im Zweidimensionalen handelt es sich bei dieser Fragestellung um den Schnitt zwischen zwei Geraden. Es seien die beiden folgenden Geraden gegeben:

$$g_1\colon \begin{pmatrix} 2 \\ 4 \end{pmatrix} * \vec{x} - 30 = 0$$

$$g_2\colon \vec{x} = \begin{pmatrix} 1 \\ 1 \end{pmatrix} + r\begin{pmatrix} 2 \\ 5 \end{pmatrix} \quad ; r \in \mathbb{R}$$

Aus der Gleichung für g_2 erhält man einen Ausdruck für $\vec{x}$, den man in die Geradengleichung in Normalenform (g_1) einsetzen kann. Hierbei ergibt sich:

$$\begin{pmatrix} 2 \\ 4 \end{pmatrix} * \left(\begin{pmatrix} 1 \\ 1 \end{pmatrix} + r\begin{pmatrix} 2 \\ 5 \end{pmatrix}\right) - 30 = 0$$

Bei der Gleichung kann zunächst die Klammer ausmultipliziert werden.[1]

$$\Leftrightarrow \begin{pmatrix} 2 \\ 4 \end{pmatrix} * \begin{pmatrix} 1 \\ 1 \end{pmatrix} + \begin{pmatrix} 2 \\ 4 \end{pmatrix} * r \begin{pmatrix} 2 \\ 5 \end{pmatrix} - 30 = 0$$

Jetzt wir die Konstante r bei dem zweiten Produkt nach vorne gezogen.[2]

$$\Leftrightarrow \begin{pmatrix} 2 \\ 4 \end{pmatrix} * \begin{pmatrix} 1 \\ 1 \end{pmatrix} + r \begin{pmatrix} 2 \\ 4 \end{pmatrix} * \begin{pmatrix} 2 \\ 5 \end{pmatrix} - 30 = 0$$

Die beiden Skalarprodukte werden nun ausgerechnet:

$$\Leftrightarrow (2*1 + 4*1) + r * (2*2 + 4*5) - 30 = 0$$
$$\Leftrightarrow 6 + r * 24 - 30 = 0$$

Die Gleichung wird jetzt nach r aufgelöst:

$$\Leftrightarrow r * 24 - 24 = 0 \mid +24$$
$$\Leftrightarrow r * 24 = 24 \mid \div 24$$
$$\Leftrightarrow r = 1$$

Den zu dem Schnittpunkt gehörenden Wert des Parameters r hat man nun gefunden. Wird der gefundene Wert des Parameters in die Parameterform eingesetzt, erhält man die Koordinaten des Schnittpunktes. Es ergibt sich:

$$\vec{x}_S = \begin{pmatrix} 1 \\ 1 \end{pmatrix} + 1 * \begin{pmatrix} 2 \\ 5 \end{pmatrix}$$

$$\Leftrightarrow \vec{x}_S = \begin{pmatrix} 1 \\ 1 \end{pmatrix} + \begin{pmatrix} 2 \\ 5 \end{pmatrix} = \begin{pmatrix} 3 \\ 6 \end{pmatrix}$$

Der Schnittpunkt der beiden Geraden lautet also S (3|6).

Wenn sich bei dem Einsetzen der Parameterform in die Normalenform keine Lösung für die entstehende Gleichung ergeben würde, hätten die beiden Geraden keinen Schnittpunkt.

1: Die Klammer kann ausmultipliziert werden, denn für die Skalarmultiplikation gilt das Distributivgesetz. Siehe Abschnitt 5.1.1, SP1

2: Die Reihenfolge bei der S-Multiplikation kann vertauscht werden, dies wird sehr offensichtlich, wenn man das r in den linken Vektor multipliziert. Bei den einzelnen Termen kann die Reihenfolge dann vertauscht werden. Schließlich kann das r nach links ausgeklammert werden.

5.4.2.2 Schnittmengen im Dreidimensionalen

Im Dreidimensionalen beschreibt die Normalenform eine Ebene. Als Schnittproblem zwischen der Normalenform und der Parameterform ist somit im Dreidimensionalen der Schnitt einer Ebene in Normalenform mit einer Geraden oder einer Ebene in Parameterform möglich. In beiden Fällen kann man, wie in dem vorherigen Beispiel, aus der Parameterform einen Ausdruck für $\vec{x}$ entnehmen und diesen dann für $\vec{x}$ in die Normalenform einsetzen. Aus der entstehenden Gleichung ermittelt man dann einen Wert für den, oder die, Parameter der Parameterform. Mit den gefundenen Parametern kann man schließlich die Schnittmenge berechnen. Als Beispiel wird nachfolgend die Schnittmenge zwischen einer Ebene in Normalenform und einer Ebene in Parameterform berechnet.

Es sei die Schnittmenge der beiden folgenden Ebenen zu berechnen:

$$E_1: \begin{pmatrix} 3 \\ -1 \\ 1 \end{pmatrix} * \vec{x} - 16 = 0$$

$$E_2: \vec{x} = \begin{pmatrix} 1 \\ 3 \\ 4 \end{pmatrix} + r \begin{pmatrix} 2 \\ 5 \\ 2 \end{pmatrix} + s \begin{pmatrix} 1 \\ -1 \\ 2 \end{pmatrix} \quad ; r,s \in \mathbb{R}$$

Der sich aus der Gleichung für E_2 ergebende Ausdruck für $\vec{x}$ wird in die Gleichung für E_1 eingesetzt:

$$\begin{pmatrix} 3 \\ -1 \\ 1 \end{pmatrix} * \left(\begin{pmatrix} 1 \\ 3 \\ 4 \end{pmatrix} + r \begin{pmatrix} 2 \\ 5 \\ 2 \end{pmatrix} + s \begin{pmatrix} 1 \\ -1 \\ 2 \end{pmatrix} \right) - 16 = 0$$

Die Terme werden nun ausmultipliziert, und es werden die Parameter nach vorne gezogen:

$$\Leftrightarrow \begin{pmatrix} 3 \\ -1 \\ 1 \end{pmatrix} * \begin{pmatrix} 1 \\ 3 \\ 4 \end{pmatrix} + r \begin{pmatrix} 3 \\ -1 \\ 1 \end{pmatrix} * \begin{pmatrix} 2 \\ 5 \\ 2 \end{pmatrix} + s \begin{pmatrix} 3 \\ -1 \\ 1 \end{pmatrix} * \begin{pmatrix} 1 \\ -1 \\ 2 \end{pmatrix} - 16 = 0$$

Die Skalarprodukte werden nachfolgend berechnet:

$$\Leftrightarrow 3*1 + (-1)*3 + 1*4 + r * (3*2 + (-1)*5 + 1*2)$$
$$+ s * (3*1 + (-1)*(-1) + 1*2) - 16 = 0$$

$$\Leftrightarrow 3 - 3 + 4 + r * (6 - 5 + 2) + s * (3 + 1 + 2) - 16 = 0$$

$\Leftrightarrow 4 + 3r + 6s - 16 = 0$

$\Leftrightarrow -12 + 3r + 6s = 0 \mid -3r$

Die gefundene Gleichung kann nun nach r oder s aufgelöst werden. Nachfolgend wird die Gleichung nach r aufgelöst:

$\Leftrightarrow -12 + 6s = -3r \mid \div(-3)$

$\Leftrightarrow 4 - 2s = r$

Mittels dieses Zusammenhangs kann man in der Parameterdarstellung für E_2 r ersetzen, es ergibt sich:

$$\vec{x} = \begin{pmatrix} 1 \\ 3 \\ 4 \end{pmatrix} + (4 - 2s) * \begin{pmatrix} 2 \\ 5 \\ 2 \end{pmatrix} + s \begin{pmatrix} 1 \\ -1 \\ 2 \end{pmatrix}$$

Die Klammer (4 - 2s) wird zunächst ausmultipliziert:

$$\Leftrightarrow \vec{x} = \begin{pmatrix} 1 \\ 3 \\ 4 \end{pmatrix} + 4 * \begin{pmatrix} 2 \\ 5 \\ 2 \end{pmatrix} - 2s * \begin{pmatrix} 2 \\ 5 \\ 2 \end{pmatrix} + s \begin{pmatrix} 1 \\ -1 \\ 2 \end{pmatrix}$$

Diese Gleichung kann weiter zusammengefasst werden:

$$\Leftrightarrow \vec{x} = \begin{pmatrix} 1 \\ 3 \\ 4 \end{pmatrix} + \begin{pmatrix} 8 \\ 20 \\ 8 \end{pmatrix} - s \begin{pmatrix} 4 \\ 10 \\ 4 \end{pmatrix} + s \begin{pmatrix} 1 \\ -1 \\ 2 \end{pmatrix}$$

$$\Leftrightarrow \vec{x} = \begin{pmatrix} 9 \\ 23 \\ 12 \end{pmatrix} - s \begin{pmatrix} 3 \\ 11 \\ 2 \end{pmatrix}$$

Die nun entstandene Gleichung beschreibt eine Gerade, diese Gerade ist die Schnittgerade der beiden Ebenen. Für die Schnittmenge der beiden Ebenen ergibt sich also die folgende Gerade als Lösung:

$$g_S:\ \vec{x} = \begin{pmatrix} 9 \\ 23 \\ 12 \end{pmatrix} - s \begin{pmatrix} 3 \\ 11 \\ 2 \end{pmatrix} \quad s \in \mathbb{R}$$

5.4.3 Schnitt zwischen zwei Normalenformen

5.4.3.1 Schnittpunkt zweier Geraden in Normalenform

Bei dem Schnitt von zwei Normalenformen handelt es sich im Zweidimensionalen um den Schnitt zwischen zwei Geraden und im Dreidimensionalen um den Schnitt zwischen zwei Ebenen. Als Beispiel wird nachfolgend der Schnitt zwischen zwei Geraden betrachtet:

$$g_1\colon \begin{pmatrix} 1 \\ 4 \end{pmatrix} * \vec{x} - 14 = 0$$

$$g_2\colon \begin{pmatrix} 2 \\ -5 \end{pmatrix} * \vec{x} + 11 = 0$$

Wie lautet der Schnittpunkt zwischen g_1 und g_2?

Da hier beide Gleichungen in Normalenform gegeben sind, kann man nicht einfach einen Wert für $\vec{x}$ aus einer der Gleichungen in die andere Gleichung einsetzen. Der erste Gedanke zur Lösung dürfte sein, eine oder beide Geradengleichungen in die Punkt-Richtungsform zu überführen. Ein Richtungsvektor lässt sich relativ einfach aus dem Normalenvektor ermitteln, aber da es sich bei den Geradengleichungen um die allgemeine Normalenform handelt, kann man nicht einfach einen Aufpunktvektor ablesen. Zur Ermittlung eines Aufpunktvektors müsste daher zunächst die Koordinantenform bestimmt werden.

Allerdings kann der Schnittpunkt auch direkt aus den Koordinantenformen der Geraden ermittelt werden. Hierbei spart man sich unnötige Arbeit. Zunächst wird der Vektor $\vec{x}$ in den einzelnen Komponenten geschrieben und das Skalarprodukt berechnet. Es ergibt sich:

$$g_1\colon \begin{pmatrix} 1 \\ 4 \end{pmatrix} * \begin{pmatrix} x \\ y \end{pmatrix} - 14 = 0$$

$$\Leftrightarrow 1*x + 4*y - 14 = 0 \quad | +14$$

$$\Leftrightarrow x + 4y = 14$$

$$g_2\colon \begin{pmatrix} 2 \\ -5 \end{pmatrix} * \begin{pmatrix} x \\ y \end{pmatrix} + 11 = 0$$

$$\Leftrightarrow 2*x - 5*y + 11 = 0 \quad | -11$$

$$\Leftrightarrow 2x - 5y = -11$$

Es haben sich nun für die beiden Geraden Gleichungen in Koordinatenform ergeben. Um den Schnittpunkt zu bestimmen, muss das aus den beiden Gleichungen bestehende Gleichungssystem gelöst werden:

$$x + 4y = 14 \quad | *2$$
$$2x - 5y = -11$$

Die erste Gleichung wird mit 2 multipliziert, um nachfolgend durch Subtraktion das x aus einer der Gleichungen zu entfernen:

$$2x + 8y = 28$$
$$2x - 5y = -11 \quad | -\mathrm{I}$$

Die erste Gleichung wird von der zweiten Gleichung abgezogen:

$$2x + 8y = 28$$
$$-13y = -39 \quad | \div(-13)$$

Aus der zweiten Gleichung folgt:

$$y = 3$$

Setzt man dies in die erste Gleichung ein, ergibt sich:

$$2x + 8 * 3 = 28$$
$$\Leftrightarrow 2x + 24 = 28 \quad | -24$$
$$\Leftrightarrow 2x = 4 \quad | \div 2$$
$$\Leftrightarrow x = 2$$

Der Schnittpunkt der beiden Geraden lautet also S (2|3).

5.4.3.2 Schnittpunkt zweier Ebenen in Normalenform

Im Dreidimensionalen beschreibt die Normalenform immer eine Ebene. Es sei die Schnittmenge der beiden folgenden Ebenen zu bestimmen:

$$E_1: \begin{pmatrix} 1 \\ -1 \\ 3 \end{pmatrix} * \vec{x} - 16 = 0$$

$$E_2: \begin{pmatrix} 2 \\ 2 \\ 2 \end{pmatrix} * \vec{x} - 12 = 0$$

Wie im vorherigen Abschnitt für die Bestimmung des Schnittpunktes zweier Geraden gezeigt, müssen auch hier die beiden Normalenformen zunächst in die Koordinatenform überführt werden, hierzu wird der Vektor $\vec{x}$ in den einzelnen Komponenten geschrieben und das Skalarprodukt berechnet. Es ergibt sich:

$$E_1: \begin{pmatrix} 1 \\ -1 \\ 3 \end{pmatrix} * \begin{pmatrix} x \\ y \\ z \end{pmatrix} - 16 = 0$$

$$\Leftrightarrow 1*x - 1*y + 3*z - 16 = 0 \mid +16$$

$$\Leftrightarrow x - y + 3z = 16$$

$$E_2: \begin{pmatrix} 2 \\ 2 \\ 2 \end{pmatrix} * \begin{pmatrix} x \\ y \\ z \end{pmatrix} - 12 = 0$$

$$\Leftrightarrow 2*x + 2*y + 2*z - 12 = 0 \mid +12$$

$$\Leftrightarrow 2x + 2y + 2z = 12$$

Die Schnittgerade besteht aus den Punkten, für die beide Gleichungen erfüllt sind. Somit ist die Schnittgerade die Lösungsmenge des folgenden linearen Gleichungssystems:

$$\begin{array}{rcrcrcr} x & - & y & + & 3z & = & 16 \\ 2x & + & 2y & + & 2z & = & 12 \end{array}$$

Da dieses Gleichungssystem nur zwei Gleichungen aber 3 Variable enthält, ist es unterbestimmt. Zunächst wird das Gleichungssystem mit dem Gauß-Algorithmus umgeformt:[1]

$$\begin{array}{rcrcrcrl} x & - & y & + & 3z & = & 16 & \\ 2x & + & 2y & + & 2z & = & 12 & \mid -2I \end{array}$$

$$\begin{array}{rcrcrcrl} x & - & y & + & 3z & = & 16 & \\ & & 4y & - & 4z & = & -20 & \mid \div 4 \end{array}$$

$$\begin{array}{rcrcrcr} x & - & y & + & 3z & = & 16 \\ & & y & - & z & = & -5 \end{array}$$

Bei einem einfach unterbestimmten Gleichungssystem muss man eine Variable als freien Parameter wählen. Am günstigsten ist es, hier die letzte Variable in dem Gleichungssystem, in diesem Fall also z, zu wählen. Die zweite Gleichung ergibt:

$$II \quad \Rightarrow y - z = -5 \mid +z$$

$$\Leftrightarrow \mathbf{y = -5 + z}$$

1: Das Lösen von unterbestimmten linearen Gleichungssystemen ist in Abschnitt 1.4.2.2 ausführlicher beschrieben.

Für y hat man somit eine Lösung, die nur von z abhängig ist, ermittelt. Nun wird in der ersten Gleichung y ersetzt:

$$\begin{aligned} \text{I} \quad &\Rightarrow\ x-(-5+z)+3z=16 \\ &\Leftrightarrow\ x+5-z+3z=16 \mid -5 \\ &\Leftrightarrow\ x+2z=11 \mid -2z \\ &\Leftrightarrow\ \mathbf{x=11-2z} \end{aligned}$$

Lösungen des Gleichungssystems, also Punkte auf der Schnittgeraden, erhält man, indem für beliebige reelle Zahlen aus den beiden gefundenen Gleichungen die Werte für x und y ermittelt werden.

$$\begin{aligned} x &= 11-2z \\ y &= -5+z \end{aligned}$$

Die beiden Gleichungen beschreiben die Schnittgerade, aber es handelt sich um keine übliche Form für die Darstellung einer Geraden. Daher werden die Gleichungen in die Parameterform umgewandelt. Hierzu wird zunächst eine weitere Gleichung für z eingefügt:

$$\begin{aligned} x &= 11 &+\ & z*(-2) \\ y &= -5 &+\ & z*1 \\ z &= & & z*1 \end{aligned}$$

Die zusätzliche Gleichung für z ist immer erfüllt, daher ist es erlaubt, diese einfach dazu zu schreiben. Außerdem wurde der Faktor bei dem z jeweils hinter das z geschrieben. Die 3 Gleichungen können auch als Vektorgeleichung geschrieben werden, hierbei ergibt sich:

$$\begin{pmatrix} x \\ y \\ z \end{pmatrix} = \begin{pmatrix} 11 \\ -5 \\ 0 \end{pmatrix} + z \begin{pmatrix} -2 \\ 1 \\ 1 \end{pmatrix}$$

z kann hierbei jede beliebige reelle Zahl sein, daher kann man auch in der gewohnten Art für den Parameter r statt z schreiben. Die Schnittgerade lautet somit:

$$g_S\colon\ \vec{x} = \begin{pmatrix} 11 \\ -5 \\ 0 \end{pmatrix} + z \begin{pmatrix} -2 \\ 1 \\ 1 \end{pmatrix} \quad ; r \in \mathbb{R}$$

5.5 Schnittwinkel

5.5.1 Schnittwinkel zwischen Geraden

5.5.1.1 Beide Geraden in Parameterform

Zuvor war bereits gezeigt worden, wie man mit Hilfe des Skalarproduktes den Schnittwinkel zwischen zwei Vektoren berechnen kann. Für den Winkel zwischen den beiden Vektoren $\vec{a}$ und $\vec{b}$ ergab sich über die Definition des Skalarproduktes Folgendes:

$$\vec{a} * \vec{b} = a * b * \cos(\gamma) \mid \div a \div b$$

$$\Leftrightarrow \frac{\vec{a} * \vec{b}}{a * b} = \cos(\gamma) \mid \arccos$$

$$\Leftrightarrow \arccos\left(\frac{\vec{a} * \vec{b}}{a * b}\right) = \gamma$$

Der Taschenrechner liefert für den arccos Werte zwischen 0° und 180°. Es ergibt sich somit der kleinere Winkel zwischen den beiden Vektoren. Der entsprechende Vektor γ (Gamma) ist nachfolgend eingezeichnet worden:

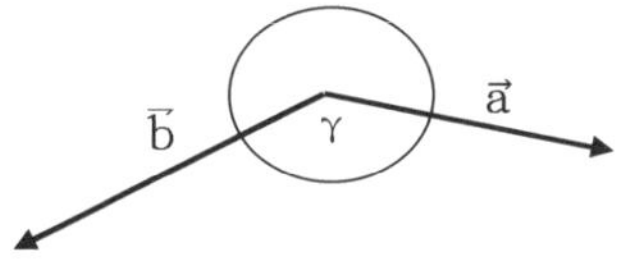

Auf die gleiche Weise kann nun im Prinzip auch der Winkel zwischen zwei Geraden berechnet werden. Nebenstehend sind zwei Geraden gezeichnet.

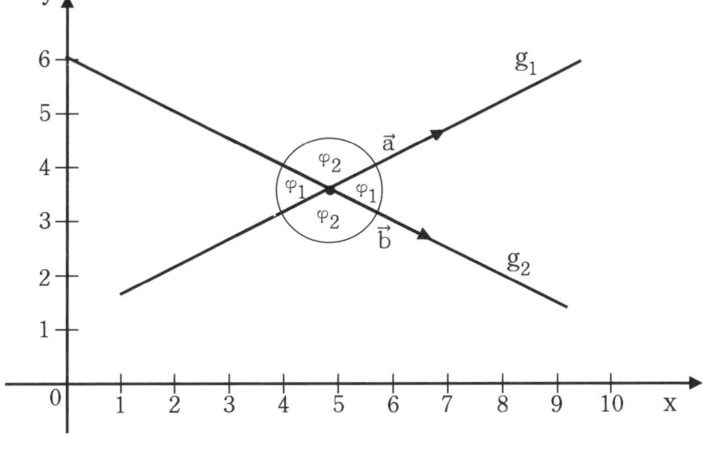

In der Zeichnung erkennt man 4 Winkel, die man zwischen den Geraden einzeichnen kann. Die sich jeweils gegenüberliegenden Winkel sind identisch, als Winkel zwischen den Geraden wird nun der kleinere der beiden möglichen Winkel definiert. In dem Beispiel lautet der Winkel zwischen den Geraden also φ_1 (Phi). Wie man erkennen kann, entspricht der Winkel zwischen den beiden Geraden dem Winkel zwischen den beiden Richtungsvektoren der Geraden, also dem Winkel zwischen den Vektoren $\vec{a}$ und $\vec{b}$. Allerdings ist auch der nachfolgend eingezeichnete Fall denkbar:

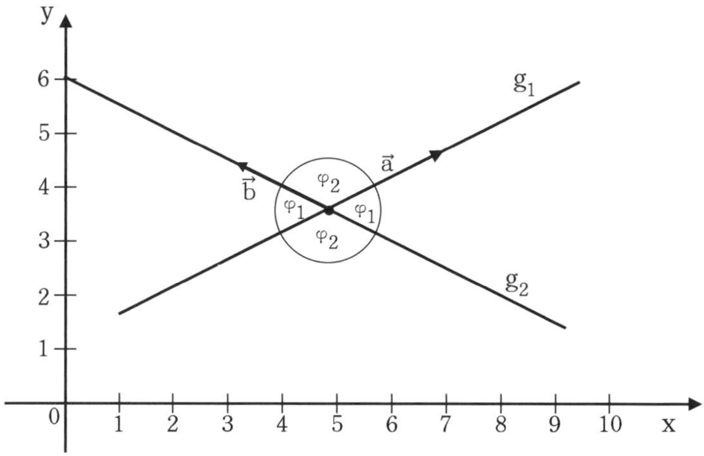

In diesem Fall zeigt der Richtungsvektor von g_2, der Vektor $\vec{b}$, in die andere Richtung. Der Winkel zwischen $\vec{a}$ und $\vec{b}$ lautet in diesem Fall φ_2, der Schnittwinkel zwischen den Geraden ist aber auch in diesem Fall der Winkel φ_1.

Die beiden Winkel φ_1 und φ_2 betragen in der Summe 180°. Dies lässt sich in der Zeichnung daran erkennen, dass sie zusammen einen Halbkreis ergeben. Somit kam man den Winkel φ_1 aus dem Winkel φ_2 folgendermaßen berechnen:

$$\varphi_1 = 180^\circ - \varphi_2$$

Man könnte den Winkel zwischen zwei Geraden also generell so berechnen, dass man zunächst den Winkel zwischen den beiden Richtungsvektoren bestimmt. Ist der Winkel kleiner als 90° so hat man den kleineren der zuvor eingezeichneten Winkel (φ_1 und φ_2) bestimmt, dieser Winkel ist gerade der Winkel zwischen den beiden Geraden. Erhält man als Resultat einen Winkel, der größer als 90° ist, so hat man den größeren Winkel bestimmt, der Winkel zwischen den beiden Geraden ergibt sich dann, indem man den Wert des Winkels zwischen den Richtungsvektoren von 180° abzieht. Aufgrund der nachfolgend dargestellten Eigenschaft des Kosinus kann man das Vorgehen aber noch weiter vereinfachen. In der folgenden Zeichnung des Kosinus lässt sich erkennen, dass dieser für x-Werte zwischen 0° und 90° positive und für x-Werte zwischen 90° und 180° negative y-Werte liefert. Der Kosinus ist punktsymmetrisch zu dem Punkt (90°|0). Als Beispiel für diese Punktsymmetrie ist der Kosinus für 60° und für 120° in der Zeichnung dargestellt.

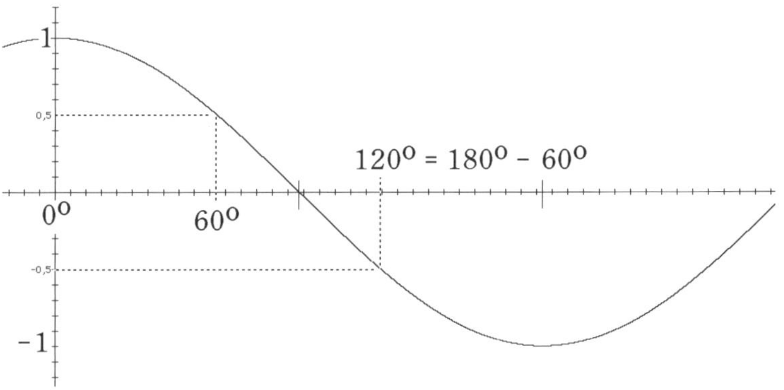

Der Kosinus von 60° ist 0,5 und der Kosinus von 120° ist −0,5.

Es sei nun angenommen, der Winkel zwischen den beiden Richtungsvektoren der Geraden sei genau 120°. Wie zuvor gezeigt, ergibt sich der Winkel zwischen den Geraden, indem man folgendes berechnet 180°−120° = 60°.

Bei der Berechnung des Winkels zwischen den Richtungsvektoren wäre man auf folgenden Ausdruck gestoßen:

$$\frac{\vec{a} * \vec{b}}{a * b} = \cos(120°) = -0{,}5$$

Wenn man den vorherigen Wert positiv macht, erhält man 0,5, der arccos von 0,5 ist aber gerade 60°. Man erhält den Winkel zwischen den Geraden also folgendermaßen über ihre Richtungsvektoren:

$$\varphi = \arccos\frac{|\vec{a} * \vec{b}|}{a * b} = \arccos|-0,5| = \arccos(0,5) = 60^\circ$$

Wenn der Winkel zwischen $\vec{a}$ und $\vec{b}$ kleiner als 90° ist, ergibt sich für $\vec{a} * \vec{b}$ ein positiver Wert, wenn man in diesem Fall $|\vec{a} * \vec{b}|$ statt $\vec{a} * \vec{b}$ schreibt, ändert sich das Ergebnis somit nicht.

Insgesamt kann man für den Winkel zwischen zwei Geraden folgendes festhalten:

Es seien $\vec{a}$ und $\vec{b}$ die Richtungsvektoren zweier Geraden, für den Winkel φ zwischen den beiden Geraden gilt:

$$\varphi = \arccos\frac{|\vec{a} * \vec{b}|}{a * b}$$

5.5.1.2 Beide Geraden in Normalenform

Es sei nun angenommen, dass zwei Geraden in Normalenform gegeben sind, wie kann man den Winkel zwischen diesen beiden Geraden berechnen, ohne zuvor die Parameterform der Geraden zu ermitteln?

In der folgenden Grafik sind für die dargestellten Geraden g_1 und g_2 sowohl die Richtungsvektoren als auch die Normalenvektoren eingezeichnet. Man sieht, dass der Winkel zwischen den beiden Richtungsvektoren φ_r identisch mit dem Winkel zwischen den beiden Normalenvektoren φ_n

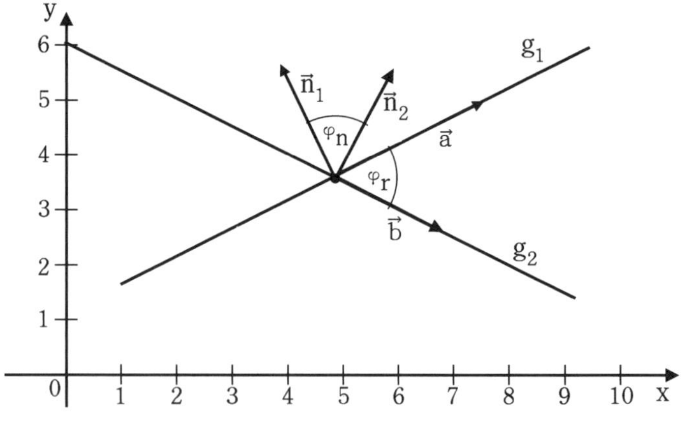

ist.[1] Daher kann der Winkel zwischen zwei Geraden in Normalenform folgendermaßen berechnet werden:

Es seien $\vec{n}_1$ und $\vec{n}_2$ die Normalenvektoren zweier Geraden, für den Winkel φ zwischen den beiden Geraden gilt:

$$\varphi = \arccos\frac{|\vec{n}_1 * \vec{n}_2|}{|\vec{n}_1| * |\vec{n}_2|}$$

5.5.1.3 Eine Gerade in Parameterform und eine in Normalenform

Schließlich kann es auch sein, dass die eine Gerade in der Normalenform und die andere in der Parameterform gegeben ist. In diesem Fall hat man also einen Richtungsvektor und einen Normalenvektor. In der folgenden Zeichnung ist ein Richtungsvektor der Geraden g_2 und ein Normalenvektor der Geraden g_1 eingezeichnet:

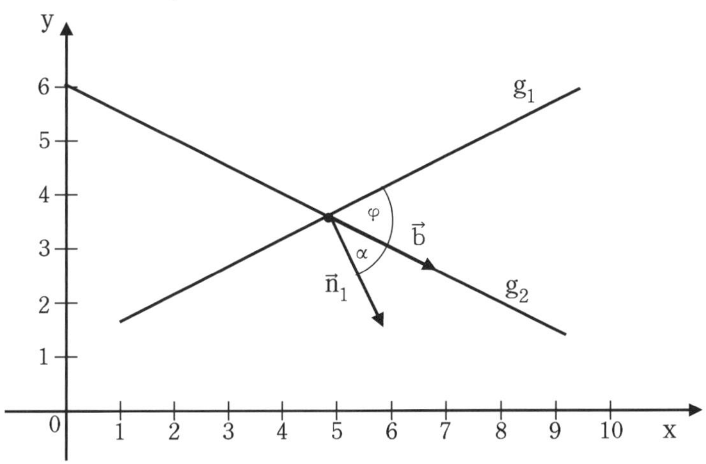

Der Winkel zwischen der Geraden g_1 und ihrem Richtungsvektor $\vec{n}_1$ be-

1: Genau genommen könnte auch einer der Normalenvektoren oder der Richtungsvektoren in die andere Richtung zeigen, dann wären die Winkel nicht identisch. Der Winkel zwischen den Normalenvektoren würde dann gerade $\varphi_n = 180° - \varphi_r$ betragen. Entscheidend ist, dass sich mittels des Betrages des Skalarproduktes auch aus den beiden Normalenvektoren der Winkel zwischen den Geraden bestimmen läßt.

trägt definitionsgemäß 90°. Diese 90° setzen sich in diesem Fall aus dem Winkel φ zwischen den beiden Geraden und dem Winkel α zwischen $\vec{n}_1$ und $\vec{b}$ zusammen.

Es gilt also:

$$\varphi + \alpha = 90^\circ$$

Für den Winkel α zwischen $\vec{n}_1$ und $\vec{b}$ gilt:

$$\alpha = \arccos\left(\frac{\vec{n}_1 * \vec{b}}{|\vec{n}_1| * |\vec{b}|}\right)$$

Somit gilt:

$$\varphi + \arccos\left(\frac{\vec{n}_1 * \vec{b}}{|\vec{n}_1| * |\vec{b}|}\right) = 90^\circ$$

Nach φ aufgelöst ergibt sich also:

$$\varphi = 90^\circ - \arccos\left(\frac{\vec{n}_1 * \vec{b}}{|\vec{n}_1| * |\vec{b}|}\right)$$

Wenn der Vektor $\vec{n}_1$ oder $\vec{b}$ in die andere Richtung zeigt, ist der Winkel zwischen $\vec{n}_1$ und $\vec{b}$ größer als 90°. In der nachfolgenden Zeichnung wurde der Vektor $\vec{n}_1$ umgedreht:

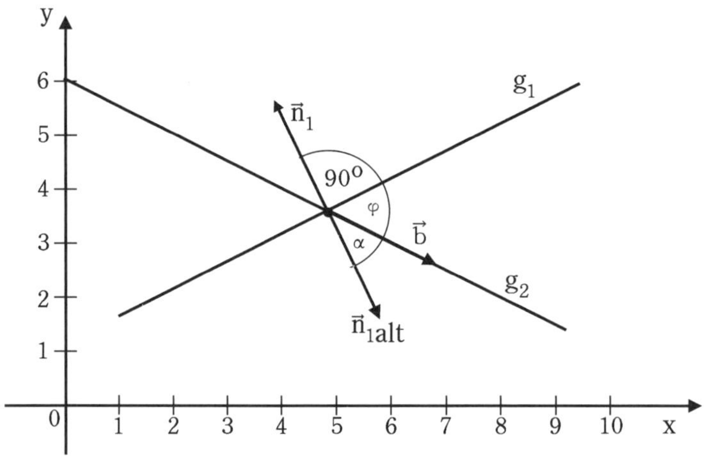

Der Winkel zwischen $\vec{n}_1$ und $\vec{b}$ ist in diesem Fall gerade um 90° größer als der Winkel zwischen den beiden Geraden. Der Winkel zwischen g_2 und der Geraden auf der $\vec{n}_1$ liegt (α) ergibt sich entsprechend den Betrachtungen aus Abschnitt 5.6.1.1, indem man das Skalarprodukt in Betragsstriche schreibt:

Für den Winkel α gilt:

$$\alpha = \arccos\left(\frac{|\vec{n}_1 * \vec{b}|}{|\vec{n}_1| * |\vec{b}|}\right)$$

Für φ ergibt sich also:

$$\varphi = 90^\circ - \arccos\left(\frac{|\vec{n}_1 * \vec{b}|}{|\vec{n}_1| * |\vec{b}|}\right)$$

In dem zuvor betrachteten Fall ergab das Skalarprodukt immer positive Werte, so dass man auch dort die Betragsstriche einfügen kann. Daher gilt ganz allgemein:

Der Winkel φ zwischen einer Geraden in Parameterform und einer Geraden in Normalenform kann folgendermaßen berechnet werden:

Es sei $\vec{n}_1$ der Normalenvektor der Geraden g_1 und $\vec{b}$ die Richtungsvektor der Geraden g_2, für den Winkel φ zwischen den beiden Geraden gilt:

$$\varphi = 90^\circ - \arccos\left(\frac{|\vec{n}_1 * \vec{b}|}{|\vec{n}_1| * |\vec{b}|}\right)$$

Der Zusammenhang lässt sich mittels des Sinus vereinfachen, der Sinus ist um 90° gegen den Kosinus verschoben:

Für den Winkel φ zwischen einer Geraden in Normalenform mit dem Normalenvektor $\vec{n}_1$ und einer Geraden in Parameterform mit dem Richtungsvektor $\vec{b}$ gilt:

$$\sin(\varphi) = \frac{|\vec{n}_1 * \vec{b}|}{|\vec{n}_1| * |\vec{b}|}$$

Aufgelöst nach φ ergibt sich also:

$$\varphi = \arcsin\left(\frac{|\vec{n}_1 * \vec{b}|}{|\vec{n}_1| * |\vec{b}|}\right)$$

5.5.2 Schnittwinkel zwischen Gerade und Ebene

Der Schnittwinkel zwischen einer Geraden und einer Ebene ist der kleinste Winkel, der sich zwischen der Geraden und einer Geraden auf der Ebene ergibt. In der nachfolgenden Zeichnung ist eine Gerade g_1 und die Projektionsgerade von g_1 auf der Ebene E eingezeichnet.

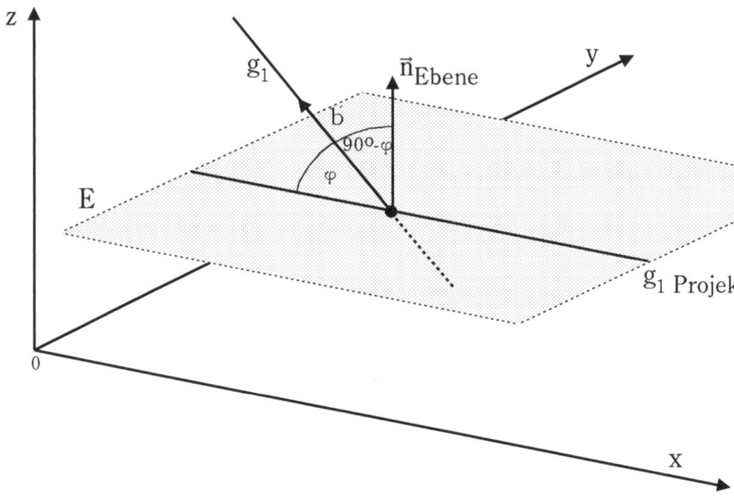

Der Winkel φ zwischen der Geraden und der Projektionsgeraden wurde ebenfalls eingezeichnet. Dieser Winkel ist gleichzeitig der kleinste Winkel zwischen der Geraden g_1 und der Ebene. Somit ist φ der Winkel zwischen der Geraden und der Ebene.

Der Winkel zwischen dem eingezeichneten Normalenvektor der Ebene und der Geraden ergibt zusammen mit φ einen Wert von 90°. Man kann in dem vorliegenden Fall φ somit berechnen, indem man zunächst den Winkel zwischen dem Normalenvektor der Ebene $\vec{n}$ und dem Richtungsvektor der Geraden $\vec{b}$ bestimmt. Hierbei erhält man einen Wert, der dann von 90° abgezogen wird. Der sich ergebende Winkel ist der Winkel φ zwischen der Geraden und der Ebene.

In der Zeichnung erkennt man, dass der Winkel zwischen $\vec{n}$ und $\vec{b}$ kleiner als 90° ist. Wenn der Normalenvektor der Ebene oder der Richtungsvektor der Geraden in die andere Richtung zeigen würde, ergäbe sich für den Winkel zwischen den Vektoren ein Wert von über 90°. Wie in Abschnitt 5.6.1.3 gezeigt, erhält man eine allgemein gültige Formel, wenn man das Skalarprodukt mit Betragsstrichen versieht. Somit ergibt sich, äquivalent zu der Berechnung des Winkels zwischen einer Geraden in Normalenform und einer in Parameterform, folgender Zusammenhang:

Es sei $\vec{n}$ der Normalenvektor einer Ebene und $\vec{b}$ der Richtungsvektor einer Geraden, für den Winkel φ zwischen der Ebene und der Geraden gilt:

$$\varphi = 90^\circ - \arccos\left(\frac{|\vec{n} * \vec{b}|}{|\vec{n}| * |\vec{b}|}\right)$$

Auch dieser Zusammenhang lässt sich mittels des Sinus ausdrücken:

$$\varphi = \arcsin\left(\frac{|\vec{n} * \vec{b}|}{|\vec{n}| * |\vec{b}|}\right)$$

Zuvor war davon ausgegangen worden, dass die Ebene bereits in Normalenform gegeben ist. Sollte dies nicht der Fall sein, so muss die vorhandene Form zunächst in eine Normalenform umgewandelt werden.

5.5.3 Schnittwinkel zwischen zwei Ebenen

Die Berechnung des Schnittwinkels zwischen zwei Ebenen ist analog zu der Berechnung des Schnittwinkels zwischen zwei Geraden in Normalenform.

Wenn die Ebenen noch nicht in Normalenform vorliegen, so muss zunächst die Normalenform aufgestellt werden.

Für den Schnittwinkel φ zwischen zwei Ebenen in Normalenform gilt:

Es seien $\vec{n}_1$ und $\vec{n}_2$ die Normalenvektoren zweier Ebenen, für den Winkel φ zwischen den beiden Geraden gilt:

$$\varphi = \arccos\frac{|\vec{n}_1 * \vec{n}_2|}{|\vec{n}_1| * |\vec{n}_2|}$$

5.6 Hessesche Normalenform

5.6.1 Grundlagen

Im Folgenden soll die Frage, wie man Abstände zwischen Punkten, Geraden und Ebenen bestimmt, untersucht werden. Als besonders einfaches Beispiel wird zunächst der Abstand einer Geraden im Zweidimensionalen vom Ursprung betrachtet.

Der Abstand zwischen zwei Punkten entspricht der Länge der kürzesten Verbindung zwischen den beiden Punkten. Entsprechend wird der Abstand zwischen einer Geraden und einem Punkt als die Länge der kürzesten Verbindung zwischen der Geraden und dem Punkt definiert. In der nebenstehenden Graphik sind einige mögliche Verbindungslinien zwischen dem Ursprung und der Geraden eingezeichnet. Man kann deutlich erkennen, dass die mit „d" gekennzeichnete Linie kürzer als die anderen beiden Verbindungslinien ist. Sie stellt sogar die kürzest mögliche Verbindung zwischen dem Ursprung und der Geraden dar. Dies hängt damit zusammen, dass der Winkel zwischen der Strecke d und der Geraden 90° beträgt, sie also senkrecht auf der Geraden steht. Sobald man von dieser kürzesten Verbindung abweicht, geht man gewissermaßen "schräg" auf die Gerade zu, und der Weg bis zur Geraden wird länger. Dass die kürzeste Verbindung senkrecht zu der Geraden ist, bedeutet, dass sie parallel zu dem Normalenvektor der Geraden liegt.

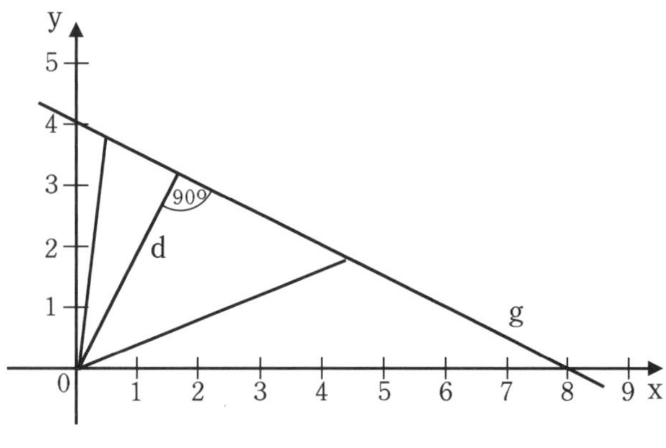

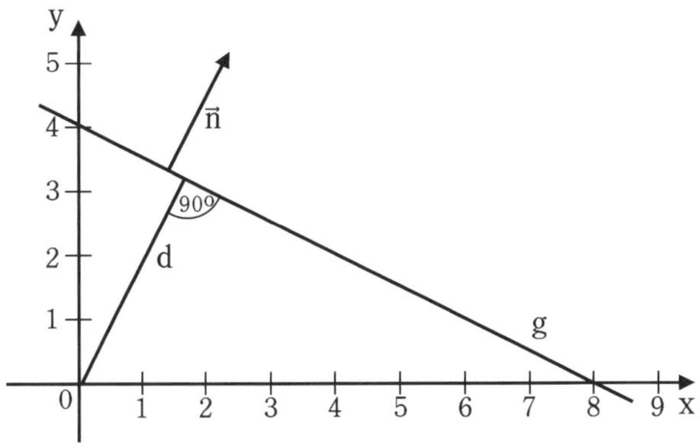

In der nebenstehenden Zeichnung wurde ein möglicher Normalenvektor der Geraden eingezeichnet.

Es kann festgehalten werden, dass die kürzeste Verbindung zwischen einer Geraden und einem Punkt parallel zum Normalenvektor der Geraden verläuft. Der zuvor eingezeichnete Normalenvektor ist nur ein Repräsentant für den Normalenvektor, man kann diesen beliebig parallel verschieben und hat trotzdem den gleichen Vektor dargestellt. In der nebenstehenden Zeichnung wurde derNormalenvektor so verschoben, dass er im Ursprung beginnt, außerdem wurde ein Aufpunktvektor auf die Gerade $\vec{p}$ eingezeichnet.

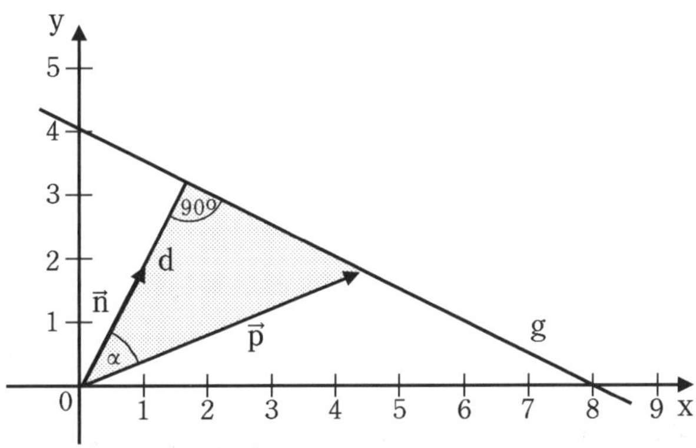

Es sei nun das Skalarprodukt des Normalenvektors mit dem Aufpunktvektor betrachtet, nach der Definition des Skalarproduktes gilt:

$$\vec{n} * \vec{p} = n * p * \cos(\alpha)$$

Die Gerade schließt mit dem Vektor $\vec{p}$ und der Strecke d ein rechtwinkliges Dreieck ein. Dieses Dreieck ist in der Zeichnung schattiert dargestellt. In dem rechtwinkligen Dreieck gilt für den Kosinus des Winkels α, dass dieser gleich der Ankathete (d) geteilt durch die Hypotenuse (p) ist.

Formal lautet der Zusammenhang:

$$\cos(\alpha) = \frac{d}{p}$$

In der vorherigen Gleichung kann $\cos(\alpha)$ nun entsprechend ersetzt werden:

$$\Rightarrow \vec{n} * \vec{p} = n * p * \frac{d}{p}$$

Man kann nun das p kürzen:

$$\Leftrightarrow \vec{n} * \vec{p} = n * d$$

Der Ausdruck $\vec{n} * \vec{p}$ taucht in der Punkt-Normalenform der Geraden auf. Diese lautet:

$$g: \vec{n} * \vec{x} - \vec{n} * \vec{p} = 0, \qquad \text{mit } \vec{n}, \vec{x}, \vec{p} \in \mathbb{R}^2$$

Wird der Ausdruck $\vec{n} * \vec{p}$ durch $n * d$ ersetzt, ergibt sich:

$$\Leftrightarrow \vec{n} * \vec{x} - n * d = 0 \mid \div n$$

Wenn man die Gleichung nun noch durch n teilt, steht d alleine. Man kann den Abstand zum Ursprung dann direkt an der Gleichung ablesen:

$$\Leftrightarrow g: \frac{\vec{n} * \vec{x}}{n} - d = 0$$

Der vordere Bruch kann umsortiert werden:

$$\Leftrightarrow g: \frac{\vec{n}}{n} * \vec{x} - d = 0$$

Wenn man einen Vektor durch seinen eigenen Betrag teilt, ergibt sich ein Vektor, der die Länge 1 hat. Man nennt derartige Vektoren auch **Einheitsvektoren.**

Der Ausdruck $\frac{\vec{n}}{n}$ stellt somit den **Normaleneinheitsvektor** dar. Man kürzt diesen Vektor mittels der Bezeichnung $\vec{n}_0$ ab. Es gilt also

$$\vec{n}_0 = \frac{\vec{n}}{n}$$

Für die Geradengleichung ergibt sich mittels dieser Abkürzung:

$$g: \vec{n}_0 * \vec{x} - d = 0$$

Diese Form der Geradengleichung ist sehr nützlich zur Abstandsberechnung und hat daher nach ihrem Entdecker, dem deutschen Mathematiker

Otto Hesse, einen eigenen Namen bekommen, man nennt sie die **Hessesche Normalenform**.

Bei der Herleitung war als Forderung eingebracht worden, dass d für den Abstand der Geraden zum Ursprung stehen soll. Es wurde bei der Herleitung ausgenutzt, dass die Vektoren $\vec{n}$ und $\vec{p}$ den Winkel α in dem rechtwinkligem Dreieck einschließen. Dies ist aber nur dann der Fall, wenn der Normalenvektor vom Ursprung aus in Richtung der Geraden zeigt, es ist aber auch denkbar, dass der Normalenvektor, wie in der nebenstehenden Zeichnung dargestellt, vom Ursprung aus gesehen von der Geraden weg zeigt. In diesem Fall würde sich für das Produkt aus $\vec{n}$ und $\vec{p}$

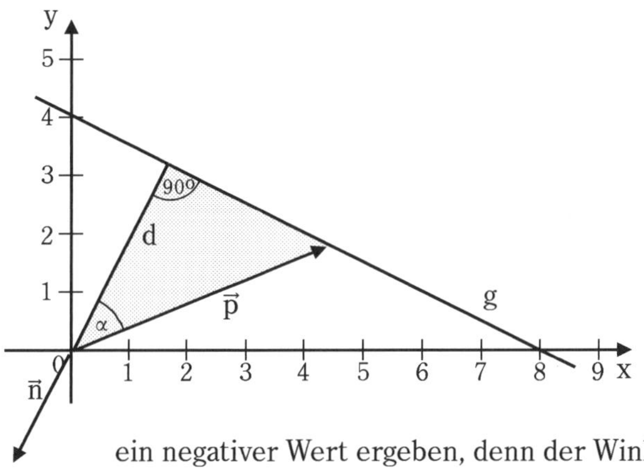

ein negativer Wert ergeben, denn der Winkel zwischen den beiden Vektoren ist größer als 90°. Daher würde sich auch für $\vec{n}_0 * \vec{p}$ ein negativer Wert ergeben und zwar würde der sich ergebende Wert gerade „-d" lauten. Das „d" in der Hesseschen Normalenform soll aber nicht für „-d" stehen. Deshalb definiert man die Hessesche Normalenform so, dass $d \geq 0$ gilt. Dies ist äquivalent zu der Forderung, dass der Einheitsnormalenvektor in der Hesseschen Normalenform vom Ursprung aus zu der Geraden hin zeigt.

Die Hessesche Normalenform einer Geraden im Zweidimensionalen lautet also:

$$g: \vec{n}_0 * \vec{x} - d = 0, \quad \text{mit } \vec{n}_0, \vec{x} \in \mathbb{R}^2$$

Hierbei gilt $d = \vec{n}_0 * \vec{p} \geq 0$, wobei $\vec{p}$ ein beliebiger Aufpunktvektor auf die Gerade ist. $d \geq 0$ ist identisch mit der Forderung, dass $\vec{n}_0$ so gewählt wird, dass er vom Ursprung aus zu der Geraden hin zeigt.

In der folgenden Graphik sind die Zusammenhänge für eine Ebene dargestellt. Die gezeichnete Ebene ist parallel zur xy-Ebene, so dass ihr Normalenvektor parallel zur z-Achse ist. Im Allgemeinen könnte die Ebene natürlich auch eine beliebige andere Lage haben.

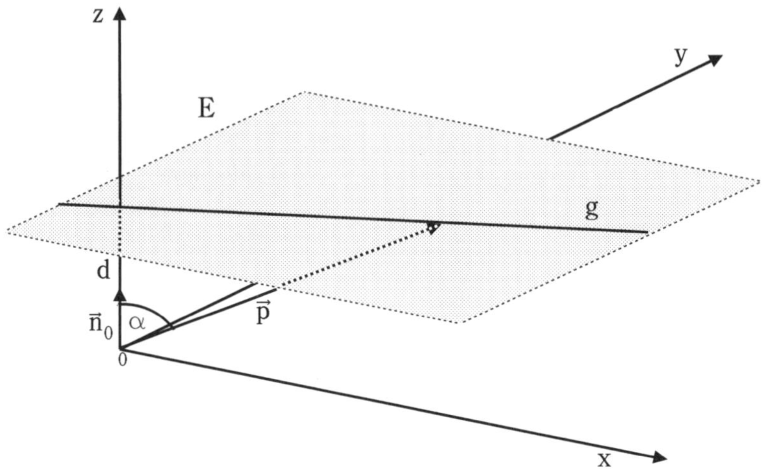

In der Zeichnung wurde ein Aufpunktvektor der Ebene ($\vec{p}$) und der Einheitsnormalenvektor der Ebene ($\vec{n}_0$), der vom Ursprung zur Ebene zeigt, eingezeichnet. Außerdem wurde auf der Ebene eine Gerade durch den Aufpunkt des Vektors $\vec{p}$ und den Schnittpunkt des verlängerten Einheitsnormalenvektors mit der Ebene eingezeichnet. Es lässt sich erkennen, dass die Abstandsberechnung zwischen dem Ursprung und der Ebene identisch mit der Abstandsberechnung zu der eingezeichneten Geraden ist. Das „d" in der Hesseschen Normalenform der Ebene stellt also den Abstand der Ebene zum Ursprung dar.

Für die Hessesche Normalenform der Ebene gilt somit:

Die Hessesche Normalenform einer Ebene lautet:

$$E: \vec{n}_0 * \vec{x} - d = 0, \quad \text{mit } \vec{n}_0, \vec{x} \in \mathbb{R}^3$$

Hierbei gilt $d = \vec{n}_0 * \vec{p} \geq 0$, wobei $\vec{p}$ ein beliebiger Aufpunktvektor auf die Ebene ist. $d \geq 0$ ist identisch mit der Forderung, dass $\vec{n}_0$ so gewählt wird, dass er vom Ursprung aus zu der Ebene hin zeigt.

5.6.2 Beispiele zur Aufstellung der Hesseschen Normalenform

Anhand eines Beispieles soll nachfolgend gezeigt werden, wie man aus einer Punkt-Normalenform oder einer allgemeinen Normalenform die Hessesche Normalenform erhält.

Es sei die folgende Gerade in der allgemeinen Normalenform gegeben, wie lautet die Hessesche Normalenform dieser Geraden:

$$g:\ \begin{pmatrix} 2 \\ 4 \end{pmatrix} * \vec{x} - 30 = 0$$

Der Normalenvektor der Geraden lautet $\begin{pmatrix} 2 \\ 4 \end{pmatrix}$, um den Normaleneinheitsvektor zu erhalten, muss man zunächst den Betrag dieses Vektors berechnen. Für den Betrag gilt:

$$|\vec{n}| = \sqrt{\vec{n} * \vec{n}} = \sqrt{\begin{pmatrix} 2 \\ 4 \end{pmatrix} * \begin{pmatrix} 2 \\ 4 \end{pmatrix}} = \sqrt{(2*2 + 4*4)} = \sqrt{20}$$

Man kann nun die Geradengleichung durch $|\vec{n}|$, also $\sqrt{20}$, teilen, es ergibt sich:

$$\begin{pmatrix} 2 \\ 4 \end{pmatrix} * \vec{x} - 30 = 0 \mid \div \sqrt{20}$$

$$\frac{1}{\sqrt{20}} * \begin{pmatrix} 2 \\ 4 \end{pmatrix} * \vec{x} - \frac{1}{\sqrt{20}} * 30 = 0$$

Die Darstellung der Geraden, die sich jetzt ergeben hat, ist die Hessesche Normalenform der Geraden.

Der Vektor $\frac{1}{\sqrt{20}} * \begin{pmatrix} 2 \\ 4 \end{pmatrix}$ ist der Einheitsnormalenvektor der Geraden.

Es sei nun die folgende Ebenengleichung in Punkt-Normalenform betrachtet:

$$E:\ \begin{pmatrix} 4 \\ 2 \\ 4 \end{pmatrix} * \vec{x} - \begin{pmatrix} 4 \\ 2 \\ 4 \end{pmatrix} * \begin{pmatrix} 2 \\ -4 \\ 1 \end{pmatrix} = 0$$

Es soll die Hessesche Normalenform der Ebene bestimmt werden. Auch in diesem Fall muss man den Betrag des Normalenvektors berechnen. Es ergibt sich:

$$|\vec{n}| = \sqrt{\vec{n} * \vec{n}} = \sqrt{\begin{pmatrix} 4 \\ 2 \\ 4 \end{pmatrix} * \begin{pmatrix} 4 \\ 2 \\ 4 \end{pmatrix}} = \sqrt{4*4 + 2*2 + 4*4} = \sqrt{36} = 6$$

In diesem Fall beträgt die Länge des Normalenvektors also 6. Die Ebenengleichung muss nun durch diesen Wert geteilt werden:

$$\begin{pmatrix}4\\2\\4\end{pmatrix}*\vec{x}-\begin{pmatrix}4\\2\\4\end{pmatrix}*\begin{pmatrix}2\\-4\\1\end{pmatrix}=0 \quad | \div 6$$

$$\Leftrightarrow \frac{1}{6}\begin{pmatrix}4\\2\\4\end{pmatrix}*\vec{x}-\frac{1}{6}\begin{pmatrix}4\\2\\4\end{pmatrix}*\begin{pmatrix}2\\-4\\1\end{pmatrix}=0$$

Das hintere Skalarprodukt wird nun noch berechnet:

$$\begin{pmatrix}4\\2\\4\end{pmatrix}*\begin{pmatrix}2\\-4\\1\end{pmatrix}=4*2+2*(-4)+4*1=4$$

Somit lautet die Ebenengleichung:

$$E: \frac{1}{6}\begin{pmatrix}4\\2\\4\end{pmatrix}*\vec{x}-\frac{1}{6}*4=0$$

$$\Leftrightarrow E: \frac{1}{6}\begin{pmatrix}4\\2\\4\end{pmatrix}*\vec{x}-\frac{2}{3}=0$$

Der Einheitsnormalenvektor der Ebene beträgt also $\vec{n}_0 = \frac{1}{6}\begin{pmatrix}4\\2\\4\end{pmatrix}$ und der Wert für d lautet $\frac{2}{3}$.

Bei dem Normalenvektor hätte man natürlich die $\frac{1}{6}$ auch noch in den Vektor multiplizieren können. Man hätte auch lediglich den Faktor $\frac{1}{2}$ in den Vektor multiplizieren können, dies wird nachfolgend demonstriert:

$$\vec{n}=\frac{1}{6}\begin{pmatrix}4\\2\\4\end{pmatrix}=\frac{1}{3}*\frac{1}{2}\begin{pmatrix}4\\2\\4\end{pmatrix}=\frac{1}{3}\begin{pmatrix}2\\1\\2\end{pmatrix}$$

5.6.3 Abstandsberechnungen zu einem Punkt

Zuvor war gezeigt worden, dass der Wert d in der Hesseschen Normalenform den Abstand zwischen der Geraden (oder auch der Ebene) und dem Ursprung angibt. In der folgenden Zeichnung ist außer der Geraden g_1 auch der Punkt Q eingezeichnet. Auch für diesen Punkt entspricht der Abstand zu der Geraden der Länge der kürzesten Verbindung von dem Punkt zu der Geraden, also der eingezeichneten Strecke e. In der Zeichnung wurde die Gerade g_1 parallel verschoben, so dass sie durch den Punkt Q läuft. Die verschobene Gerade (g_2) wurde gestrichelt eingezeichnet. Der Abstand zwischen der Geraden g_1 und der parallel verschobenen Geraden g_2 ist überall gleich groß, so dass man die Strecke „e" auch an einer anderen Stelle einzeichnen kann. In der Zeichnung wurde sie als Verlängerung der Strecke d_1 eingezeichnet. Der Abstand der gestrichelten Geraden zum Ursprung beträgt $d_2 = e + d_1$.

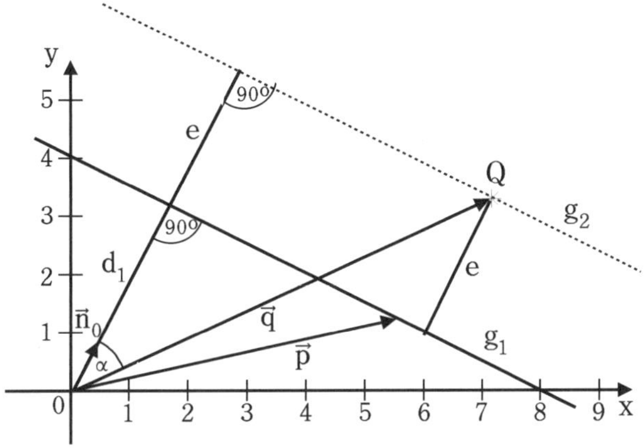

Wenn man nun von dem Abstand der gestrichelten Geraden zum Ursprung den Abstand der Geraden g_1 zum Ursprung abzieht, erhält man den Abstand des Punktes Q zu der Geraden g_1:

$$d_2 - d_1 = (e + d_1) - d_1 = e$$

Für den Abstand der Geraden g_1 vom Ursprung gilt $d_1 = \vec{n}_0 * \vec{p}$. Den Abstand der gestrichelten Geraden erhält man analog folgendermaßen:

$$(e + d_1) = \vec{n}_0 * \vec{q}$$

Somit gilt für den Abstand des Punktes zur Geraden:

$$e = \vec{n}_0 * \vec{q} - d_1$$

Nachfolgend wird der gefundene Ausdruck mit der Hesseschen Normalenform der Geraden g verglichen, die Hessesche Normalenform lautet:

$$g_1: \vec{n}_0 * \vec{x} - d_1 = 0$$

Wenn man in der Hesseschen Normalenform den Vektor $\vec{x}$ durch den Aufpunktvektor des Punktes $\vec{q}$ ersetzt, erhält man einen Ausdruck für den Abstand des Punktes von der Geraden e.

Die Gerade und der Punkt können aber auch anders zueinander liegen als in dem vorherigem Beispiel. Es kann sich die nachfolgend dargestellte Situation ergeben:

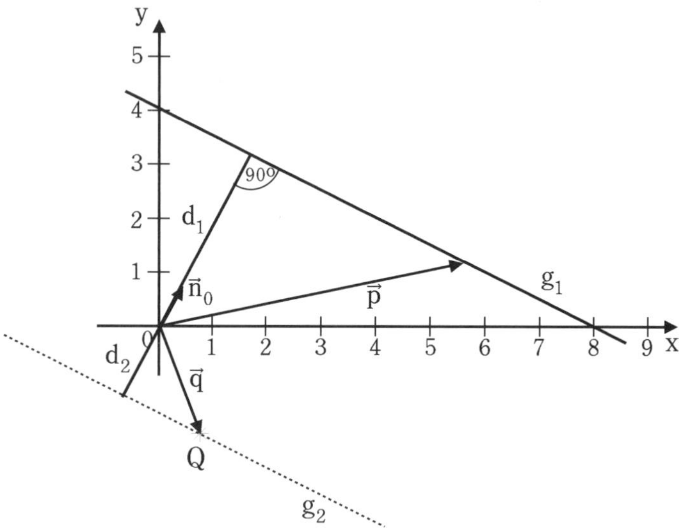

Der Winkel zwischen den Vektoren $\vec{n}_0$ und $\vec{q}$ ist in diesem Fall größer als 90°, somit ergibt sich für das Produkt $\vec{n}_0 * \vec{q}$ ein negativer Wert. Es gilt:

$$\vec{n}_0 * \vec{q} = -d_2$$

Nach der zuvor angeführten Formel ergibt sich e folgendermaßen:

$$e = \vec{n}_0 * \vec{q} - d_1$$

$$\Leftrightarrow e = - d_2 - d_1$$

$$\Leftrightarrow e = - (d_2 + d_1)$$

Wie man in der Zeichnung erkennt, ist $(d_2 + d_1)$ der Abstand, den Q zu der Geraden g_1 hat. Es ergibt sich für e also gerade das Negative von dem Abstand zwischen dem Punkt und der Geraden. Somit kann man e selbst nicht ganz allgemein mit dem Abstand zwischen der Geraden und dem Punkt identifizieren. Wenn man den Ausdruck |e| (Betrag von e) berechnet erhält man aber in beiden betrachteten Fällen als Ergebnis den Abstand zwischen der Geraden und dem Punkt. Es lässt sich zeigen, dass dieser Zusammenhang auch ganz allgemein gilt. Für den Abstand zwischen einer Geraden und einem Punkt im Zweidimensionalen lässt sich also folgendes festhalten:

Es sei eine Gerade in der Hesseschen Normalenform gegeben:

$$g: \vec{n}_0 * \vec{x} - d = 0, \quad \text{mit } \vec{n}_0, \vec{x} \in \mathbb{R}^2$$

Der Abstand der Geraden zu einem Punkt Q mit dem Aufpunktvektor $\vec{q}$ ergibt sich, indem man $\vec{q}$ in die Hessesche Normalenform einsetzt:

$$e = \vec{n}_0 * \vec{q} - d$$

Der Abstand der Geraden von dem Punkt lautet $|e|$.

Für die Hessesche Normalenform einer Ebene war gezeigt worden, dass diese äquivalent zu der Hesseschen Normalenform der Geraden definiert ist. Für den Abstand eines Punktes von einer Ebene ergibt sich daher ganz ähnlich, wie zuvor für den Abstand eines Punktes von einer Geraden gezeigt, der folgende Zusammenhang.

Es sei eine Ebene in der Hesseschen Normalenform gegeben:

$$E: \vec{n}_0 * \vec{x} - d = 0, \quad \text{mit } \vec{n}_0, \vec{x} \in \mathbb{R}^3$$

Der Abstand der Ebene zu einem Punkt Q mit dem Aufpunktvektor $\vec{q}$ ergibt sich, indem man $\vec{q}$ in die Hessesche Normalenform einsetzt:

$$e = \vec{n}_0 * \vec{q} - d$$

Der Abstand der Ebene von dem Punkt beträgt $|e|$.

5.6.4 Abstandsberechnungen zwischen Geraden und Ebenen

Zunächst sei bereits an dieser Stelle festgehalten, dass der Abstand zwischen zwei Geraden, zwei Ebenen oder auch einer Geraden und einer Ebene in allen Fällen, bei denen sie sich schneiden, Null ist. Denn der Abstand wurde zuvor als die kürzeste Entfernung zwischen den betrachteten geometrischen Gebilden definiert. Die nachfolgenden Betrachtungen beziehen sich daher nur auf Geraden/Ebenen, die sich nicht schneiden.

Außer für den Fall zweier Geraden im Dreidimensionalen bedeutet die Forderung „nicht schneiden", dass die Geraden/Ebenen parallel zueinander sind. Im nächsten Abschnitt wird zunächst die Abstandsberechnung für zwei Geraden im Zweidimensionalen recht ausführlich behandelt. Bei den beiden nachfolgenden Fällen (Abstand Ebene/Ebene und Abstand Gerade/Ebene) sind die Zusammenhänge fast identisch mit dem Fall der beiden Geraden im Zweidimensionalen, daher wird das Vorgehen für diese Fälle nur kurz skiziert.

Bei zwei Geraden im Dreidimensionalen kann der Abstand, auch wenn die Geraden nicht parallel sind, ungleich Null sein. In diesem Fall sind die Geraden windschief. Außerdem existiert für diese Geraden keine Hessesche Normalenform. Wegen der Unterschiede zu den anderen Fällen wird der Abstand zwischen zwei Geraden im Dreidimensionalen als letzter der folgenden Fälle behandelt.

5.6.4.1 Abstand zwischen zwei Geraden im Zweidimensionalen

Zwei Geraden im **Zweidimensionalen** schneiden sich, wenn sie nicht parallel zueinander sind. Wenn sie sich schneiden, ist die Länge der kürzesten Verbindung Null. Somit erübrigt sich die Berechnung des Abstandes in allen Fällen, wo die Geraden sich schneiden. Die folgenden Betrachtungen beschränken sich deshalb auf die Bestimmung des Abstandes zwischen parallelen Geraden.

Der Abstand zwischen zwei parallelen Geraden ist überall gleichgroß. In der nebenstehenden Zeichnung sind die parallelen Geraden g_1 und g_2 eingezeichnet. Da die beiden Geraden parallel sind, sind auch ihre Normalenvektoren parallel zueinander. Für die beiden Geraden sind Aufpunktvektoren eingezeichnet.

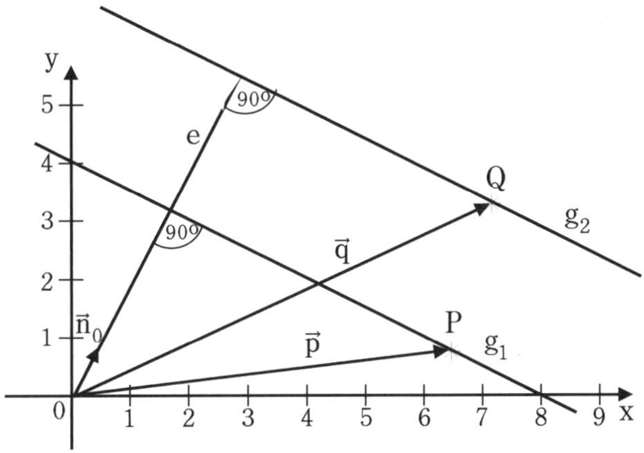

Es lässt sich erkennen, dass der Abstand der beiden Geraden (e) identisch mit dem Abstand des Punktes Q von der Geraden g_1 bzw. des Abstandes des Punktes P von der Geraden g_2 ist. Zur Berechnung des Abstandes kann also genauso wie bei der Berechnung des Abstandes eines Punktes von einer Geraden verfahren werden, als Ortsvektor des Punktes verwendet man den Aufpunktvektor der anderen Geraden:

Es seien zwei parallele Geraden gegeben. Die Gerade g_1 habe die folgende Hessesche Normalenform:

$$g_1: \vec{n}_0 * \vec{x} - d = 0, \qquad \text{mit } \vec{n}_0, \vec{x} \in \mathbb{R}^2$$

Der Abstand der Geraden g_2 mit dem Aufpunktvektor $\vec{q}$ zu der Geraden g_1 ergibt sich, indem man $\vec{q}$ in die Hessesche Normalenform von g_1 einsetzt:

$$e = \vec{n}_0 * \vec{q} - d$$

Der Abstand der beiden Geraden beträgt $|e|$.

Wenn keine der Geraden in der Hesseschen Normalenform gegeben ist, muss man zunächst für eine der Geraden die Hessesche Normalenform berechnen. Wenn hingegen beide Geraden in der Hesseschen Normalenform vorliegen, kann man zunächst für eine der Geraden einen Aufpunktvektor bestimmen. Hierzu kann die Hessesche Normalenform in die Koordinatenform aufgelöst werden. Wird dann für x oder y ein bestimmter Wert vorgegeben, erhält man aus der Gleichung der Koordinatenform einen Wert für die andere Variable. Auf diese Weise hat man die Koordinaten eines Aufpunktes der Geraden bestimmt.

Man kann für den Fall, dass beide Geraden in der Hesseschen Normalenform vorliegen, den Abstand der Geraden aber auch direkt über die Hessesche Normalenform ermitteln.[1]

Es seien die beiden Geraden g_1 und g_2 in der Hesseschen Normalenform gegeben:

$$g_1: \vec{n}_{01} * \vec{x} - d_1 = 0, \quad \text{mit } \vec{n}_0, \vec{x} \in \mathbb{R}^2$$

$$g_2: \vec{n}_{02} * \vec{x} - d_2 = 0, \quad \text{mit } \vec{n}_0, \vec{x} \in \mathbb{R}^2$$

Da die Geraden parallel sein sollen, sind ihre beiden Einheitsnormalenvektoren entweder identisch ($\vec{n}_{01} = \vec{n}_{02}$), oder die beiden Vektoren zeigen genau in die entgegengesetzte Richtung ($\vec{n}_{01} = -\vec{n}_{02}$). Die Hessesche Normalenform ist so definiert, dass der Normalenvektor immer vom Ursprung zu der Geraden hin zeigt. Wenn die beiden Einheitsnormalenvektoren in entgegengesetzte Richtungen zeigen, liegen die beiden Geraden also auf verschiedenen Seiten des Ursprungs. Nebenstehend ist dieser Fall zeichnerisch dargestellt.

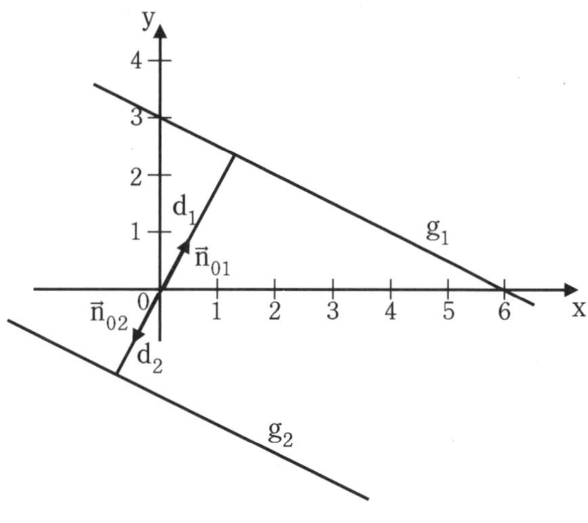

Der Abstand zwischen den beiden Geraden ergibt sich in diesem Fall, indem man die Abstände der Geraden zum Ursprung (d_1 bzw. d_2) einfach addiert.

1: Man kann auch generell das nachfolgend beschriebene Verfahren zur Abstandsberechnung zweier paralleler Geraden im Zweidimensionalen verwenden. In Fällen, in denen die beiden Geraden noch nicht in der Hesseschen Normalenform vorliegen, muss dann zunächst für beide Geraden die Hessesche Normalenform aufgestellt werden.

Es gilt also:

$$e = d_1 + d_2 \quad \text{für } \vec{n}_{01} = -\vec{n}_{02}$$

Wenn die beiden Einheitsnormalenvektoren identisch sind, liegen die beiden Geraden vom Ursprung her gesehen auf derselben Seite. Nebenstehend ist ein solcher Fall dargestellt. Der Abstand zwischen den beiden Geraden ergibt sich nun als die Differenz der Abstände der Geraden vom Ursprung.

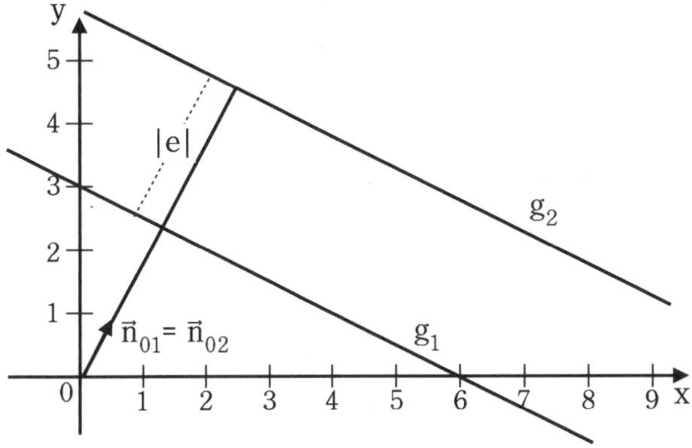

Es gilt also:

$$e = d_1 - d_2 \quad \text{für } \vec{n}_{01} = \vec{n}_{02}$$

Die Differenz $d_1 - d_2$ kann auch negativ sein, wie z. B. in dem eingezeichneten Fall. Deshalb ergibt sich der Abstand der Geraden als der Betrag der Differenz. Der Abstand der Geraden lautet also:

$$|e| = |d_1 - d_2| \quad \text{für } \vec{n}_{01} = \vec{n}_{02}$$

5.6.4.2 Abstand zwischen zwei Ebenen

Für die Hessesche Normalenform einer Ebene war gezeigt worden, dass diese äquivalent zu der Hesseschen Normalenform der Geraden definiert ist. Für den Abstand zweier Ebenen zueinander gilt nun fast das Gleiche wie für den Abstand zweier Geraden. Wenn die beiden Ebenen nicht parallel zueinander sind, schneiden sie sich, und ihr Abstand ist somit 0. Wenn die beiden Ebenen parallel sind, ergibt sich der Abstand zwischen den Ebenen folgendermaßen:

> Es seien zwei parallele Ebenen gegeben. Die Ebene E_1 habe die folgende Hessesche Normalenform:
>
> $$E_1: \vec{n}_0 * \vec{x} - d = 0, \quad \text{mit } \vec{n}_0, \vec{x} \in \mathbb{R}^3$$
>
> Der Abstand der Ebene E_2 mit dem Aufpunktvektor $\vec{q}$ zu der Ebene E_1 ergibt sich, indem man $\vec{q}$ in die Hessesche Normalenform einsetzt:
>
> $$e = \vec{n}_0 * \vec{q} - d$$
>
> Der Abstand der beiden Ebenen beträgt $|e|$.

Auch in diesem Fall muss eine der Ebenen in der Hesseschen Normalenform vorliegen, wenn dies noch nicht der Fall ist, muss für eine der Ebenen zunächst die Hessesche Normalenform aufgestellt werden.

Wenn beide Ebenen in der Hesseschen Normalenform vorliegen, kann der Abstand auch folgendermaßen ermittelt werden:

Es seien die beiden Ebenen E_1 und E_2 in der Hesseschen Normalenform gegeben:

$$E_1: \vec{n}_{01} * \vec{x} - d_1 = 0, \quad \text{mit } \vec{n}_0, \vec{x} \in \mathbb{R}^3$$

$$E_2: \vec{n}_{02} * \vec{x} - d_2 = 0, \quad \text{mit } \vec{n}_0, \vec{x} \in \mathbb{R}^3$$

Abhängig davon, ob die beiden Normalenvektoren identisch oder entgegengesetzt sind, ergibt sich für den Abstand der Ebenen:

$$e = d_1 + d_2 \quad \text{für } \vec{n}_{01} = -\vec{n}_{02}$$

$$|e| = |d_1 - d_2| \quad \text{für } \vec{n}_{01} = \vec{n}_{02}$$

5.6.4.3 Abstand zwischen Ebene und Gerade

Auch in diesem Fall gilt, dass der Abstand 0 ist, wenn sich die Ebene und die Gerade schneiden. Wenn die Gerade parallel zu der Ebene ist, lässt sich der Abstand zwischen der Ebene und der Geraden fast genauso, wie zuvor für den Abstand zwischen zwei Ebenen beschrieben, berechnen.

> Es seien die Ebene E_1 und die Gerade g_1 parallel zueinander. Die Ebene E_1 habe die folgende Hessesche Normalenform:
>
> $$E_1 \colon \vec{n}_0 * \vec{x} - d = 0, \quad \text{mit } \vec{n}_0, \vec{x} \in \mathbb{R}^3$$
>
> Der Abstand der Geraden g_1 mit dem Aufpunktvektor $\vec{q}$ zu der Ebene ergibt sich, indem man $\vec{q}$ in die Hessesche Normalenform einsetzt:
>
> $$e = \vec{n}_0 * \vec{q} - d$$
>
> Der Abstand beträgt $|e|$.

Sollte die Ebene noch nicht in der Hesseschen Normalenform vorliegen, so muss diese zunächst berechnet werden.

5.6.4.4 Abstand zwischen zwei Geraden im Dreidimensionalen

Im dreidimensionalen existiert für eine Gerade keine (Hessesche) Normalenform, daher lassen sich die realtiv einfachen Untersuchungsmethoden, die zuvor für Gerade im Zweidimensionalen bzw. Ebenen im Dreidimensionalen verwendet wurden, hier nicht anwenden.

Wenn die beiden Geraden parallel sind, so ist der Abstand der beiden Geraden identisch mit dem Abstand der einen Geraden zu einem beliebigem Punkt auf der anderen Geraden. Diese Untersuchung wird im nächsten Abschnitt (5.6.5) behandelt.

Hier wird der Fall betrachtet, dass die Geraden windschief sind, sie schneiden sich also nicht und sind trotzdem nicht parallel. In der folgenden Zeichnung sind zwei windschiefe Geraden eingezeichnet:

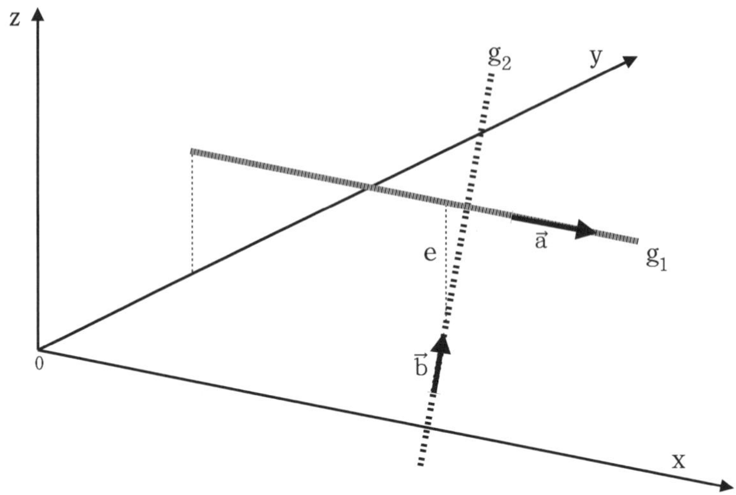

Die Gerade g_2 verläuft in der xy-Ebene.
Die Gerade g_1 verläuft oberhalb der xy-Ebene, in dem Beispiel soll sie allerdings parallel zu der xy-Ebene sein. Der Abstand e zwischen den beiden Geraden wurde in der Zeichnung gestrichelt dargestellt. Außerdem wurden die Richtungsvektoren der beiden Geraden ($\vec{a}$ und $\vec{b}$) eingezeichnet. Nachfolgend wurde der Richtungsvektor von g_2, also $\vec{b}$, auf der Höhe der Geraden g_1 eingezeichnet:

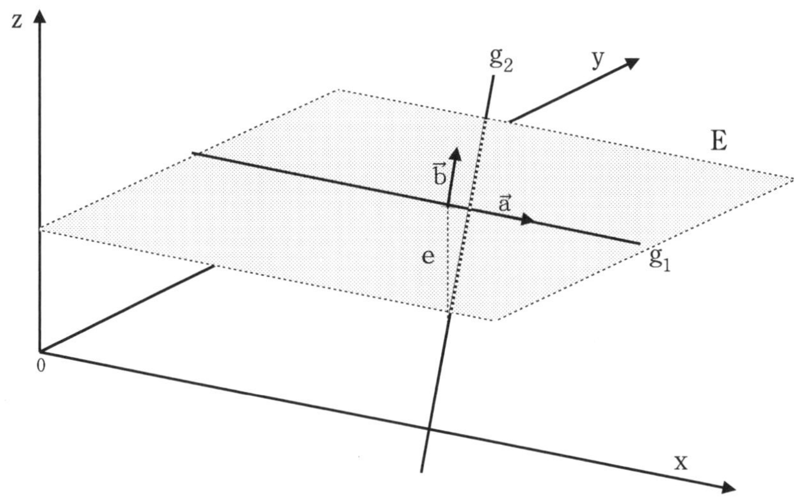

Dadurch, dass man zu der Geraden g_1 den Richtungsvektor von g_2 ($\vec{b}$) „hinzufügt", erhält man eine Ebene, die parallel zu g_2 ist. Der Abstand dieser Ebene zu der Geraden g_2 ist identisch mit dem Abstand zwischen den beiden Geraden. Man kann also zur Berechnung des Abstandes zweier windschiefer Geraden aus der einen Geraden eine Ebene bilden, indem man den Richtungsvektor der anderen Geraden hinzufügt. Dann berechnet man den Abstand der Ebene zu der anderen Geraden.

An einem Beispiel soll das Verfahren nachfolgend beschrieben werden. Es seien die beiden folgenden windschiefen Geraden gegeben:

$$g_1:\ \vec{x} = \begin{pmatrix} 0 \\ 1 \\ 2 \end{pmatrix} + r_1 \begin{pmatrix} 1 \\ 1 \\ 3 \end{pmatrix} \quad ;r_1 \in \mathbb{R}$$

$$g_2:\ \vec{x} = \begin{pmatrix} 0 \\ 3 \\ 5 \end{pmatrix} + r_2 \begin{pmatrix} 1 \\ 2 \\ 2 \end{pmatrix} \quad ;r_2 \in \mathbb{R}$$

Wenn man nun zu der Geraden g_1 den Richtungsvektor von g_2 hinzufügt, ergibt sich folgende Ebene:

$$E:\ \vec{x} = \begin{pmatrix} 0 \\ 1 \\ 2 \end{pmatrix} + r \begin{pmatrix} 1 \\ 1 \\ 3 \end{pmatrix} + s \begin{pmatrix} 1 \\ 2 \\ 2 \end{pmatrix} \quad ; r_1, r_2 \in \mathbb{R}$$

Um den Abstand dieser Ebene von der Geraden g_2 zu bestimmen, muss zunächst die Hessesche Normalenform der Ebene aufgestellt werden. Am besten bestimmt man dazu zunächst mit dem Vektorprodukt einen Vektor, der senkrecht auf der Ebene steht. Im folgenden Kapitel zu dem Vektorprodukt wird dies beschrieben.

Nachfolgend wird dargestellt, wie man die Berechnungen durchführen kann, wenn man auf die Verwendung des Vektorproduktes verzichtet.[1]

Es wird zunächst die Koordinatendarstellung der Ebene berechnet. Es handelt sich bei der hier betrachteten Ebene um genau die Ebene, für die in Abschnitt 4.2 bereits aus der Parameterdarstellung die Koordina-

1: Die nachfolgend dargestellte Methode ist an sich nur sinnvoll, wenn das Vektorprodukt im Unterricht überhaupt nicht behandelt wurde, aber trotzdem Aufgaben wie die hier angeführte gelöst werden sollen.

tendarstellung errechnet wurde. Für die Koordinatendarstellung hatte sich hierbei der folgende Ausdruck ergeben:

$$z = 3 - y + 4x$$

Aus dieser Gleichung lässt sich nun die allgemeine Normalenform der Geraden ermitteln. Hierzu bringt man zunächst alle Terme auf die linke Seite der Gleichung:

$$z = 3 - y + 4x \mid -3 + y - 4x$$
$$\Leftrightarrow -4x + y + z - 3 = 0$$

Die Terme mit den Variablen können als Skalarprodukt eines Vektors, der die Koeffizienten der Variablen enthält, mit einem Vektor, der die Variablen enthält, ausgedrückt werden:

$$\Leftrightarrow \begin{pmatrix} -4 \\ 1 \\ 1 \end{pmatrix} * \begin{pmatrix} x \\ y \\ z \end{pmatrix} - 3 = 0$$

Wenn man das Skalarprodukt wieder ausrechnet, kann man leicht nachprüfen, dass die Umformung korrekt war. Mittels des Vektors $\vec{x}$ ausgedrückt, lautet die Gleichung:

$$\Leftrightarrow \begin{pmatrix} -4 \\ 1 \\ 1 \end{pmatrix} * \vec{x} - 3 = 0$$

Man hat nun die allgemeine Normalenform erhalten. Um die Hessesche Normalenform zu bestimmen, muss zunächst die Länge des Normalenvektors berechnet werden. Es ergibt sich:

$$|\vec{n}| = \sqrt{\vec{n} * \vec{n}} = \sqrt{\begin{pmatrix} -4 \\ 1 \\ 1 \end{pmatrix} * \begin{pmatrix} -4 \\ 1 \\ 1 \end{pmatrix}}$$

$$= \sqrt{(-4) * (-4) + 1 * 1 + 1 * 1} = \sqrt{18}$$

Die Hessesche Normalenform der Ebene lautet somit:

$$\Leftrightarrow \frac{1}{\sqrt{18}} \begin{pmatrix} -4 \\ 1 \\ 1 \end{pmatrix} * \vec{x} - \frac{1}{\sqrt{18}} * 3 = 0$$

Nun wird der Abstand dieser Ebene von der Geraden g_2 bestimmt, denn dieser Abstand ist identisch mit dem Abstand der beiden Geraden. Um den Abstand zu bestimmen, muss der Aufpunktvektor der Geraden g_2 in die Hessesche Normalenform der Ebene für $\vec{x}$ eingesetzt werden:

$$e = \frac{1}{\sqrt{18}} \begin{pmatrix} -4 \\ 1 \\ 1 \end{pmatrix} * \begin{pmatrix} 0 \\ 3 \\ 5 \end{pmatrix} - \frac{1}{\sqrt{18}} * 3$$

$$= \frac{1}{\sqrt{18}} * ((-4)*0 + 1*3 + 1*5) - \frac{1}{\sqrt{18}} * 3$$

$$= \frac{1}{\sqrt{18}} * 8 - \frac{1}{\sqrt{18}} * 3 = \frac{1}{\sqrt{18}} * 5 = 1{,}179$$

Der Abstand der beiden Geraden beträgt also 1,179 Längeneinheiten.

5.6.5 Abstandsberechnungen eines Punktes zu einer Geraden im Dreidimensionalen

Einerseits kann in einer Aufgabe direkt nach dem Abstand eines Punktes von einer Geraden gefragt sein. Dieser Abstand ist aber auch wichtig, wenn nach dem Abstand zweier paralleler Geraden im Dreidimensionalen gefragt ist,[1] denn der Abstand der Geraden ist in diesem Fall identisch mit dem Abstand der einen Geraden zu dem Aufpunktvektor der anderen Geraden.

Der Abstand einer Geraden zu einem Punkt ist die kürzeste Verbindung von der Geraden zu dem Punkt, diese Verbindung liegt in jedem Fall senkrecht zu der Geraden. Allerdings wird hier eine Gerade im Dreidimensionalen betrachtet, zu jedem Punkt der Geraden lässt sich eine ganze Ebene angeben, so dass alle Vektoren auf der Ebene senkrecht zu der Geraden sind. In der folgenden Zeichnung sind die Gerade g und der Punkt P eingezeichnet. Außerdem ist eine zu g senkrechte Ebene, die durch den Punkt P geht, eingezeichnet.

1: Die zuvor angeführte Methode der Abstandsbestimmung mittels einer parallelen Ebene ist in diesen Fällen nicht möglich, denn die Richtungsvektoren der Geraden sind in diesem Fall parallel.

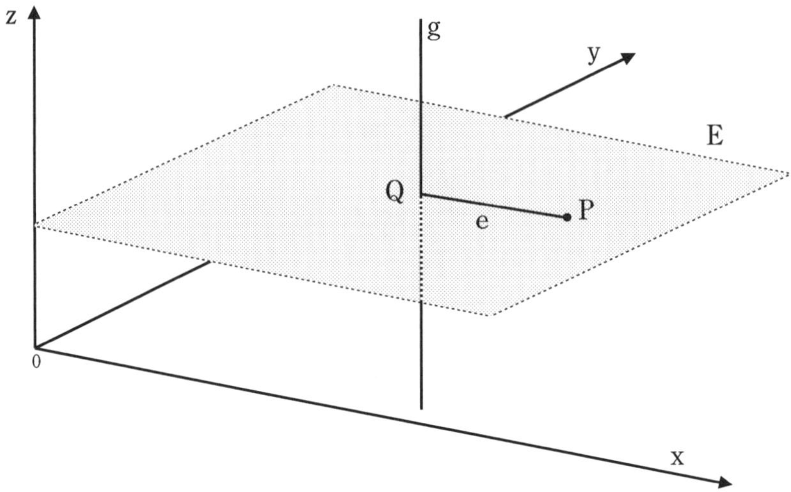

Der Abstand zwischen der Geraden und dem Punkt entspricht der eingezeichneten Strecke e. Um die Strecke e zu berechnen, muss man zunächst den Schnittpunkt der Ebene mit der Geraden bestimmen. In der Zeichnung ist dies der Punkt Q. Anschließend erhält man den Abstand als die Länge des Vektors $\overrightarrow{QP}$. An einem Beispiel wird das Verfahren nachfolgend dargestellt:

Es soll der Abstand des Punktes $P = \begin{pmatrix} 3 \\ 9 \\ 7 \end{pmatrix}$

von der Geraden $g\colon \vec{x} = \begin{pmatrix} 3 \\ 1 \\ 2 \end{pmatrix} + r \begin{pmatrix} 1 \\ 4 \\ 2 \end{pmatrix}$; $r \in \mathbb{R}$

bestimmt werden.

Zunächst muss die Ebenengleichung der Ebene, die durch den Punkt P geht und senkrecht zu der Geraden ist, bestimmt werden. Am leichtesten erhält man die Punkt-Normalenform der Ebene, denn der Richtungsvektor der Geraden ist ein Normalenvektor der Ebene, und der Aufpunktvektor zu P ist ein Aufpunktvektor der Ebene.

Also ergibt sich folgende Ebenengleichung:

$$E: \begin{pmatrix} 1 \\ 4 \\ 2 \end{pmatrix} * \vec{x} - \begin{pmatrix} 1 \\ 4 \\ 2 \end{pmatrix} * \begin{pmatrix} 3 \\ 9 \\ 7 \end{pmatrix} = 0$$

Um den Schnittpunkt der Geraden mit der Ebene zu berechnen kann man nun den Term, der sich für $\vec{x}$ aus der Geradengleichung ergibt, in die Ebenengleichung für $\vec{x}$ einsetzen. Hierbei ergibt sich:

$$\Rightarrow \begin{pmatrix} 1 \\ 4 \\ 2 \end{pmatrix} * \left(\begin{pmatrix} 3 \\ 1 \\ 2 \end{pmatrix} + r \begin{pmatrix} 1 \\ 4 \\ 2 \end{pmatrix} \right) - \begin{pmatrix} 1 \\ 4 \\ 2 \end{pmatrix} * \begin{pmatrix} 3 \\ 9 \\ 7 \end{pmatrix} = 0$$

Nun wird die Klammer ausmultipliziert und das hintere Skalarprodukt berechnet:

$$\Leftrightarrow \begin{pmatrix} 1 \\ 4 \\ 2 \end{pmatrix} * \begin{pmatrix} 3 \\ 1 \\ 2 \end{pmatrix} + r \begin{pmatrix} 1 \\ 4 \\ 2 \end{pmatrix} * \begin{pmatrix} 1 \\ 4 \\ 2 \end{pmatrix} - (1*3 + 4*9 + 2*7) = 0$$

Die anderen Skalarprodukte können jetzt ausgerechnet werden:

$$\Leftrightarrow 1*3 + 4*1 + 2*2 + r*(1*1 + 4*4 + 2*2) - 53 = 0$$

$$\Leftrightarrow 11 + r*21 - 53 = 0$$

$$\Leftrightarrow 21r - 42 = 0 \mid +42$$

$$\Leftrightarrow 21r = 42 \mid \div 21$$

$$\Leftrightarrow r = 2$$

Der gefundene Wert für r muss nun in die Geradengleichung eingesetzt werden:

$$\begin{pmatrix} 3 \\ 1 \\ 2 \end{pmatrix} + 2 * \begin{pmatrix} 1 \\ 4 \\ 2 \end{pmatrix} = \begin{pmatrix} 5 \\ 9 \\ 6 \end{pmatrix}$$

Der Schnittpunkt der Geraden mit der Ebene ist somit bestimmt worden. In der Zeichnung war dieser Punkt zuvor mit Q gekennzeichnet worden. Der Abstand des Punktes P zu der Geraden ergibt sich nun als die Länge des Vektors von Q nach P, dieser Vektor wird zunächst berechnet:

$$\overrightarrow{QP} = \vec{p} - \vec{q} = \begin{pmatrix} 3 \\ 9 \\ 7 \end{pmatrix} - \begin{pmatrix} 5 \\ 9 \\ 6 \end{pmatrix} = \begin{pmatrix} -2 \\ 0 \\ 1 \end{pmatrix}$$

Für die Länge des Vektors $\overrightarrow{QP}$ ergibt sich:

$$|\overrightarrow{QP}| = \sqrt{\begin{pmatrix} -2 \\ 0 \\ 1 \end{pmatrix} * \begin{pmatrix} -2 \\ 0 \\ 1 \end{pmatrix}}$$

$$= \sqrt{(-2) * (-2) + 0 * 0 + 1 * 1} = \sqrt{5}$$

Der Abstand zwischen der Geraden und dem Punkt beträgt somit $\sqrt{5}$ Längeneinheiten.

6 Vektorprodukt

6.1 Grundlagen

Es war im Zusammenhang mit dem Skalarprodukt bereits erwähnt worden, dass es auch eine Definition für ein Produkt zweier Vektoren gibt, bei der sich als Ergebnis wieder ein Vektor ergibt. Man nennt dieses Produkt deshalb Vektorprodukt.[1] Nachfolgend wird das Vektorprodukt definiert, wichtig ist hierbei, dass es nur für Vektoren aus dem Dreidimensionalen existiert. Es wird zunächst die Definition angeführt, und anschließend werden die sich aus dieser Definition ergebenden Eigenschaften erklärt. Es ist zwar sicherlich eleganter, wenn man das Vektorprodukt aus bestimmten Axiomen entwickelt, allerdings wird es dann auch recht kompliziert.

Das Vektorprodukt der Vektoren $\vec{a}$ und $\vec{b}$ aus dem $\mathbb{R}^3$ wird folgendermaßen definiert:

$$\vec{a} \times \vec{b} = \begin{pmatrix} a_1 \\ a_2 \\ a_3 \end{pmatrix} \times \begin{pmatrix} b_1 \\ b_2 \\ b_3 \end{pmatrix} = \begin{pmatrix} a_2b_3 - a_3b_2 \\ a_3b_1 - a_1b_3 \\ a_1b_2 - a_2b_1 \end{pmatrix}$$

Um das Vektorprodukt von dem Skalarprodukt zu unterscheiden, schreibt man bei dem Vektorprodukt kein normales Malzeichen, sondern ein Kreuz zwischen die zu multiplizierenden Vektoren. Man spricht entsprechend: „a Kreuz b".

Die Formel für das Vektorprodukt sieht ein bisschen kompliziert aus, daher soll zunächst eine Hilfestellung gegeben werden, wie man sich die Formel merken kann. Zunächst wird die erste Komponente des Vektorproduktes betrachtet:

1 Komponente: $a_2b_3 - a_3b_2$

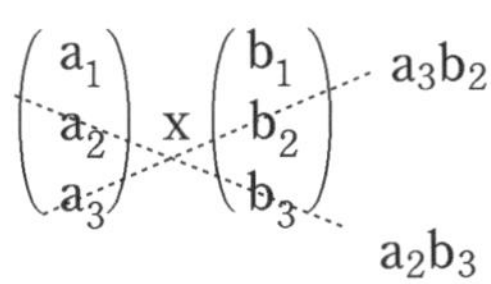

Die erste Komponente erhält man also, indem man jeweils über Kreuz die Produkte der anderen beiden Komponenten der Ausgangsvektoren bildet und diese Produkte dann voneinander abzieht.

1: Ein Produkt ist das Ergebnis einer Multiplikation.

Für die zweite Komponente gilt:

2 Komponente: $a_3b_1 - a_1b_3$

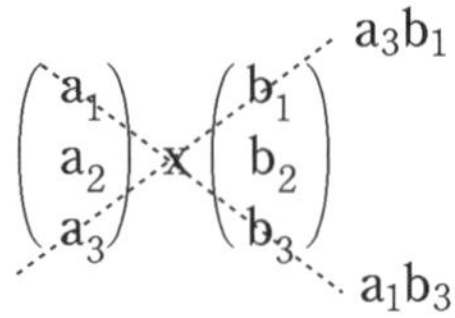

Auch in diesem Fall wird jeweils über Kreuz das Produkt der anderen beiden Komponenten gebildet. Allerdings steht diesmal vor dem Produkt, das sich auf der oben links beginnenden Diagonalen befindet (a_1b_3), das Minuszeichen.

Für die dritte Komponente gilt:

3 Komponente: $a_1b_2 - a_2b_1$

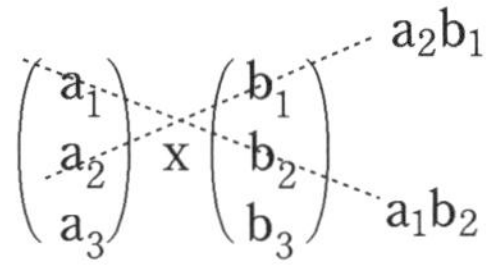

Insgesamt kann man also Folgendes festhalten: Zur Berechnung der einzelnen Komponenten des Vektorproduktes kann man jeweils die Überkreuzprodukte der anderen Komponenten der zu multiplizierenden Vektoren bilden. Die Komponente des Vektorproduktes ist jeweils die Differenz dieser Überkreuzprodukte, wobei bei der ersten und dritten Komponente das „links oben beginnende Produkt" vorne steht, während bei der zweiten Komponente das „links unten beginnende Produkt" vorne steht.

Natürlich sollte sich jeder selber überlegen, ob die vorherigen Ausführungen für ihn eine Hilfe zur Berechnung sind, ansonsten kann man natürlich auch die formale Definition lernen und diese jeweils zur Berechnung benutzen.[1]

Zunächst soll nun für ein Beispiel die Berechnung des Vektorproduktes durchgeführt werden:

Es soll das Vektorprodukt der beiden folgenden Vektoren $\vec{a}$ und $\vec{b}$ gebildet werden:

$$\vec{a} = \begin{pmatrix} -4 \\ 1 \\ 2 \end{pmatrix} \qquad \vec{b} = \begin{pmatrix} 0 \\ 3 \\ 5 \end{pmatrix}$$

1: Das Vektorprodukt kann auch mittels Determinanten berechnet werden, dies wird in Kapitel 9 beschrieben.

Es ergibt sich für das Vektorprodukt Folgendes:

$$\vec{a} \times \vec{b} = \begin{pmatrix} -4 \\ 1 \\ 2 \end{pmatrix} \times \begin{pmatrix} 0 \\ 3 \\ 5 \end{pmatrix} = \begin{pmatrix} 1*5-2*3 \\ 2*0-(-4)*5 \\ (-4)*3-1*0 \end{pmatrix}$$

$$= \begin{pmatrix} 5-6 \\ 0+20 \\ -12-0 \end{pmatrix} = \begin{pmatrix} -1 \\ 20 \\ -12 \end{pmatrix}$$

6.2 Vektorprodukt und Normalenvektor

Für das vorherige Beispiel soll nun das Skalarprodukt zwischen den Vektoren $\vec{a}$ bzw. $\vec{b}$ und ihrem Vektorprodukt $\vec{a} \times \vec{b} = \vec{c}$ bestimmt werden. Es ergibt sich:

$$\vec{a} * \vec{c} = \begin{pmatrix} -4 \\ 1 \\ 2 \end{pmatrix} * \begin{pmatrix} -1 \\ 20 \\ -12 \end{pmatrix} = (-4)*(-1) + 1*20 + 2*(-12) = 0$$

$$\vec{b} * \vec{c} = \begin{pmatrix} 0 \\ 3 \\ 5 \end{pmatrix} * \begin{pmatrix} -1 \\ 20 \\ -12 \end{pmatrix} = 0*(-1) + 3*20 + 5*(-12) = 0$$

Es ergibt sich in beiden Fällen 0 als Ergebnis für das Skalarprodukt. Ein Skalarprodukt ist aber gerade dann Null, wenn die Vektoren, die miteinander multipliziert werden, senkrecht zueinander stehen. Der Vektor $\vec{c}$ steht also senkrecht auf den Vektoren $\vec{a}$ und $\vec{b}$, aus denen er als Vektorprodukt berechnet wurde. Es stellt sich die Frage, ob dieser Zusammenhang generell gilt oder ob er nur zufällig bei dem gewählten Beispiel gegeben ist. Um dies zu überprüfen, wird nun für beliebige Vektoren $\vec{a}$ und $\vec{b}$ das Skalarprodukt mit ihrem Vektorprodukt gebildet. Für das Vektorprodukt der Vektoren $\vec{a}$ und $\vec{b}$ gilt:

$$\vec{c} = \vec{a} \times \vec{b} = \begin{pmatrix} a_1 \\ a_2 \\ a_3 \end{pmatrix} \times \begin{pmatrix} b_1 \\ b_2 \\ b_3 \end{pmatrix} = \begin{pmatrix} a_2 b_3 - a_3 b_2 \\ a_3 b_1 - a_1 b_3 \\ a_1 b_2 - a_2 b_1 \end{pmatrix}$$

Für die Skalarprodukte ergibt sich:

$$\vec{a} * \vec{c} = \begin{pmatrix} a_1 \\ a_2 \\ a_3 \end{pmatrix} * \begin{pmatrix} a_2b_3 - a_3b_2 \\ a_3b_1 - a_1b_3 \\ a_1b_2 - a_2b_1 \end{pmatrix}$$

$$= a_1 * (a_2b_3 - a_3b_2) + a_2 * (a_3b_1 - a_1b_3) + a_3 * (a_1b_2 - a_2b_1)$$

Jetzt werden die Terme ausmultipliziert:

$$= \mathbf{a_1a_2b_3} - \underline{a_1a_3b_2} + a_2a_3b_1 - \mathbf{a_2a_1b_3} + \underline{a_3a_1b_2} - a_3a_2b_1 = 0$$

Man erkennt nun, dass die beiden fett hervorgehobenen Terme identisch sind, allerdings ist der eine positiv und der andere negativ. Somit heben sich die beiden Terme auf. Genauso heben sich die beiden unterstrichenen Terme und die beiden verbleibenden Terme gegenseitig auf. Insgesamt ergibt sich also für das Skalarprodukt der Wert Null. Für den Vektor $\vec{b}$ kann man die gleiche Rechnung durchführen:

$$\vec{b} * \vec{c} = \begin{pmatrix} b_1 \\ b_2 \\ b_3 \end{pmatrix} * \begin{pmatrix} a_2b_3 - a_3b_2 \\ a_3b_1 - a_1b_3 \\ a_1b_2 - a_2b_1 \end{pmatrix}$$

$$= b_1 * (a_2b_3 - a_3b_2) + b_2 * (a_3b_1 - a_1b_3) + b_3 * (a_1b_2 - a_2b_1)$$

Jetzt werden die Terme ausmultipliziert:

$$= \mathbf{b_1a_2b_3} - \underline{b_1a_3b_2} + \underline{b_2a_3b_1} - b_2a_1b_3 + b_3a_1b_2 - \mathbf{b_3a_2b_1} = 0$$

> Das Vektorprodukt zweier linear unabhängiger Vektoren $\vec{a}$ und $\vec{b}$ steht also immer senkrecht auf den beiden Vektoren. Die Vektoren $\vec{a}$ und $\vec{b}$ spannen eine Ebene auf. Das Vektorprodukt von $\vec{a}$ und $\vec{b}$ steht senkrecht zu dieser Ebene und bildet somit einen Normalenvektor der Ebene.

Mittels des Vektorproduktes hat man nun eine sehr einfache Möglichkeit gefunden, um zu einer Ebene in Parameterdarstellung einen Normalenvektor zu ermitteln. Man muss einfach das Vektorprodukt der beiden Richtungsvektoren bilden, der hierbei entstehende Vektor ist ein Normalenvektor der Ebene.

Bisher wurde gezeigt, dass das Vektorprodukt senkrecht zu den beiden Vektoren, die miteinander multipliziert werden, steht. Es wurde aber noch nicht geklärt, in welche Richtung es zeigt, also auf welcher Seite sich der Pfeil befindet.

Es sei folgendes Vektorprodukt betrachtet:

$$\vec{a} \times \vec{b} = \vec{c}$$

Die Vektoren $\vec{a}$, $\vec{b}$ und $\vec{c}$ bilden ein Rechtssystem. Die Lage des Vektors $\vec{c}$ erhält man, indem man mit dem Daumen der rechten Hand in Richtung des Vektors $\vec{a}$ und mit dem Zeigefinger der rechten Hand in Richtung von $\vec{b}$ zeigt. Den Mittelfinger muss man nun so halten, dass er mit dem Daumen und dem Zeigefinger einen rechten Winkel bildet. Die Richtung, in die der Mittelfinger zeigt, ist die Richtung, in die der Vektor $\vec{c}$ zeigt.

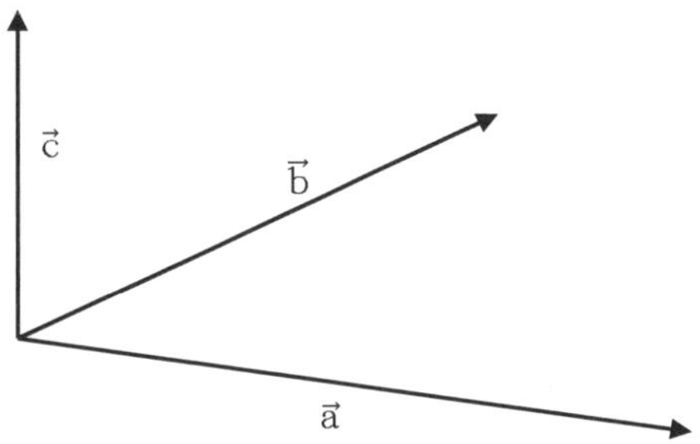

Die nebenstehend abgebildeten 3 Vektoren bilden beispielsweise ein Rechtssystem.

Zuvor war stets davon ausgegangen worden, dass die beiden zu multiplizierenden Vektoren linear unabhängig sind. Was für ein Ergebnis liefert das Vektorprodukt, wenn zwei linear abhängige Vektoren miteinander multipliziert werden?

Zur Überprüfung wird nachfolgend das Vektorprodukt eines Vektors mit einem Vielfachen dieses Vektors gebildet:

$$\vec{a} \times (r * \vec{a}) = \begin{pmatrix} a_1 \\ a_2 \\ a_3 \end{pmatrix} \times \begin{pmatrix} ra_1 \\ ra_2 \\ ra_3 \end{pmatrix} = \begin{pmatrix} a_2ra_3 - a_3ra_2 \\ a_3r\,a_1 - a_1ra_3 \\ a_1ra_2 - a_2ra_1 \end{pmatrix} = \begin{pmatrix} 0 \\ 0 \\ 0 \end{pmatrix}$$

Das Vektorprodukt zweier linear abhängiger Vektoren liefert somit den Nullvektor als Ergebnis.

6.3 Vektorprodukt und Flächenberechnung

Das Skalarprodukt kann auch mittels der Beträge der Vektoren und dem Cosinus des von den Vektoren eingeschlossenen Winkels berechnet werden. Auch für das Vektorprodukt gibt es eine ähnliche Formel.

Es kann gezeigt werden, dass der folgende Zusammenhang gültig ist:

Für den Betrag des Vektorproduktes der Vektoren $\vec{a}$ und $\vec{b}$ gilt:

$$|\vec{a} \times \vec{b}| = a * b * \sin(\gamma)$$

Wobei γ der von den beiden Vektoren eingeschlossene Winkel ist.

Nebenstehend ist der Sinus abgebildet worden. Anhand der Zeichnung lässt sich insbesondere erkennen, dass der Sinus von 0° und 180° Null ist und dass sich bei 90° für den Sinus ein Wert von Eins ergibt.

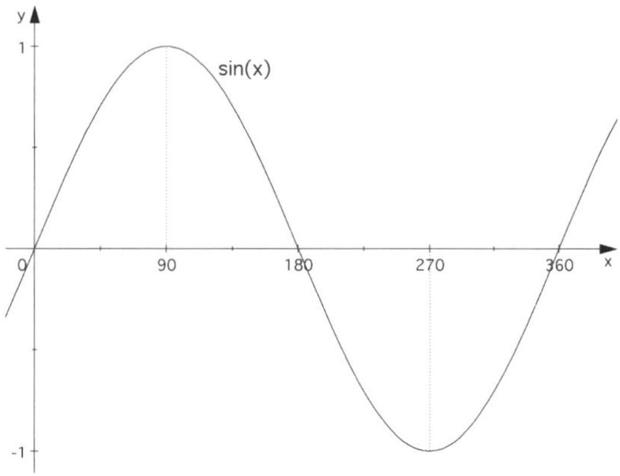

Am Ende des vorherigen Abschnittes war gezeigt worden, dass das Vektorprodukt von zwei linear abhängigen Vektoren Null ergibt. Zwei linear abhängige Vektoren liegen auf einer Geraden, der von ihnen eingeschlossene Winkel ist 0° oder 180°. Da der Sinus in diesen Fällen den Wert Null liefert, ergibt sich nach der zuvor angeführten Definition für den Betrag des Vektorproduktes zweier linear abhängiger Vektoren:

$$|\vec{a} \times \vec{b}| = a * b * \sin(0°) = a * b * 0 = 0$$

$$\text{bzw. } |\vec{a} \times \vec{b}| = a * b * \sin(180°) = a * b * 0 = 0$$

Natürlich ist mit diesem Beispiel die Gültigkeit des Zusammenhanges nicht bewiesen, aber er wird auf diese Weise zumindest etwas plausibel gemacht.

Wenn die beiden Vektoren einen Winkel von 90° einschließen, lässt sich das Vektorprodukt sehr elegant vereinfachen, in diesen Fällen gilt:

$$|\vec{a} \times \vec{b}| = a * b * \sin(90°) = a * b * 1 = a * b$$

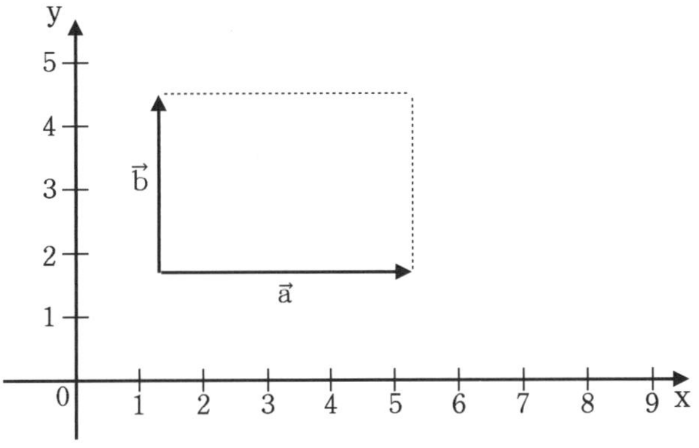

In der nebenstehenden Zeichnung sind zwei Vektoren $\vec{a}$ und $\vec{b}$, die einen Winkel von 90° einschließen, eingezeichnetworden. Die Vektoren wurden so eingezeichnet, dass sie denselben Anfangspunkt haben.

Die Vektoren bilden zusammen mit den beiden gestrichelten Linien ein Rechteck, man sagt, dass die beiden Vektoren das Rechteck aufspannen. Die Fläche des Rechteckes ergibt sich als das Produkt der beiden Seitenlängen zu $A_R = a * b$. Genau dies hat sich aber auch für den Betrag des Vektorproduktes der beiden Vektoren ergeben.

Nachfolgend sind zwei Vektoren eingezeichnet, die keinen rechten Winkel einschließen. Auch diese beiden Vektoren spannen eine Fläche auf, und zwar ein Parallelogramm. In der Zeichnung ist das Parallelogramm dargestellt. Die Fläche eines Parallelogramms ergibt sich, indem man eine Seite des Parallelogramms mit der zugehörigen Höhe multipliziert. Die zur Seite a gehörende Höhe ist in dem Parallelo-

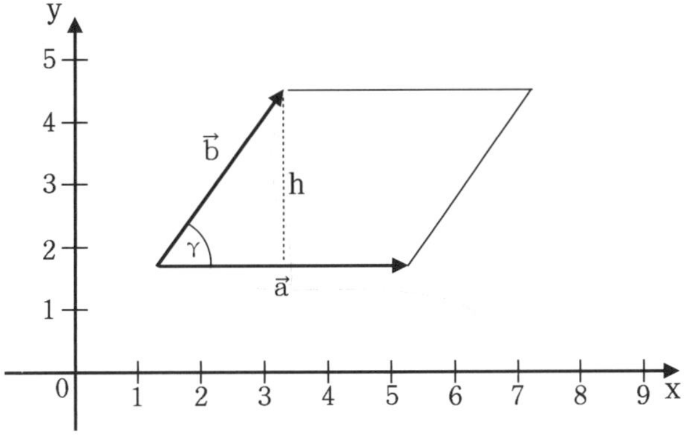

gramm eingezeichnet. Somit gilt für die Fläche des Parallelogramms:

$$A_P = a * h$$

Für das Vektorprodukt der Vektoren $\vec{a}$ und $\vec{b}$ gilt:

$$|\vec{a} \times \vec{b}| = a * b * \sin(\gamma)$$

Die Seite b in dem Dreieck bildet zusammen mit der Höhe h und einem Teil der Seite a ein rechtwinkliges Dreieck. In einem rechtwinkligen Dreieck gilt für den Sinus von γ:

$$\sin(\gamma) = \frac{\text{Gegenkathete}}{\text{Hypotenuse}}$$

Für das eingezeichnete Dreieck gilt also:

$$\sin(\gamma) = \frac{h}{b}$$

Bei dem Vektorprodukt kann man den Sinus nun durch den gefundenen Ausdruck ersetzen:

$$|\vec{a} \times \vec{b}| = a * b * \sin(\gamma) = a * b * \frac{h}{b} = a * h$$

$a * h$ ist, wie zuvor beschrieben, die Fläche des Parallelogramms.

Es lässt sich also folgender Zusammenhang festhalten:

> Der Betrag des Vektorproduktes zweier Vektoren entspricht der Fläche des von den beiden Vektoren aufgespannten Parallelogramms.
>
> $$A_{\text{Parallelogramm}} = |\vec{a} \times \vec{b}|$$

Es lässt sich mit dem Vektorprodukt aber nicht nur die Fläche von Parallelogrammen berechnen, sondern es kann auch die Fläche von Dreiecken bestimmt werden. Nachfolgend ist das durch die Vektoren $\vec{a}$ und $\vec{b}$ gebildete Dreieck eingezeichnet. Dieses Dreieck erhält man, indem man die Spitzen der Vektoren verbindet. Es lässt sich erkennen, dass die Fläche des Dreiecks gerade die Hälfte der Fläche

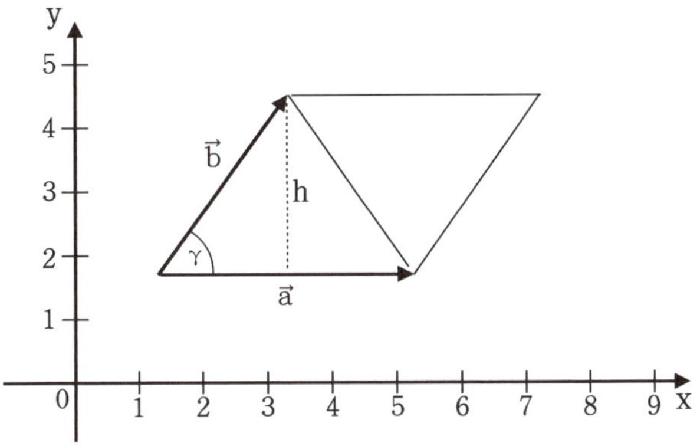

des von den Vektoren aufgespannten Parallelogramms beträgt. Somit kann die Fläche des Dreiecks folgendermaßen bestimmt werden:

> Die Fläche des von den Vektoren $\vec{a}$ und $\vec{b}$ aufgespannten Dreiecks entspricht der Hälfte des Betrages des Vektorproduktes von $\vec{a}$ und $\vec{b}$:
>
> $$A_{Dreieck} = \frac{1}{2}\left|\vec{a} \times \vec{b}\right|$$

Für die Berechnung von Flächen ist es nun keinesfalls erforderlich, dass man die Kantenvektoren bereits gegeben hat, es reicht aus, wenn man die Eckpunkte des Prallelogramms oder des Dreiecks kennt. Aus den Eckpunkten kann man dann die Kantenvektoren berechnen. An dem folgenden Beispiel soll dies demonstriert werden.

Es soll die Fläche des Dreiecks mit den Eckpunkten A(1|1|1), B(2|3|-2) und C(4|-3|3) berechnet werden.

Zunächst müssen zwei Kantenvektoren gebildet werden. Es war zuvor bereits gezeigt worden, dass man den Vektor zwischen zwei Punkten als die Differenz der Ortsvektoren der Punkte erhält:

$$\overrightarrow{AB} = \vec{b} - \vec{a}$$
$$\overrightarrow{AC} = \vec{c} - \vec{a}$$

Also ergibt sich Folgendes:

$$\overrightarrow{AB} = \vec{b} - \vec{a} = \begin{pmatrix} 2 \\ 3 \\ -2 \end{pmatrix} - \begin{pmatrix} 1 \\ 1 \\ 1 \end{pmatrix} = \begin{pmatrix} 1 \\ 2 \\ -3 \end{pmatrix}$$

$$\overrightarrow{AC} = \vec{c} - \vec{a} = \begin{pmatrix} 4 \\ -3 \\ 3 \end{pmatrix} - \begin{pmatrix} 1 \\ 1 \\ 1 \end{pmatrix} = \begin{pmatrix} 3 \\ -4 \\ 2 \end{pmatrix}$$

Für das Vektorprodukt der beiden Vektoren ergibt sich:

$$\overrightarrow{AB} \text{ x } \overrightarrow{AC} = \begin{pmatrix} 1 \\ 2 \\ -3 \end{pmatrix} \text{ x } \begin{pmatrix} 3 \\ -4 \\ 2 \end{pmatrix} = \begin{pmatrix} 2*2-(-3)*(-4) \\ (-3)*3-1*2 \\ 1*(-4)-2*3 \end{pmatrix}$$

$$= \begin{pmatrix} 4-12 \\ -9-2 \\ -4-6 \end{pmatrix} = \begin{pmatrix} -8 \\ -11 \\ -10 \end{pmatrix}$$

Nun muss der Betrag des Vektorproduktes bestimmt werden:

$$|\overrightarrow{AB} \text{ x } \overrightarrow{AC}| = \sqrt{\begin{pmatrix} -8 \\ -11 \\ -10 \end{pmatrix} * \begin{pmatrix} -8 \\ -11 \\ -10 \end{pmatrix}}$$

$$= \sqrt{(-8)*(-8)+(-11)*(-11)+(-10)*(-10)}$$

$$= \sqrt{64+121+100} = \sqrt{285}$$

Die Fläche des Dreiecks ist die Hälfte des Betrages des Vektorproduktes, somit ergibt sich:

$$A_{Dreieck} = \frac{1}{2} |\overrightarrow{AB} \text{ x } \overrightarrow{AC}| = \frac{1}{2} * \sqrt{285} = 8{,}441$$

Die Fläche des Dreiecks beträgt 8,441 Flächeneinheiten.

6.4 Zusammenfassung der Eigenschaften des Vektorproduktes

Nachfolgend wird ein Überblick über die Eigenschaften des Vektorproduktes gegeben. Am Ende sind weiterhin einige Gesetze angegeben, die für das Vektorprodukt gelten.

1) Das Vektorprodukt der Vektoren $\vec{a}$ und $\vec{b}$ aus dem $\mathbb{R}^3$ ist folgendermaßen definiert:

$$\vec{a} \times \vec{b} = \begin{pmatrix} a_1 \\ a_2 \\ a_3 \end{pmatrix} \times \begin{pmatrix} b_1 \\ b_2 \\ b_3 \end{pmatrix} = \begin{pmatrix} a_2b_3 - a_3b_2 \\ a_3b_1 - a_1b_3 \\ a_1b_2 - a_2b_1 \end{pmatrix}$$

2) Das Vektorprodukt zweier linear unabhängiger Vektoren steht immer senkrecht auf den beiden Vektoren. Das Vektorprodukt stellt somit einen Normalenvektor der von $\vec{a}$ und $\vec{b}$ aufgespannten Ebene dar.

3) Die Vektoren $\vec{a}$, $\vec{b}$ und $\vec{a} \times \vec{b}$ bilden ein Rechtssystem.

4) Das Vektorprodukt zweier linear abhängiger Vektoren liefert den Nullvektor als Ergebnis.

5) Für den Betrag des Vektorproduktes der Vektoren $\vec{a}$ und $\vec{b}$ gilt:

$$|\vec{a} \times \vec{b}| = a * b * \sin(\gamma)$$

Wobei γ der von den beiden Vektoren eingeschlossene Winkel ist.

6) Der Betrag des Vektorproduktes zweier Vektoren entspricht der Fläche des von den beiden Vektoren aufgespannten Parallelogramms.

$$A_{\text{Parallelogramm}} = |\vec{a} \times \vec{b}|$$

7) Die Fläche des von den Vektoren $\vec{a}$ und $\vec{b}$ aufgespannten Dreiecks entspricht der Hälfte des Betrages des Vektorproduktes von $\vec{a}$ und $\vec{b}$:

$$A_{\text{Dreieck}} = \frac{1}{2} |\vec{a} \times \vec{b}|$$

8) Das Vektorprodukt ist antikommutativ, es gilt:

$$\vec{a} \times \vec{b} = - \vec{b} \times \vec{a}$$

9) Es gilt das Distributivgesetz:

$$\vec{a} \times (\vec{b} + \vec{c}) = \vec{a} \times \vec{b} + \vec{a} \times \vec{c}$$

10) Es gilt das gemischte Assoziativgesetz:

$$(r * \vec{a}) \times \vec{b} = r * (\vec{a} \times \vec{b})$$

11) Das Assoziativgesetz gilt nicht, das heißt, im Allgemeinen ist

$$(\vec{a} \times \vec{b}) \times \vec{c} \neq \vec{a} \times (\vec{b} \times \vec{c})$$

6.5 Volumenberechnung

Man kann das Vektorprodukt auch zur Volumenberechnung verwenden. Nachfolgend werden die entsprechenden Zusammenhänge dargestellt.

Die Erweiterung eines Rechteckes ins Dreidimensionale ist ein Quader. Nachfolgend ist ein Quader dargestellt.

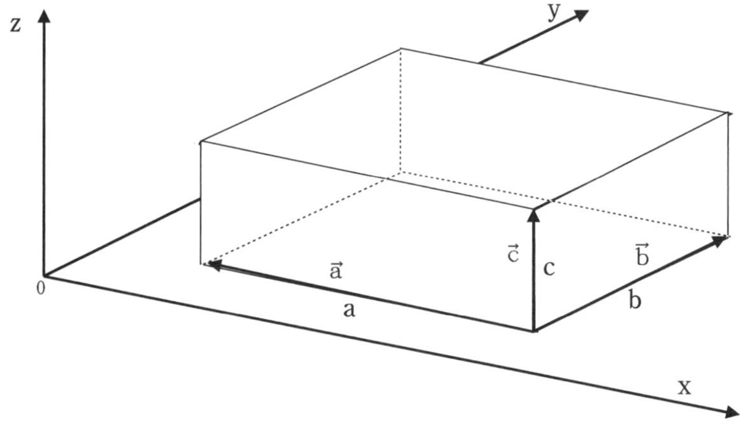

Das Volumen eines Quaders erhält man, indem man die Kanten miteinander multipliziert:

$$V_Q = a * b * c$$

Alternativ kann man auch schreiben:

$$V_Q = \text{Grundfläche} * \text{Höhe} = (a * b) * c$$

Die Grundfläche kann, wie zuvor gezeigt, mittels des Vektorproduktes berechnet werden:

$$\text{Grundfläche} = |\vec{a} \times \vec{b}|$$

$\vec{a} \times \vec{b}$ ist ein Vektor, der senkrecht zur Grundfläche steht und den Betrag der Grundfläche hat. Was ergibt sich, wenn das Skalarprodukt aus diesem Vektor und dem Vektor $\vec{c}$ gebildet wird?

$$(\vec{a} \times \vec{b}) * \vec{c}$$

Der Vektor $\vec{c}$ steht senkrecht zu der Grundfläche[1], somit sind die Vektoren $(\vec{a} \times \vec{b})$ und $\vec{c}$ parallel zueinander. Für das Skalarprodukt gilt:

$$(\vec{a} \times \vec{b}) * \vec{c} = |\vec{a} \times \vec{b}| * |\vec{c}| * \cos(\gamma)$$

Da $(\vec{a} \times \vec{b})$ und $\vec{c}$ parallel zueinander sind, beträgt der Winkel zwischen ihnen 0° oder 180°. Der Kosinus liefert somit den Wert 1 oder -1. Insgesamt ergibt sich für das betrachtete Produkt:

$$(\vec{a} \times \vec{b}) * \vec{c} = \pm 1 * |\vec{a} \times \vec{b}| * |\vec{c}|$$

$|\vec{a} \times \vec{b}|$ ist die Grundfläche, es gilt $|\vec{a} \times \vec{b}| = a * b$. Also insgesamt:

$$(\vec{a} \times \vec{b}) * \vec{c} = \pm a * b * |\vec{c}| = \pm a * b * c$$

Wenn man noch den Betrag des Produktes nimmt, ist das Ergebnis immer positiv und es ergibt sich somit das Volumen des Quaders:

$$|(\vec{a} \times \vec{b}) * \vec{c}| = a * b * c$$

Für einen Quader wurde somit gezeigt, dass man das Volumen auch mittels eines Vektorproduktes und eines Skalarproduktes der Kantenvektoren berechnen kann. Man hätte aber auch zunächst von jedem der Vektoren den Betrag berechnen und dann das Produkt der Beträge bilden können. Das Wesentliche an dem vorherigen Zusammenhang ist, dass sich auf diese Weise nicht nur das Volumen eines Quaders berechnen lässt.

Nachfolgend wird ein Spat betrachtet, ein Spat ist gewissermaßen ein in den Raum erweitertes Parallelogramm. In der folgenden Zeichnung ist ein Spat dargestellt. Die Winkel zwischen den Vektoren eines Spates müssen nicht 90° sein. Der Quader ist somit ein Spezialfall eines Spates, so wie auch das Rechteck ein Spezialfall eines Parallelogrammes ist.

1: Dies ist definitionsgemäß so bei einem Quader.

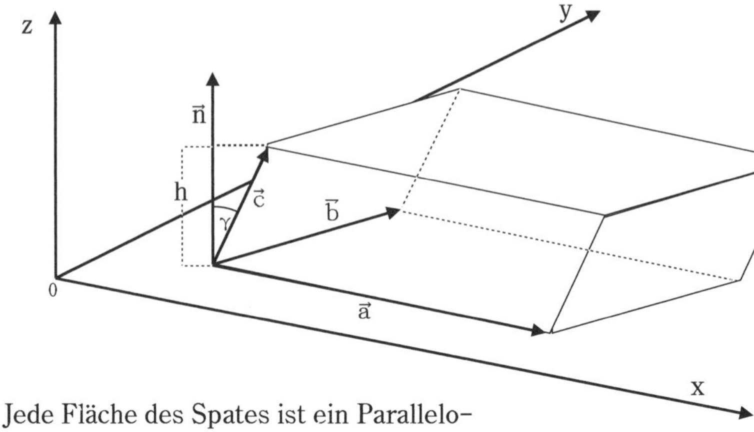

Jede Fläche des Spates ist ein Parallelogramm. Aus den Betrachtungen zu den Parallelogrammen kann man somit für die Grundfläche des Spates bereits feststellen, dass diese dem Betrag des Vektorproduktes der sie aufspannenden Vektoren $\vec{a}$ und $\vec{b}$ entspricht. Das Volumen des Spates erhält man, indem man die Grundfläche mit der Höhe des Spates multipliziert:

$$V_S = |\vec{a} \text{ x } \vec{b}| * h$$

In der Zeichnung erkennt man, dass die Höhe h mit dem Vektor $\vec{c}$ und der dicken gestrichelten Linie ein rechtwinkliges Dreieck bildet. Für den Kosinus von γ gilt:

$$\cos(\gamma) = \frac{\text{Ankathete}}{\text{Hypotenuse}}$$

Also ergibt sich:

$$\cos(\gamma) = \frac{h}{c} \mid *c$$

Diese Bedingung kann umgeformt werden:

$$\Leftrightarrow c * \cos(\gamma) = h$$

Nun soll noch einmal das Skalarprodukt aus ($\vec{a}$ x $\vec{b}$) und $\vec{c}$ betrachtet werden:

$$(\vec{a} \text{ x } \vec{b}) * \vec{c} = |\vec{a} \text{ x } \vec{b}| * |\vec{c}| * \cos(\gamma)$$

Hier wurde zunächst nur die Definition des Skalarproduktes verwendet. Aus den vorherigen Betrachtungen weiß man nun, dass $|\vec{a} \text{ x } \vec{b}|$ die Grundfläche und $|\vec{c}| * \cos(\gamma)$ die Höhe des Spates ist.

Es ergibt sich also:

$$(\vec{a} \times \vec{b}) * \vec{c} = |\vec{a} \times \vec{b}| * |\vec{c}| * \cos(\gamma) = |\vec{a} \times \vec{b}| * h = V_S$$

Eine kleine Modifikation muss noch durchgeführt werden ($\vec{a} \times \vec{b}$) liefert immer einen Normalenvektor zu der Ebene, aber der Vektor kann auch in die entgegengesetzte Richtung, wie der Winkel in der Zeichnung, zeigen. In diesen Fällen ergibt sich für den Kosinus ein negativer Wert. Die allgemeine Lösung erhält man daher, indem man, wie schon bei der Berechnung des Volumens eines Quaders, den Betrag des Produktes nimmt. Es ergibt sich also allgemein für das Volumen eines Spates folgender Zusammenhang.

Das Volumen des von den Vektoren $\vec{a}$, $\vec{b}$ und $\vec{c}$ aufgespannten Spates beträgt:

$$V_S = |(\vec{a} \times \vec{b}) * \vec{c}|$$

Man nennt das Produkt $(\vec{a} \times \vec{b}) * \vec{c}$ deshalb auch Spatprodukt.

Mit Hilfe des Spatproduktes kann man aber nicht nur das Volumen eines Spates berechnen, sondern es kann auch das Volumen einer Pyramide bestimmt werden.

In der folgenden Zeichnung ist eine dreiseitige Pyramide[1] dargestellt.

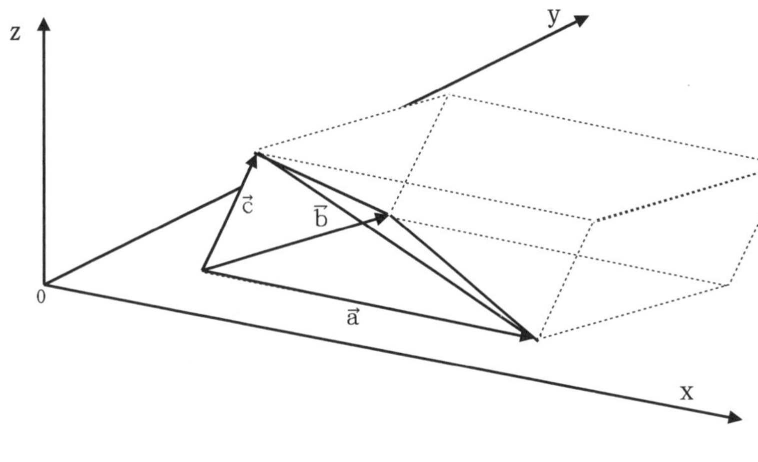

1: Eine dreiseitige Pyramide hat zusammen mit der Grundfläche 4 Flächen, man nennt sie daher auch Vierflach.

Die Pyramide wird von den Vektoren $\vec{a}$, $\vec{b}$ und $\vec{c}$ aufgespannt. Die drei Vektoren spannen auch den gestrichelt eingezeichneten Spat auf.

Für das Volumen des Spates gilt:

$$V_S = |(\vec{a} \times \vec{b}) * \vec{c}| = G_S * h$$

Hierbei ist G_S die Grundfläche des Spates und h seine Höhe.

Für das Volumen einer Pyramide gilt:

$$V_{Pyramide} = \frac{1}{3} * G_P * h$$

G_P ist hierbei die Grundfläche der Pyramide und h ihre Höhe. Wie man in der Zeichnung erkennt, haben der Spat und die Pyramide die gleiche Höhe. Das Dreieck, das die Grundfläche der dreiseitigen Pyramide bildet, macht gerade die Hälfte der Fläche des Parallelogramms, das von den Vektoren $\vec{a}$ und $\vec{b}$ aufgespannt wird, aus.

$$G_P = \frac{1}{2} * G_S$$

G_P kann nun in der Gleichung für das Volumen der Pyramide entsprechend ersetzt werden:

$$V_{\text{dreiseitige Pyramide}} = \frac{1}{3} * \frac{1}{2} * G_S * h$$

$G_S * h$ stellt das Spatprodukt dar und wird entsprechend nachfolgend durch dieses ersetzt:

$$V_{\text{dreiseitige Pyramide}} = \frac{1}{6} * |(\vec{a} \times \vec{b}) * \vec{c}|$$

Abschließend sollen noch zwei Regeln für das Spatprodukt angegeben werden:

1) Die Vektoren sind zyklisch vertauschbar:
$(\vec{a} \times \vec{b}) * \vec{c} = (\vec{b} \times \vec{c}) * \vec{a} = (\vec{c} \times \vec{a}) * \vec{b}$

2) Die Rechenoperationen sind vertauschbar:
$(\vec{a} \times \vec{b}) * \vec{c} = \vec{a} * (\vec{b} \times \vec{c})$

6.6 Abstand zwischen zwei windschiefen Geraden

In Abschnitt 5.6.4.4 wurde der Abstand zweier windschiefer Geraden untersucht. Dabei musste ein Normalenvektor zu einer Ebene in Parameterform gebildet werden. Diese Berechnung kann mit dem Vektorprodukt sehr einfach durchgeführt werden. Es kann aber auch eine Formel für den Abstand zweier windschiefer Geraden ermittelt werden.

Es seien zwei Geraden gegeben, die windschief sind:

$$g_1: \ \vec{x} = \vec{p} + r_1 \vec{a} \quad ; r_1 \in \mathbb{R}$$

$$g_2: \ \vec{x} = \vec{q} + r_2 \vec{b} \quad ; r_2 \in \mathbb{R}$$

Wird eine der Geraden um den Richtungsvektor der anderen erweitert, erhält man eine Ebene die zu der anderen Geraden den gleichen Abstand hat wie die beiden Geraden untereinander. Nachfolgend wird g_1 erweitert:

$$E: \ \vec{x} = \vec{p} + r_1 \vec{a} + r_2 \vec{b} \quad ; r_1, r_2 \in \mathbb{R}$$

Einen Normalenvektor dieser Ebene erhält man als das Vektorprodukt der beiden Richtungsvektoren:

$$\vec{n} = \vec{a} \times \vec{b}$$

Wird dieser durch den Betrag (die Länge) von $\vec{a} \times \vec{b}$ geteilt, ergibt sich ein Einheitsnormalenvektor der Ebene:

$$\vec{n}_0 = \frac{\vec{a} \times \vec{b}}{|\vec{a} \times \vec{b}|}$$

Die Hessesche Normalenform der Ebene lautet:

$$E: \ \frac{\vec{a} \times \vec{b}}{|\vec{a} \times \vec{b}|} * \vec{x} - \frac{\vec{a} \times \vec{b}}{|\vec{a} \times \vec{b}|} * \vec{p}$$

Den Abstand der Ebene zu der Geraden g_2 erhält man, indem der Aufpunktvektor von g_2 in die Hessesche Normalenform eingesetzt wird:

$$e = \frac{\vec{a} \times \vec{b}}{|\vec{a} \times \vec{b}|} * \vec{q} - \frac{\vec{a} \times \vec{b}}{|\vec{a} \times \vec{b}|} * \vec{p}$$

$$= \frac{\vec{a} \times \vec{b}}{|\vec{a} \times \vec{b}|} * (\vec{q} - \vec{p})$$

Der Abstand der beiden Geraden ist $|e|$.

Insgesamt gilt also der nachfolgend dargestellte Zusammenhang:

> Der Abstand zweier windschiefer Geraden mit den Riichtungsvektoren $\vec{a}$ und $\vec{b}$, sowie den Aufpunktvektoren $\vec{p}$ und $\vec{q}$, beträgt:
>
> $$|e| = \left|\frac{\vec{a} \times \vec{b}}{|\vec{a} \times \vec{b}|} * (\vec{q} - \vec{p})\right|$$

Nun soll noch einmal das Beispiel aus Abschnitt 5.6.4.4 mit der angeführten Formel berechnet werden. Die beiden Geraden lauteten folgendermaßen:

$$g_1\colon\ \vec{x} = \begin{pmatrix} 0 \\ 1 \\ 2 \end{pmatrix} + r_1 \begin{pmatrix} 1 \\ 1 \\ 3 \end{pmatrix} \quad ;r_1 \in \mathbb{R}$$

$$g_2\colon\ \vec{x} = \begin{pmatrix} 0 \\ 3 \\ 5 \end{pmatrix} + r_2 \begin{pmatrix} 1 \\ 2 \\ 2 \end{pmatrix} \quad ;r_2 \in \mathbb{R}$$

Für das Vektorprodukt der beiden Richtungsvektoren ergibt sich:

$$\vec{a} \times \vec{b} = \begin{pmatrix} 1 \\ 1 \\ 3 \end{pmatrix} \times \begin{pmatrix} 1 \\ 2 \\ 2 \end{pmatrix} = \begin{pmatrix} 1*2 - 3*2 \\ 3*1 - 1*2 \\ 1*2 - 1*1 \end{pmatrix} = \begin{pmatrix} -4 \\ 1 \\ 1 \end{pmatrix}$$

Für die Länge des Vektors $\vec{a} \times \vec{b}$ ergibt sich:

$$|\vec{a} \times \vec{b}| = \sqrt{\begin{pmatrix} -4 \\ 1 \\ 1 \end{pmatrix} * \begin{pmatrix} -4 \\ 1 \\ 1 \end{pmatrix}}$$

$$= \sqrt{(-4)*(-4) + 1*1 + 1*1} = \sqrt{18}$$

Nun kann in die Formel für e eingesetzt werden

$$e = \frac{1}{\sqrt{18}} * \begin{pmatrix} -4 \\ 1 \\ 1 \end{pmatrix} * \left(\begin{pmatrix} 0 \\ 3 \\ 5 \end{pmatrix} - \begin{pmatrix} 0 \\ 1 \\ 2 \end{pmatrix}\right)$$

$$= \frac{1}{\sqrt{18}} * \begin{pmatrix} -4 \\ 1 \\ 1 \end{pmatrix} * \begin{pmatrix} 0 \\ 2 \\ 3 \end{pmatrix}$$

$$= \frac{1}{\sqrt{18}} * ((-4)*0 + 1*2 + 1*3) = \frac{1}{\sqrt{18}} * 5 = 1{,}179$$

Der Abstand der beiden Geraden beträgt 1,179 Längeneinheiten.

7 Kreis und Kugel

7.1 Kreis- und Kugelgleichung

Wie kann man alle Punkte, die auf einem Kreis liegen, beschreiben?

Sie sind genau dadurch gekennzeichnet, dass sie alle denselben Abstand zum Mittelpunkt des Kreises haben.

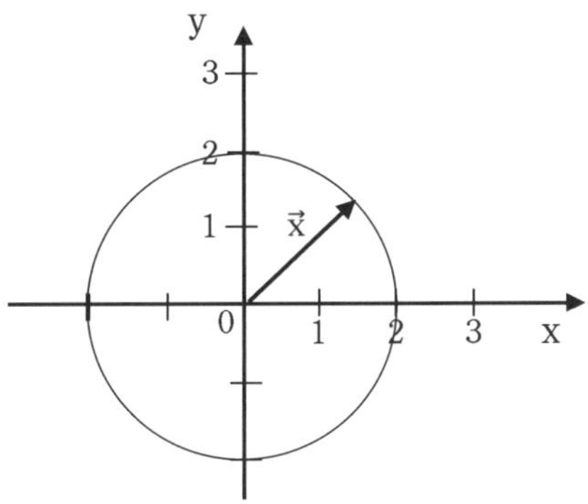

Nebenstehend ist ein Kreis mit dem Ursprung als Mittelpunkt gezeichnet. Der Vektor $\vec{x}$ führt von dem Ursprung aus auf den Kreis. Alle Vektoren, die vom Ursprung aus auf den Kreis führen, haben dieselbe Länge, in diesem Fall die Länge 2. Der Kreis kann als die Menge aller Ortsvektoren mit der Länge 2 beschrieben werden. Für die Länge eines Vektors (seinen Betrag) wurde in Abschnitt 5.1.5 folgender Zusammenhang angeführt:

$$x = |\vec{x}| = \sqrt{\vec{x} * \vec{x}}$$

Für die Vektoren $\vec{x}$, die auf den Kreis führen, soll die Länge 2 betragen, somit muss gelten:

$$\sqrt{\vec{x} * \vec{x}} = 2$$

Wird diese Gleichung quadriert, ergibt sich:

$$\vec{x} * \vec{x} = 2^2$$

$$\Leftrightarrow \vec{x}^2 = 2^2$$

Alle Vektoren $\vec{x}$, die die Gleichung erfüllen, führen auf den zuvor dargestellten Kreis.

Für einen Kreis um den Ursprung muss also gelten, dass das Quadrat der Ortsvektoren identisch mit dem Quadrat des Radius des Kreises ist. Wird der Radius des Kreises mit r bezeichnet, ergibt sich somit folgende Gleichung:

$$\vec{x}^2 = r^2$$

Nun wird man die Betrachtungen aber nicht nur auf Kreise, die um den Ursprung liegen, beschränken wollen. Nachfolgend ist ein Kreis dargestellt dessen Mittelpunkt nicht im Ursprung liegt:

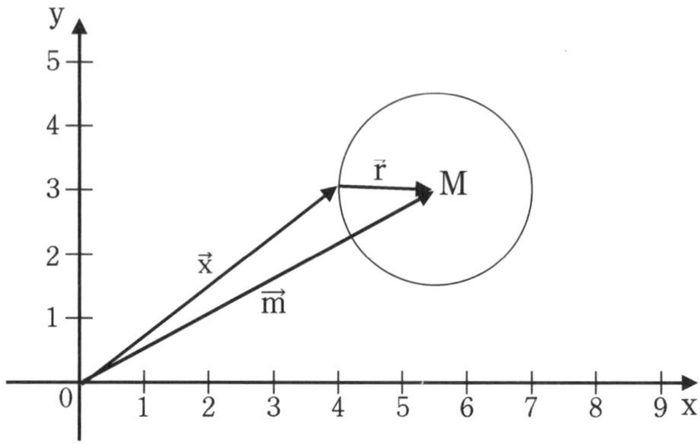

In der Zeichnung wurde ein Vektor zum Mittelpunkt des Kreises $\vec{m}$ und ein Vektor zu einem Punkt des Kreises $\vec{x}$ eingezeichnet. Wenn man nun den Vektor $\vec{x}$ von dem Vektor $\vec{m}$ abzieht, erhält man den eingezeichneten Vektor $\vec{r}$, seine Länge entspricht gerade dem Radius des Kreises. Der Zusammenhang gilt für alle Vektoren $\vec{x}$, die vom Ursprung zum Kreis führen.

Somit entspricht der Radius eines Kreises dem Betrag des Differenzvektors $\vec{m} - \vec{x}$:

$$|\vec{m} - \vec{x}| = r$$

Auch in diesem Fall kann man den Zusammenhang quadrieren und erhält:

$$(\vec{m} - \vec{x})^2 = r^2$$

Die gefundene Gleichung beschreibt einen beliebigen Kreis, der zuvor beschriebene Kreis mit dem Ursprung als Mittelpunkt ergibt sich als Spezialfall dieser Gleichung für $\vec{m} = \vec{0}$.

Für einen Kreis gilt:

> Ein Kreis, dessen Mittelpunkt den Ortsvektor $\vec{m}$ hat und dessen Radius r ist, wird durch die folgende Gleichung beschrieben:
>
> $$(\vec{m} - \vec{x})^2 = r^2 \; ; \vec{m}, \vec{x} \in \mathbb{R}^2$$

Für eine Kugel gilt genauso wie für einen Kreis, dass alle Punkte der Kugel vom Mittelpunkt der Kugel gleich weit entfernt sind. Daher wird eine Kugel durch dieselbe Gleichung wie ein Kreis beschrieben, der Unterschied liegt nur darin, dass die Vektoren bei der Kugel aus dem Dreidimensionalen stammen:

> Eine Kugel, deren Mittelpunkt den Ortsvektor $\vec{m}$ hat und deren Radius r ist, wird durch die folgende Gleichung beschrieben:
>
> $$(\vec{m} - \vec{x})^2 = r^2\ ;\ \vec{m},\ \vec{x} \in \mathbb{R}^3$$

Wichtig ist, dass hier unter einer Kugel nur die äußere Kugelschale zu verstehen ist. Es werden durch die Gleichung also nicht die Punkte in der Kugel, sondern es werden gewissermaßen alle Punkte am Rand der Kugel beschrieben. Wenn hier von Kugel gesprochen wird, so ist stets dieser „Rand“ gemeint.

Bisweilen wird die zuvor angeführte Form der Kreis-/Kugelgleichung auch als Verschiebungsform bezeichnet. Der Spezialfall, bei dem der Ursprung der Mittelpunkt des Kreises (der Kugel) ist, wird dann Mittelpunktsform genannt.

Anhand eines Beispiels soll nun eine Kugelgleichung aufgestellt werden. Es soll die Gleichung einer Kugel, die den Mittelpunkt M(3|4|0) hat und auf der der Punkt P(2|2|2) liegt, bestimmt werden.

Aus dem Punkt P und dem Mittelpunkt kann man den Radius der Kugel bestimmen. Hierzu muss der Betrag des Differenzvektors bestimmt werden[1]. Es gilt:

$$(\vec{m} - \vec{p})^2 = r^2$$

Es wird also der Aufpunktvektor $\vec{p}$ für $\vec{x}$ in die Kugelgleichung eingesetzt. Nachfolgend werden die konkreten Werte eingesetzt:

$$\left(\begin{pmatrix} 3 \\ 4 \\ 0 \end{pmatrix} - \begin{pmatrix} 2 \\ 2 \\ 2 \end{pmatrix}\right)^2 = r^2$$

Diese Gleichung wird nach r aufgelöst:

$$\Leftrightarrow \begin{pmatrix} 1 \\ 2 \\ -2 \end{pmatrix}^2 = r^2$$

1: Nachfolgend wird $\vec{p}$ in die Kugelgleichung eingesetzt. Man erhält das gleiche Ergebnis, wenn man ganz normal den Betrag des Differenzvektors bestimmt, also $r = \left|\vec{m} - \vec{p}\right|$ berechnet.

$$\Leftrightarrow 1^2 + 2^2 + (-2)^2 = r^2$$

$$\Leftrightarrow 9 = r^2 \mid \sqrt{\ }$$

$$\Rightarrow r = 3$$

Die Gleichung der Kugel lautet also:

$$\left(\begin{pmatrix} 3 \\ 4 \\ 0 \end{pmatrix} - \vec{x}\right)^2 = 3^2$$

7.2 Schnittmengen mit Punkten, Geraden und Ebenen

7.2.1 Lage von Punkten

Bei einem Punkt kann man relativ einfach feststellen, ob er innerhalb, auf, oder außerhalb eines Kreises oder einer Kugel liegt.

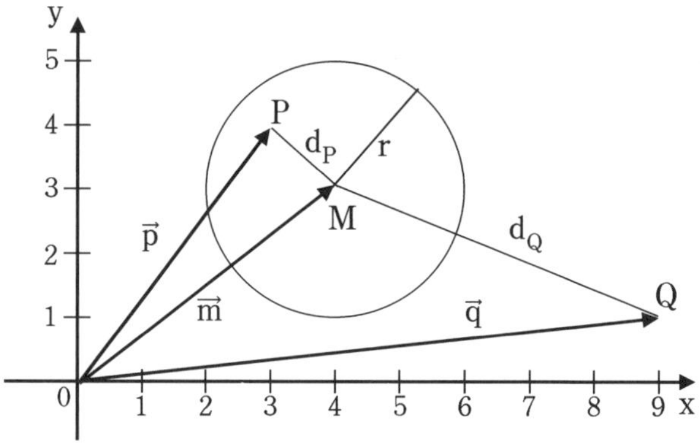

In der nebenstehenden Graphik sind die Punkte P und Q eingezeichnet worden. Der Punkt P liegt in dem Kreis, während der Punkt Q außerhalb des Kreises liegt. Der Abstand von P zum Mittelpunkt d_P ist kleiner als der Radius des Kreises, er entspricht dem Betrag von $(\vec{m} - \vec{p})$. Es muss für einen Punkt innerhalb des Kreises also gelten:

$$|\vec{m} - \vec{p}| < r$$

Wie schon zuvor bei der Kreisgleichung ist es auch hier üblich, die Bedingung in der quadrierten Form anzugeben:

$$(\vec{m} - \vec{p})^2 < r^2$$

Der Punkt Q liegt außerhalb des Kreises, sein Abstand zum Mittelpunkt d_Q ist größer als der Radius des Kreises. Es gilt also

$$(\vec{m} - \vec{q})^2 > r^2$$

Für einen Punkt auf dem Kreis ist die Kreisgleichung erfüllt, sein Abstand zum Mittelpunkt entspricht genau dem Radius des Kreises. Der Punkt A liegt genau dann auf dem Kreis, wenn die folgende Gleichung erfüllt ist:

$$(\vec{m} - \vec{a})^2 = r^2$$

Für eine Kugel gelten prinzipiell genau die gleichen Zusammenhänge. Ein Punkt liegt innerhalb der Kugel, wenn sein Abstand zum Mittelpunkt der Kugel kleiner als der Radius der Kugel ist usw.

Insgesamt kann folgendes festgehalten werden:

Es seien ein Punkt P mit dem Aufpunktvektor $\vec{p}$ und ein Kreis (eine Kugel) mit der folgenden Gleichung gegeben:

$$(\vec{m} - \vec{x})^2 = r^2$$

Der Punkt P liegt

innerhalb des Kreises (der Kugel) genau dann, wenn gilt:

$$(\vec{m} - \vec{p})^2 < r^2$$

auf dem Kreis (der Kugel) genau dann, wenn gilt:

$$(\vec{m} - \vec{p})^2 = r^2$$

außerhalb des Kreises (der Kugel) genau dann, wenn gilt:

$$(\vec{m} - \vec{p})^2 > r^2$$

7.2.2 Schnittmenge mit Geraden und Ebenen

Bei der Berechnung von Schnittmengen zwischen Geraden/Ebenen und Kreisen/Kugeln kann man prinzipiell genauso verfahren wie bei der Berechnung von Schnittmengen zwischen Geraden und Ebenen. Das heißt, man kann aus der Geraden-/Ebenengleichung in Parameterform den entsprechenden Wert für $\vec{x}$ entnehmen und ihn in die Kreisgleichung einsetzen. Bevor auf die konkrete Berechnung näher eingegangen wird, soll zunächst aber überprüft werden, welche Möglichkeiten es für die Schnittmengen überhaupt gibt.

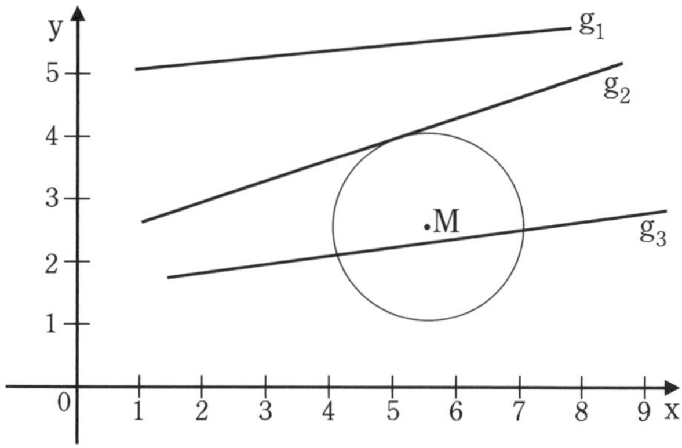

Die drei nebenstehend eingezeichneten Geraden stellen die drei verschiedenen Möglichkeiten dar. Die Gerade g_1 hat überhaupt keinen Schnittpunkt mit dem Kreis. Man nennt sie deshalb auch eine Passante (vgl. der Passant: „der Vorbeigehende“). Die Gerade g_2 hat einen Schnittpunkt mit dem Kreis, sie schneidet den Kreis aber nicht im eigentlichen Sinne, sondern sie berührt ihn nur. Man nennt diese Gerade deshalb auch Tangente (tangere (lat.): berühren). Die Gerade g_3 schneidet den Kreis in zwei Punkten, man nennt sie Sekante (secare (lat.): abschneiden).

Entscheidend dafür, welcher Fall vorliegt, ist der Abstand der Geraden zum Mittelpunkt des Kreises. Der Abstand ist die kürzeste Verbindung. Nachfolgend sind 3 parallele Geraden für die drei Fälle eingezeichnet.

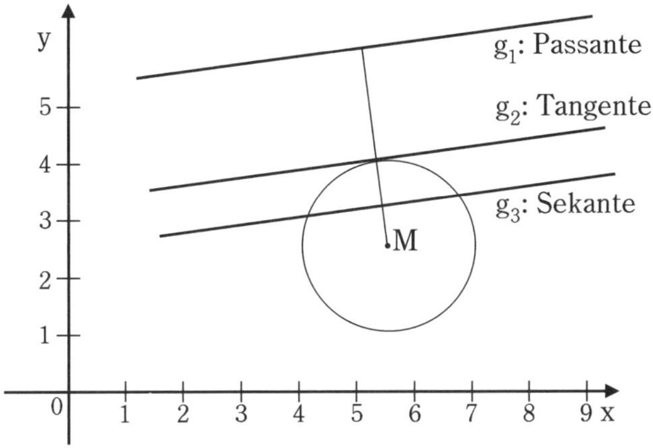

Der Abstand der Geraden zum Mittelpunkt des Kreises ist jeweils die eingezeichnete Verbindungslinie. Wenn der Abstand der Geraden kleiner als der Radius des Kreises ist, handelt es sich um eine Sekante. Entspricht der Abstand gerade dem Radius, so ist es eine Tangente, und wenn der Abstand größer ist, liegt eine Passante vor. In Kapitel 5.6.3 wurde die Berechnung des Abstandes einer Geraden von einem Punkt im $\mathbb{R}^2$ behandelt. Man kann also, wie dort beschrieben, die Abstandsberechnung durchführen und an dem Ergebnis ablesen, ob, und wenn, wie sich die Gerade und der Kreis schneiden.

Für den Schnittpunkt einer Kugel mit einer Geraden ergibt sich das Gleiche. Wenn der Abstand der Geraden von dem Mittelpunkt der Kugel kleiner als der Radius der Kugel ist, gibt es zwei Schnittpunkte zwischen der Kugel und der Geraden usw. Zur Überprüfung wird die Abstandsberechnung einer Geraden von einem Punkt im $\mathbb{R}^3$ benötigt, diese wurde in Abschnitt 5.6.5 behandelt.

Somit kann man insgesamt festhalten:

Abhängig von dem Abstand einer Geraden vom Mittelpunkt eines Kreises (einer Kugel) d gilt:

$d < r \Rightarrow$ Die Gerade und der Kreis (die Kugel) haben zwei Schnittpunkte.

$d = r \Rightarrow$ Die Gerade tangiert den Kreis (die Kugel).

$d > r \Rightarrow$ Die Gerade und der Kreis (die Kugel) schneiden sich nicht.

Für eine Kugel kann man noch ein weiteres Schnittproblem betrachten, und zwar den Schnitt einer Kugel[1] mit einer Ebene. Auch diese Betrachtung ist ähnlich zu den vorherigen. Wenn die Ebene die Kugel schneidet, ergeben sich allerdings nicht nur zwei Schnittpunkte, sondern ein ganzer Schnittkreis:

> Abhängig von dem Abstand einer Ebene vom Mittelpunkt einer Kugel d gilt:
>
> $d < r \Rightarrow$ Die Schnittmenge ist ein Kreis.
>
> $d = r \Rightarrow$ Die Ebene tangiert die Kugel.
>
> $d > r \Rightarrow$ Die Ebene und die Kugel schneiden sich nicht.

Anhand eines Beispiels soll nun noch gezeigt werden, wie man die Berechnungen durchführt.

Es sei der folgende Kreis gegeben:

$$K: \left(\begin{pmatrix} 2 \\ 4 \end{pmatrix} - \vec{x}\right)^2 = 3^2$$

Gibt es einen Schnittpunkt mit der folgenden Geraden:

$$g_1: \begin{pmatrix} 1 \\ 0 \end{pmatrix} * \vec{x} - 7 = 0$$

Zur Überprüfung muss untersucht werden, ob der Abstand der Geraden zum Kreismittelpunkt größer als der Radius des Kreises ist. Die Gerade ist in der Hesseschen Normalenform gegeben, dies erkennt man daran, dass der Normalenvektor die Länge 1 hat. Man erhält den Abstand zum Mittelpunkt, indem der Aufpunktvektor des Mittelpunktes in die Hessesche Normalenform für den Vektor $\vec{x}$ eingesetzt wird:

$$e = \begin{pmatrix} 1 \\ 0 \end{pmatrix} * \begin{pmatrix} 2 \\ 4 \end{pmatrix} - 7$$

$$\Leftrightarrow e = 1*2 + 0*4 - 7 = -5$$

Der Abstand ist der Betrag von e, also in diesem Fall 5. Aus der Kreisgleichung ergibt sich für den Kreis ein Radius von 3, der Abstand der Geraden zum Mittelpunkt des Kreises ist größer, somit haben die Ge-

1: Für einen Kreis im Dreidimensionalen kann man keine Formel angeben.

rade und der Kreis keinen Schnittpunkt.

Es sei nun eine weitere Gerade in Parameterform gegeben:

$$g_2\colon\ \vec{x} = \begin{pmatrix} 8 \\ 1 \end{pmatrix} + r\begin{pmatrix} -3 \\ 3 \end{pmatrix} \quad ; r \in \mathbb{R}$$

Die Schnittpunkte des zuvor angegebenen Kreises mit dieser Geraden sollen bestimmt werden.

Man könnte nun zunächst für die Gerade die Hessesche Normalenform ermitteln, um mittels dieser den Abstand der Geraden zum Ursprung zu bestimmen. Man könnte dann feststellen, ob es überhaupt einen Schnittpunkt gibt. Wenn es einen gibt, müsste aber trotzdem die nachfolgend dargestellte Berechnung durchgeführt werden.

Mittels der Geradengleichung kann man den Vektor $\vec{x}$ in der Kreisgleichung ersetzen, auf diese Weise ergibt sich:

$$\left(\begin{pmatrix} 2 \\ 4 \end{pmatrix} - \left(\begin{pmatrix} 8 \\ 1 \end{pmatrix} + r\begin{pmatrix} -3 \\ 3 \end{pmatrix}\right)\right)^2 = 3^2$$

$$\Leftrightarrow \left(\begin{pmatrix} 2 \\ 4 \end{pmatrix} - \begin{pmatrix} 8 \\ 1 \end{pmatrix} - r\begin{pmatrix} -3 \\ 3 \end{pmatrix}\right)^2 = 3^2$$

$$\Leftrightarrow \left(\begin{pmatrix} -6 \\ 3 \end{pmatrix} - r\begin{pmatrix} -3 \\ 3 \end{pmatrix}\right)^2 = 3^2$$

Das Quadrat kann nun aufgelöst werden, da die Skalarmultiplikation kommutativ ist, gelten die Binomischen Formeln, es ergibt sich:

$$\Leftrightarrow \begin{pmatrix} -6 \\ 3 \end{pmatrix}^2 - 2r\begin{pmatrix} -6 \\ 3 \end{pmatrix} * \begin{pmatrix} -3 \\ 3 \end{pmatrix} + r^2\begin{pmatrix} -3 \\ 3 \end{pmatrix}^2 = 3^2$$

Die einzelnen Skalarprodukte werden jetzt berechnet:

$$\Leftrightarrow (-6)*(-6) + 3*3 - 2r((-6)*(-3) + 3*3) + r^2((-3)*(-3) + 3*3) = 9$$

$$\Leftrightarrow 45 - 2r*27 + r^2*18 = 9$$

Es ist eine quadratische Gleichung entstanden. Die Lösungsmethoden hierzu sind im Anhang ausführlich beschrieben. Nachfolgend wird die pq-Formel benutzt. Zunächst müssen die Terme aber sortiert werden:

$$\Leftrightarrow 18r^2 - 54r + 45 = 9 \mid -9$$

$$\Leftrightarrow 18r^2 - 54r + 36 = 0 \mid \div 18$$

$$\Leftrightarrow r^2 - 3r + 2 = 0$$

$\Leftrightarrow r = -(-1{,}5) \pm \sqrt{(-1{,}5)^2 - 2}$

$\Leftrightarrow r = 1{,}5 \pm \sqrt{0{,}25}$

$\Leftrightarrow r = 1{,}5 \pm 0{,}5$

$\Leftrightarrow r = 2 \vee r = 1$

Indem man die jeweiligen Werte für r nun in die Geradengleichung einsetzt, erhält man die Schnittpunkte der Geraden mit dem Kreis:

$r = 2 \Rightarrow \qquad \vec{x}_S = \begin{pmatrix} 8 \\ 1 \end{pmatrix} + 2 * \begin{pmatrix} -3 \\ 3 \end{pmatrix}$

$\Leftrightarrow \vec{x}_S = \begin{pmatrix} 8 \\ 1 \end{pmatrix} + \begin{pmatrix} -6 \\ 6 \end{pmatrix}$

$\Leftrightarrow \vec{x}_S = \begin{pmatrix} 2 \\ 7 \end{pmatrix}$

$r = 1 \Rightarrow \qquad \vec{x}_S = \begin{pmatrix} 8 \\ 1 \end{pmatrix} + 1 * \begin{pmatrix} -3 \\ 3 \end{pmatrix}$

$\Leftrightarrow \vec{x}_S = \begin{pmatrix} 5 \\ 4 \end{pmatrix}$

Die Schnittpunkte der Geraden g_2 mit dem Kreis lauten also $S_1(2|7)$ und $S_2(5|4)$.

In diesem Fall ergaben sich für die quadratische Gleichung zwei Lösungen. Eine quadratische Gleichung kann aber auch nur eine Lösung haben oder unlösbar sein. Wenn sie nur eine Lösung hat, tangiert die Gerade den Kreis, wenn es keine Lösung gibt, haben der Kreis und die Gerade keinen Schnittpunkt. Man kann also mit dem hier dargestellte Verfahren auch überprüfen, ob es überhaupt Schnittpunkte zwischen einem Kreis (einer Kugel) und einer Gerade (Ebene) gibt. Wenn allerdings die Gerade oder Ebene in der Normalenform gegebene ist, muss man diese zuvor noch in die Parameterform verwandeln. In diesen Fällen kann mittels der Abstandsberechnung zwischen der Geraden (Ebene) und dem Kreismittelpunkt (Kugelmittelpunkt) für die Fälle, bei denen es keine Schnittpunkte gibt, die Aufgabe relativ einfach gelöst werden.

7.2.3 Koordinatenform für Kreis und Kugel

Für die Gleichung eines Kreises gilt:

$$K: (\vec{m} - \vec{x})^2 = r^2$$

Man kann die Klammer auf der linken Seite auch ausmultiplizieren:

$$\Leftrightarrow \vec{m}^2 - 2\vec{m}\vec{x} + \vec{x}^2 = r^2 \mid -r^2$$

$$\Leftrightarrow \vec{x}^2 - 2\vec{m}\vec{x} + \vec{m}^2 - r^2 = 0$$

Diese Form der Kreisgleichung bzw. eine etwas abgewandelte Form wird auch als allgemeine Form der Kreisgleichung bezeichnet. Die vorherigen Ausführungen gelten natürlich auch für eine Kugel, wenn die Vektoren aus dem $\mathbb{R}^3$ stammen.

Nachfolgend wird die Koordinatenform für einen Kreis aufgestellt. Man erhält sie, indem man für $\vec{m}$ und $\vec{x}$ die einzelnen Komponenten einsetzt und dann die Skalarprodukte ausrechnet. Es ergibt sich:

$$\Leftrightarrow \begin{pmatrix} x \\ y \end{pmatrix}^2 - 2\begin{pmatrix} m_1 \\ m_2 \end{pmatrix} * \begin{pmatrix} x \\ y \end{pmatrix} + \begin{pmatrix} m_1 \\ m_2 \end{pmatrix}^2 - r^2 = 0$$

$$\Leftrightarrow x^2 + y^2 - 2m_1x - 2m_2y + m_1{}^2 + m_2{}^2 - r^2 = 0$$

Für eine Kugel ergibt sich entsprechend:

$$\Leftrightarrow x^2 + y^2 + z^2 - 2m_1x - 2m_2y - 2m_3z + m_1{}^2 + m_2{}^2 + m_3{}^2 - r^2 = 0$$

Man kann Schnittprobleme im Zusammenhang mit Kreisen oder Kugeln auch über die Koordinatenformen lösen, dieses Verfahren ist insbesondere dann von Vorteil, wenn die Gerade (Ebene) in der Normalenform vorliegt und es Schnittpunkte gibt, denn man erspart sich für diese Fälle das Aufstellen der Parameterform. An einem Beispiel wird das Vorgehen demonstriert:

Es sollen die Schnittpunkte zwischen der Geraden g und dem Kreis K bestimmt werden.

$$g: \begin{pmatrix} 4 \\ 3 \end{pmatrix} * \vec{x} - 41 = 0$$

$$K: \left(\begin{pmatrix} 1 \\ 4 \end{pmatrix} - \vec{x}\right)^2 = 5^2$$

Die Koordinatenform erhält man, indem die Werte des Kreises in die zuvor berechnete Darstellung der Koordinatenform eingesetzt werden. In diesem Fall gilt $m_1 = 1$, $m_2 = 4$ und $r = 5$. (Alternativ könnte man natürlich auch den Vektor $\vec{x}$ mittels seiner Komponenten schreiben und die Auflösung selbst durchführen.) Es ergibt sich für die Koordinatenform:

$$\Leftrightarrow x^2 + y^2 - 2x - 8y + 1^2 + 4^2 - 5^2 = 0$$

$$\Leftrightarrow x^2 + y^2 - 2x - 8y - 8 = 0$$

Nun wird zunächst die Koordinatenform der Geraden bestimmt.

$$g_1: \begin{pmatrix} 4 \\ 3 \end{pmatrix} * \begin{pmatrix} x \\ y \end{pmatrix} - 41 = 0$$

$$\Leftrightarrow 4x + 3y - 41 = 0 \mid -3y + 41$$

Die Gleichung wird nach x aufgelöst:

$$\Leftrightarrow 4x = -3y + 41 \mid \div 4$$

$$\Leftrightarrow x = -\frac{3}{4}y + \frac{41}{4}$$

Das Ergebnis kann nun für x in die Kreisgleichung eingesetzt werden:

$$x^2 + y^2 - 2x - 8y - 8 = 0$$

$$\Leftrightarrow \left(-\frac{3}{4}y + \frac{41}{4}\right)^2 + y^2 - 2*\left(-\frac{3}{4}y + \frac{41}{4}\right) - 8y - 8 = 0$$

$$\Leftrightarrow \frac{9}{16}y^2 - 2* \frac{3}{4}y * \frac{41}{4} + \frac{1681}{16} + y^2 + \frac{6}{4}y - \frac{82}{4} - 8y - 8 = 0$$

$$\Leftrightarrow + \frac{9}{16}y^2 - \frac{246}{16}y + \frac{1681}{16} + y^2 + \frac{6}{4}y - \frac{82}{4} - 8y - 8 = 0$$

$$\Leftrightarrow y^2 + \frac{9}{16}y^2 + \frac{6}{4}y - 8y - \frac{246}{16}y - 8 - \frac{82}{4} + \frac{1681}{16} = 0 \mid *16$$

Die Gleichung wird mit 16 multipliziert, auf diese Weise verschwinden die Brüche:

$$\Leftrightarrow 16y^2 + 9y^2 + 24y - 128y - 246y - 128 - 328 + 1681 = 0$$

$$\Leftrightarrow 25y^2 - 350y + 1225 = 0 \mid \div 25$$

$$\Leftrightarrow y^2 - 14y + 49 = 0$$

$$\Leftrightarrow y = 7 \pm \sqrt{7^2 - 49}$$

$$\Leftrightarrow y = 7 \pm 0$$

$$\Leftrightarrow y = 7$$

Es ergibt sich also nur ein einziger „Schnittpunkt“. Somit tangiert die Gerade den Kreis in diesem Punkt. Aus der nach x aufgelösten Geradengleichung kann nun noch der Wert für x ausgerechnet werden:

$$x = -\frac{3}{4}y + \frac{41}{4}$$

$$\Rightarrow x = -\frac{3}{4} * 7 + \frac{41}{4}$$

$$\Leftrightarrow x = -\frac{21}{4} + \frac{41}{4} = \frac{20}{4} = 5$$

Die Gerade tangiert den Kreis also in dem Punkt (5|7).

7.3 Tangente und Tangentialebene

Man kann für einen vorgegebenen Punkt auf einem Kreis auch die Gleichung der Tangente, die durch diesen Punkt geht, ermitteln. In der folgenden Zeichnung ist eine Tangente zu einem Kreis eingezeichnet. Der eingezeichnete Vektor $\vec{r}$ steht senkrecht auf der Tangente; wenn man sein Skalarprodukt mit einem Vektor, der auf der Geraden liegt, bildet, muss sich also Null ergeben. Einen Vektor auf der Geraden stellt z. B. der eingezeichnete Vektor $\overrightarrow{PX}$ dar. Somit gilt:

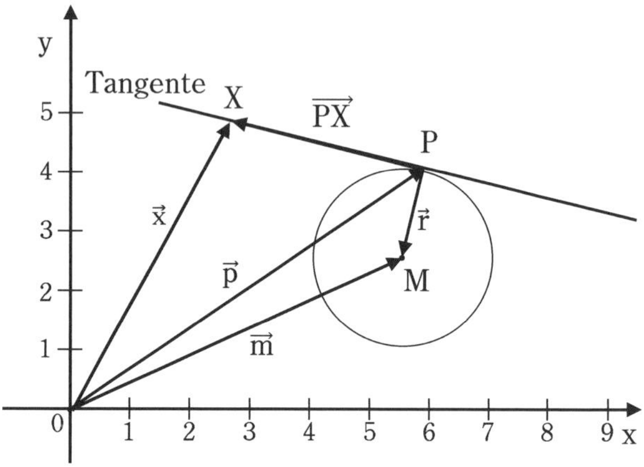

$$\overrightarrow{PX} * \vec{r} = 0$$

Man kann den Vektor $\overrightarrow{PX}$ aber auch mittels der Vektoren $\vec{r}$, $\vec{m}$ und $\vec{x}$ bilden. Es gilt:

$$\overrightarrow{PX} = \vec{r} - \vec{m} + \vec{x}$$

Anhand der Zeichnung kann man nachvollziehen, dass auch dieser Vektorzug den Vektor $\overrightarrow{PX}$ ergibt.

Der Ausdruck kann nun für $\overrightarrow{PX}$ in die Gleichung eingesetzt werden:

$$(\vec{r} - \vec{m} + \vec{x}) * \vec{r} = 0$$

Als nächstes wird die Klammer ausmultipliziert:

$$\Leftrightarrow \vec{r}^2 - \vec{m} * \vec{r} + \vec{x} * \vec{r} = 0 \mid *(-1)$$

Das Quadrat eines Vektors ist identisch mit dem Quadrat seines Betrages, also kann $\vec{r}^2$ durch r^2 ersetzt werden. Außerdem wird die Gleichung mit -1 multipliziert:

$$\Leftrightarrow -r^2 + \vec{m} * \vec{r} - \vec{x} * \vec{r} = 0 \mid +r^2$$

Nun wird r^2 auf die andere Seite gebracht:

$$\Leftrightarrow \vec{m} * \vec{r} - \vec{x} * \vec{r} = r^2$$

Auf der linken Seite wird der Vektor $\vec{r}$ ausgeklammert:

$$\Leftrightarrow (\vec{m} - \vec{x}) * \vec{r} = r^2$$

Den Vektor $\vec{r}$ kann man nun noch mittels der Vektoren $\vec{p}$ und $\vec{m}$ ausdrücken, es gilt:

$$\vec{r} = \vec{m} - \vec{p}$$

Wenn man dieses in der Gleichung ersetzt, ergibt sich:

$$\Leftrightarrow (\vec{m} - \vec{x}) * (\vec{m} - \vec{p}) = r^2$$

Man kann auch in beiden Klammern die Vorzeichen vertauschen, man nimmt hierbei die linke Seite der Gleichung quasi zweimal mit -1 mal, wodurch sich der Wert nicht verändert[1]:

$$\Leftrightarrow (-\vec{m} + \vec{x}) * (-\vec{m} + \vec{p}) = r^2$$

In den Klammern kann jetzt noch die Reihenfolge vertauscht werden:

$$\Leftrightarrow (\vec{x} - \vec{m}) * (\vec{p} - \vec{m}) = r^2$$

Die zuletzt angeführte Form ist der Kreisgleichung relativ ähnlich.

Für die Tangentialebene an eine Kugel lässt sich die vorherige Herleitung in analoger Weise durchführen, somit liefert die angeführte Gleichung im Dreidimensionalen die Tangentialebene an eine Kugel.

Für die Tangente, die einen Kreis mit dem Mittelpunkt M in dem Punkt P berührt, gilt:

$$g: (\vec{x} - \vec{m}) * (\vec{p} - \vec{m}) = r^2 \; ; \; \vec{x}, \vec{m}, \vec{p} \in \mathbb{R}^2$$

Für die Tangentialebene, die eine Kugel mit dem Mittelpunkt M in dem Punkt P berührt, gilt:

$$E: (\vec{x} - \vec{m}) * (\vec{p} - \vec{m}) = r^2 \; ; \; \vec{x}, \vec{m}, \vec{p} \in \mathbb{R}^3$$

1: Indem man die beiden Gleichungen ausmultipliziert kann man sich leicht überzeugen, dass sie tatsächlich identisch sind.

8 Matrizen

8.1 Definition einer Matrix

Im Zusammenhang mit dem Gauß-Algorithmus war bereits auf die alternative Darstellung mittels Matrizen verwiesen worden. Dort war eine Matrix einfach als ein rechteckiges Zahlenschema, für das bestimmte Rechenregeln gelten, definiert worden.

Matrizen sind ein wichtiger Begriff der Linearen Algebra, allerdings gibt es Unterschiede, inwieweit sie im Rahmen des Schulstoffes behandelt werden. Für diejenigen, bei denen Matrizen behandelt werden, sind nachfolgend einige wichtige Grundlagen angeführt.

Man kann sich eine Matrix auch als eine Verallgemeinerung von Vektoren vorstellen. Ein Vektor unterscheidet sich von einer "normalen" reellen Zahl (Skalar) dadurch, dass er mehrere Komponenten hat, die in einer "Richtung" durchnummeriert werden, wie bei nachfolgendem Dreiervektor dargestellt ist:

$$\vec{a} = \begin{pmatrix} a_1 \\ a_2 \\ a_3 \end{pmatrix}$$

Ein Vektor besteht also sozusagen aus mehreren Zahlen. Wenn man nun die Elemente nicht wie beim Vektor nur in eine "Richtung" nummeriert, sondern in zwei "Richtungen", so erhält man folgendes Gebilde:

$$A = \begin{pmatrix} a_{11} & a_{12} & a_{13} \\ a_{21} & a_{22} & a_{23} \\ a_{31} & a_{32} & a_{33} \end{pmatrix}$$

Ein derartiges Gebilde nennt man eine **Matrix**. Die erste Zahl, die als Index an den Elementen steht, gibt wie beim normalen Spaltenvektor die Zeile an, in der das Element steht. Der zweite Index steht für die zusätzliche "Nummerierungsrichtung", er gibt die Spalte an, in der das Element steht. Das Element a_{23} steht also in der zweiten Zeile in der dritten Spalte. In obigem Beispiel handelt es sich um eine 3 x 3 (sprich: 3 mal 3) Matrix, wobei die erste Zahl die Anzahl der Zeilen und die zweite die Anzahl der Spalten angibt. Ist wie in obigem Beispiel die Anzahl der

Zeilen und der Spalten gleich, so spricht man von einer **quadratischen Matrix.** Im Allgemeinen muss eine Matrix aber nicht quadratisch sein.

Im Folgenden wird eine Matrix mit m Zeilen und n Spalten dargestellt:

$$A = \begin{pmatrix} a_{11} & a_{12} & a_{13} & \dots & a_{1n} \\ a_{21} & a_{22} & a_{23} & \dots & a_{2n} \\ a_{31} & a_{32} & a_{33} & \dots & a_{3n} \\ \vdots & \vdots & \vdots & & \vdots \\ a_{m1} & a_{m2} & a_{m3} & \dots & a_{mn} \end{pmatrix}$$

Die Punkte stehen für die ausgelassenen Zeilen und Spalten. Man würde für diese Matrix auch schreiben, dass es sich um eine (m, n)-Matrix handelt, auch in diesem Fall steht die erste Zahl für die Anzahl der Zeilen (m) und die zweite für die Anzahl der Spalten (n). Entsprechend kann man bei der vorherigen quadratischen Matrix schreiben, dass es sich um eine (3, 3)-Matrix handelt.

Matrizen (Singular: Matrix) bezeichnet man immer mit großen Buchstaben. Häufig wird auch von dem Matrixelement a_{ij} gesprochen. Z.B. könnte man eine Matrix folgendermaßen definieren:

Es sei A eine 3 x 3 Matrix mit $a_{ij} = i + j$

Diese Matrix lässt sich auch explizit ausrechnen, hierzu muss man lediglich alle möglichen Werte für i und j einsetzen, z.B. $a_{23} = 2 + 3 = 5$. Wenn man dieses für die ganze Matrix macht, erhält man insgesamt:

$$A = \begin{pmatrix} 2 & 3 & 4 \\ 3 & 4 & 5 \\ 4 & 5 & 6 \end{pmatrix}$$

Eine Matrix kann auch lediglich aus einer Zeile oder einer Spalte bestehen. Die nachfolgend dargestellte Matrix ist eine (3, 1)-Matrix, sie besteht also nur aus einer einzigen Spalte:

$$B = \begin{pmatrix} 3 \\ 4 \\ 1 \end{pmatrix}$$

Die Matrix B entspricht einem Spaltenvektor. Die nachfolgend angeführte Matrix C entspricht einem Zeilenvektor.

$$C = (-2 \quad 5 \quad 1 \quad 9)$$

Es handelt sich bei C um eine (1, 4)-Matrix.

Matrizen mit nur einer Zeile bzw. nur einer Spalte kann man auch als Vektoren bezeichnen, man könnte also auch schreiben:

$$\vec{b} = \begin{pmatrix} 3 \\ 4 \\ 1 \end{pmatrix}; \quad \vec{c} = (-2 \quad 5 \quad 1 \quad 9)$$

8.2 Elementare Rechenregeln für Matrizen

Matrizen sind nicht nur von ihrer Definition her eine Art Verallgemeinerung des Vektorbegriffes, sondern die für sie geltenden Rechenregeln sind größtenteils wie bei Vektoren. Insbesondere werden die Addition und die Multiplikation mit einem Skalar analog den entsprechenden Operationen bei Vektoren durchgeführt. (Da die wesentliche Eigenschaft von Vektorräumen darin liegt, dass sie bezüglich dieser beiden Operationen abgeschlossen sein müssen, wird verständlich, dass Matrizen, genauso wie Vektoren, als Elemente von Vektorräumen behandelt werden können.)

8.2.1 Addition von Matrizen

Genauso wie Vektoren werden Matrizen komponentenweise zusammengezählt. Folgendes Beispiel macht dies deutlich:

$$\begin{pmatrix} 1 & -3 & 4 \\ 3 & 5 & 0 \\ 2 & 6 & 2 \end{pmatrix} + \begin{pmatrix} 4 & 1 & -1 \\ 3 & 1 & 1 \\ 5 & 3 & -3 \end{pmatrix} = \begin{pmatrix} 1+4 & -3+1 & 4+(-1) \\ 3+3 & 5+1 & 0+1 \\ 2+5 & 6+3 & 2+(-3) \end{pmatrix}$$

$$= \begin{pmatrix} 5 & -2 & 3 \\ 6 & 6 & 1 \\ 7 & 9 & -1 \end{pmatrix}$$

Beide Matrizen müssen hierbei dieselbe Zeilen- und Spaltenanzahl haben, ansonsten ist die Addition (Subtraktion) nicht definiert. Die Subtraktion wird vom Prinzip her genauso durchgeführt wie die Addition.

8.2.2 Multiplikation einer Matrix mit einer reellen Zahl

Auch hier wird genauso wie bei Vektoren vorgegangen, d.h. jedes Element der Matrix wird mit dem Skalar multipliziert:

$$a * \begin{pmatrix} 4 & 1 & -1 \\ 3 & 1 & 1 \\ 5 & 3 & -3 \end{pmatrix} = \begin{pmatrix} 4a & 1a & -1a \\ 3a & 1a & 1a \\ 5a & 3a & -3a \end{pmatrix}$$

Diese Operation entspricht der Skalar-Multiplikation bei Vektoren. Wichtig ist, dass das a hierbei natürlich keine Matrix, sondern ein Skalar ist.

8.2.3 Transposition von Matrizen

Die transponierte Matrix erhält man einfach, indem man die Zeilen mit den Spalten vertauscht. Hierbei wird aus einer (3, 4)-Matrix, wie in folgendem Beispiel, eine (4, 3)-Matrix. Das A^T vor der rechten Matrix drückt aus, dass dieses die transponierte Matrix der Matrix A ist.

$$A = \begin{pmatrix} 4 & 1 & -1 & 2 \\ 3 & 2 & 1 & 5 \\ 6 & 3 & -3 & 7 \end{pmatrix} \qquad A^T = \begin{pmatrix} 4 & 3 & 6 \\ 1 & 2 & 3 \\ -1 & 1 & -3 \\ 2 & 5 & 7 \end{pmatrix}$$

Wenn man die Matrix A^T hinschreiben will, nimmt man am besten zunächst die Zahlen in der ersten Spalte von A (4, 3, 6) und schreibt diese in die erste Zeile von A^T. Dann nimmt man die Zahlen der zweiten Spalte von A (1, 2, 3) und schreibt diese in die zweite Zeile von A^T usw.

Werden die Elemente von A mit a_{ij} bezeichnet, so lauten die Elemente der transponierten Matrix a_{ji}. Wenn es sich um quadratische Matrizen handelt, so kann man sich die Transposition auch als eine Spiegelung an der Hauptdiagonalen vorstellen. Die **Hauptdiagonale** ist die Diagonale, die von links oben nach rechts unten verläuft, in der folgenden Abbildung ist sie durch einen Strich gekennzeichnet.

$$A = \begin{pmatrix} -3 & 4 & 1 \\ 2 & 0 & 1 \\ 1 & 2 & 2 \end{pmatrix} \qquad A^T = \begin{pmatrix} -3 & 2 & 1 \\ 4 & 0 & 2 \\ 1 & 1 & 2 \end{pmatrix}$$

Man nennt eine Matrix **symmetrisch**, "wenn sie auf beiden Seiten der Hauptdiagonalen gleich aussieht", es muss gelten $A = A^T$. Folgendes Beispiel zeigt eine symmetrische Matrix:

$$\begin{pmatrix} 3 & -2 & 5 \\ -2 & 6 & 1 \\ 5 & 1 & -1 \end{pmatrix}$$

Natürlich können nur quadratische Matrizen symmetrisch sein, denn die Transposition macht ja aus einer (m, n)-Matrix eine (n, m)-Matrix, daher können Matrizen nur symmetrisch sein, wenn m = n gilt, sie also quadratisch sind.

Antisymmetrisch nennt man eine Matrix, wenn sich bei der Transposition alle Vorzeichen ändern. Hier muss also gerade gelten $A = -A^T$, oder anders ausgedrückt $a_{ij} = -a_{ji}$. Die Elemente der Hauptdiagonalen müssen bei einer antisymmetrischen Matrix alle gleich Null sein, denn diese bleiben bei der Transposition an der gleichen Stelle stehen, und Null ist die einzige Zahl, die mit Minus malgenommen sich selbst ergibt. Nachfolgend ist eine antisymmetrische Matrix angeführt.

$$\begin{pmatrix} 0 & -2 & 5 \\ 2 & 0 & 1 \\ -5 & -1 & 0 \end{pmatrix}$$

8.3 Multiplikation von Matrizen mit Matrizen

Die Multiplikation von Matrizen mit Matrizen ist etwas schwieriger als die Multiplikation von Vektoren mit Vektoren, aber auch hier gibt es Analogien. Wenn man das **Skalarprodukt** zweier Vektoren bilden will, so muss man die einzelnen Komponenten der Vektoren miteinander multiplizieren und die so entstandenen Produkte addieren. An dem folgenden Beispiel wird dies noch einmal gezeigt:

$$\begin{pmatrix} 2 \\ 3 \\ 4 \end{pmatrix} * \begin{pmatrix} -1 \\ 4 \\ 1 \end{pmatrix} := 2 * (-1) + 3 * 4 + 4 * 1 = 14$$

Für die Multiplikation zweier Matrizen verwendet man am besten das **Falksche Schema**, es seien die beiden folgenden Matrizen zu multiplizieren:

$$A = \begin{pmatrix} 1 & 5 & 0 \\ 1 & 3 & 1 \\ 0 & 2 & 3 \end{pmatrix} \qquad B = \begin{pmatrix} 1 & -2 \\ 0 & 1 \\ 2 & 3 \end{pmatrix}$$

Bei dem Falkschen Schema schreibt man nun, um A * B = C zu berechnen, die Matrizen A und B entsprechend dem nebenstehenden Schema und erhält die Ergebnismatrix dort, wo C eingetragen wurde.

	B
A	C

Wenn man hier nun die Matrizen A und B einträgt, ergibt sich Folgendes:

			1	-2
			0	1
			2	3
1	5	0		
1	3	1		
0	2	3		

Zur Berechnung zieht man die obere Matrix am besten etwas auseinander, wie es in folgender Abbildung geschehen ist:

			1 0 2	-2 1 3
1	5	0	1∗1 + 5∗0 + 0∗2	
1	3	1		
0	2	3		

In obigem Schema ist zu sehen, wie das erste Element der Ergebnismatrix berechnet wird. Das erste Element ergibt sich quasi als Skalarprodukt des ersten Zeilenvektors von A und des ersten Spaltenvektors von B. Die Berechnung erfolgt hierbei gerade wie bei der Berechnung des Skalarproduktes zweier Vektoren. Entsprechend ergibt sich das Element in der zweiten Zeile und zweiten Spalte der Ergebnismatrix als "Skalarprodukt" des zweiten Zeilenvektors von A mit dem zweiten Spaltenvektor von B, usw. . Nachfolgend sind alle Elemente der Ergebnismatrix berechnet:

			1 0 2	-2 1 3
1	5	0	1∗1 + 5∗0 + 0∗2	1∗(−2) + 5∗1 + 0∗3
1	3	1	1∗1 + 3∗0 + 1∗2	1∗(−2) + 3∗1 + 1∗3
0	2	3	0∗1 + 2∗0 + 3∗2	0∗(−2) + 2∗1 + 3∗3

Die einzelnen Elemente lassen sich nun noch ausrechnen:

A∗B				
			1 0 2	-2 1 3
1	5	0	1	3
1	3	1	3	4
0	2	3	6	11

$$\text{bzw. } A * B = \begin{pmatrix} 1 & 3 \\ 3 & 4 \\ 6 & 11 \end{pmatrix}$$

Auch hier lassen sich die Skalarprodukte zwischen den Zeilen- und

Spaltenvektoren nur berechnen, wenn die beiden Vektoren die gleiche Anzahl von Elementen haben. Daher kann man folgern, dass sich das **Produkt von Matrizen nur berechnen lässt, wenn die Anzahl der Spalten der ersten Matrix der Anzahl der Zeilen der zweiten Matrix entspricht.** Denn nur unter dieser Voraussetzung können die "internen Skalarprodukte" überhaupt berechnet werden.

Wenn man z.B. eine (2, 3)-Matrix (A) mit einer anderen Matrix (B) multiplizieren will, so ist dies nur möglich, wenn die andere Matrix eine (3, z)-Matrix ist, wobei z eine beliebige natürliche Zahl ist. Man kann sich diesen Zusammenhang auch folgendermaßen merken: Für beide zu multiplizierende Matrizen schreibt man sich die Klammer mit der „Größenangabe“ auf, hierbei ist darauf zu achten, dass man die Reihenfolge beibehält. Für das betrachtete Beispiel ergibt sich:

$$\begin{array}{ccc} A & * & B \\ (2, \underline{3)} & \underline{\ } & \underline{(3}, z) \end{array}$$

Die Multiplikation ist nur dann möglich, wenn die beiden unterstrichenen Zahlen (die zweite Zahl in der ersten Klammer und die erste Zahl in der zweiten Klammer) identisch sind. Denn diese beiden Zahlen sind die Spaltenzahl der ersten und die Zeilenzahl der zweiten Matrix. Man kann anhand dieser Darstellung auch schon ablesen, wie viel Zeilen und Spalten die Ergebnismatrix hat, denn die Zeilenzahl der Ergebnismatrix entspricht der Zeilenzahl der ersten Matrix, während die Spaltenzahl identisch mit der Spaltenzahl der zweiten Matrix ist. In dem Beispiel gilt also:

$$\begin{array}{ccccc} A & * & B & = & C \\ (2, \underline{3)} & \underline{\ } & \underline{(3}, z) & & (2, z) \end{array}$$

Wenn Matrizen nur aus einer Zeile oder nur aus einer Spalte bestehen, unterscheiden sie sich eigentlich kaum von einem Vektor. Daher werden derartige Matrizen bisweilen auch wie Vektoren mit kleinen fetten Buchstaben oder kleinen Buchstaben mit einem Pfeil darüber gekennzeichnet. Allerdings ist diese Bezeichnung irritierend, denn Matrizen und Vektoren unterscheiden sich bezüglich der Multiplikation. Das Skalarprodukt zweier Vektoren ist nur definiert, wenn beide Vektoren als Spaltenvektoren vorliegen. Die Matrizenmultiplikation von Matrizen mit einer Zeile bzw. einer Spalte ist hingegen nur definiert, wenn die eine Matrix nur eine Zeile und die andere nur eine Spalte hat. Wenn Matrizen mit kleinen Buchstaben wie Vektoren gekennzeichnet sind, sie aber mit Matrizen multipliziert werden sollen, dann ist auch in diesem Fall die Matrizenmultiplikation gemeint (Falksches-Schema).

Gegenüber der „normalen“ Multiplikation gibt es bei der Multiplikation von Matrizen einen entscheidenden Unterschied:

Die Matrizenmultiplikation ist nicht kommutativ

Bei der "normalen" Multiplikation gilt a∗b = b∗a. Dieses gilt bei Matrizen nicht. Dass dies für nicht quadratische Matrizen nicht gilt, lässt sich sehr einfach erkennen. Es sei z.B. A eine 2x3 Matrix und B eine 3x4 Matrix. A∗B ((2x**3**)∗(**3**x4)) lässt sich für diese Matrizen berechnen, denn die Spaltenzahl der ersten Matrix entspricht der Zeilenzahl der zweiten. B∗A ((3x**4**)∗(**2**x3)) lässt sich dagegen gar nicht berechnen, denn hier müsste eine 3x4 Matrix mit einer 2x3 Matrix multipliziert werden. Dies geht aber nicht, denn Spaltenzahl der ersten Matrix und Zeilenzahl der zweiten Matrix sind hier nicht identisch.

Aber auch bei quadratischen Matrizen gilt A∗B = B∗A nicht, wie auch folgendes Gegenbeispiel zeigt:

$$A = \begin{pmatrix} 2 & 2 \\ 0 & 1 \end{pmatrix} \qquad B = \begin{pmatrix} 0 & 3 \\ 1 & 0 \end{pmatrix}$$

		0	3	
		1	0	
2	2	2	6	=A∗B
0	1	1	0	

		2	2	
		0	1	
0	3	0	3	= B∗A
1	0	2	2	

Im Allgemeinen[1] gilt also für Matrizen: $A * B \neq B * A$

1: Natürlich kann es dennoch Spezialfälle geben, bei denen A∗B=B∗A gilt. Aus der nicht vorhandenen Kommutativität folgt weit mehr, als man im ersten Moment vermuten würde. Viele Operationen führt man bei der normalen Multiplikation ganz automatisch aus, ohne sich dabei bewusst zu sein, dass diese Operationen nur aufgrund der Kommutativität gestattet sind. So gelten z. B. bei die Binomischen Formeln bei Matrizen nicht und beim Multiplizieren einer Gleichung mit einer Matrix muss man darauf achten, von welcher Seite die Gleichung multipliziert wird.Weitere Details sind in folgendem Buch dargestellt: „Mathematik - anschaulich dargestellt - für Studierende der Wirtschaftswissenschaften“.

9 Determinanten

9.1 Grundlagen zur Berechnung

Determinanten sind ein sehr nützliches Hilfsmittel, man kann sie z.B. bei der Überprüfung auf lineare Abhängigkeit, dem Lösen von linearen Gleichungssystemen und zur Berechnung von Vektorprodukten verwenden.

Bei der Determinante wird eine quadratische Matrix auf einen Skalar abgebildet. Die Determinante einer quadratischen Matrix ergibt also als Ergebnis eine normale Zahl. Eine quadratische Matrix erhält man auch, indem man zwei Zweiervektoren oder drei Dreiervektoren aneinanderreiht. Andersherum ausgedrückt, kann man sich die Spalten der Matrix auch als Vektoren vorstellen. Man kann sich die Determinante also auch als eine Abbildung vorstellen, die mehreren Vektoren eine bestimmte Zahl zuordnet. Insofern können Determinanten auch benutzt werden, ohne genau zu wissen, was eine Matrix ist.

Man schreibt abkürzend für die Determinante auch det(A) oder drückt die Determinante durch senkrechte Striche aus:

$$\det\begin{pmatrix} 2 & 5 \\ 6 & 1 \end{pmatrix} = \begin{vmatrix} 2 & 5 \\ 6 & 1 \end{vmatrix}$$

Die Regeln zur Berechnung von Determinanten von 2x2 und 3x3 Matrizen werden nachfolgend besprochen.[1]

1: Außer den nachfolgend angeführten Regeln gibt es auch ein Lösungsverfahren, mit dem man Determinanten von beliebigen quadratischen Matrizen berechnen kann; dieses ist der Laplace Entwicklungssatz. Hierbei wird z. B. die Berechnung einer Determinante von einer 4x4 Matrix auf die Berechnung von 4 Determinanten von 3x3 Matrizen zurückgeführt. Man kann den Satz auch auf 2x2 und 3x3 Matrizen anwenden, so wird z. B. die Determinate einer 3x3 Matrix auf die Berechnung von 3 Determinanten von 2x2 Matrizen zurückgeführt. Für Determinanten von 2x2 und 3x3 Matrizen, auf die man sich in der Schule meistens beschränkt, dürften die hier behandelten Methoden aber einfacher sein. Eine ausführliche Darstellung zum Laplacen Entwicklungssatz findet sich z. B. in dem Buch „Mathematik - anschaulich dargestellt - für Studierende der Wirtschaftswissenschaften“.

Bei einer 2x2 Matrix ergibt sich die Determinante als das Produkt der Elemente der Hauptdiagonalen minus dem Produkt der Elemente der Nebendiagonalen. Die Nebendiagonale ist die Diagonale, die von links unten nach rechts oben läuft.

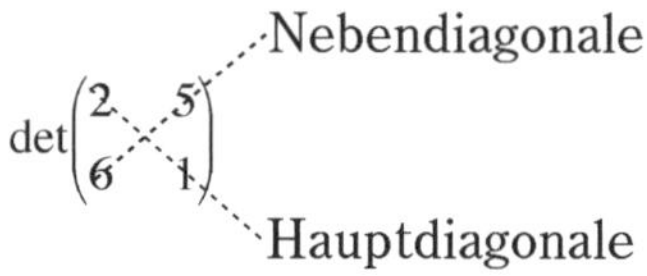

$$= 2*1 - 6*5 = -28$$

Die Berechnung von Determinanten von 3x3 Matrizen lässt sich in ähnlicher Weise durchführen. Zunächst erweitert man die Matrix, indem man die ersten beiden Spalten noch einmal hinter die Matrix schreibt, wie es im Folgenden geschehen ist:

$$A = \begin{pmatrix} 2 & 4 & -7 \\ 3 & 9 & 1 \\ 0 & -2 & 1 \end{pmatrix} \xrightarrow{\text{Erweitern}} \left(\begin{array}{ccc|cc} 2 & 4 & -7 & 2 & 4 \\ 3 & 9 & 1 & 3 & 9 \\ 0 & -2 & 1 & 0 & -2 \end{array}\right)$$

Das so entstandene Gebilde hat 3 Haupt- und 3 Nebendiagonalen:

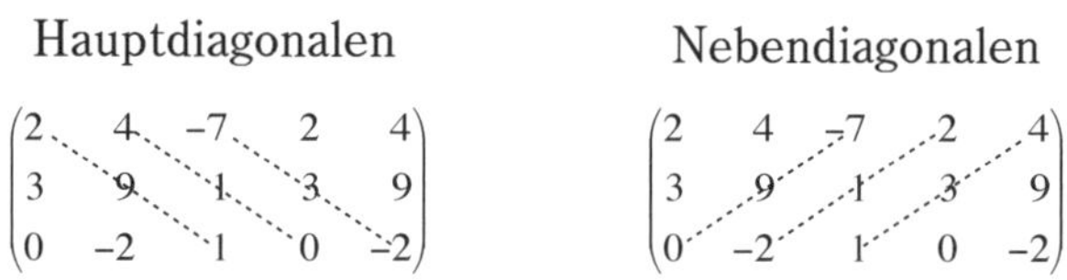

Nun werden die Produkte der Elemente der Diagonalen gebildet. Die Produkte der Hauptdiagonalelemente werden dann addiert und die der Nebendiagonalen subtrahiert:

$$\det A = \underbrace{2*9*1}_{1.} + \underbrace{4*1*0}_{2.} + \underbrace{(-7)*3*(-2)}_{3.} - \underbrace{0*9*(-7)}_{1.} - \underbrace{(-2)*1*2}_{2.} - \underbrace{1*3*4}_{3.}$$

1., 2., 3. Hauptdiagonale — 1., 2., 3. Nebendiagonale

$$= 18 + 0 + 42 + 0 + 4 - 12 = 52$$

Dieses Verfahren zur Berechnung der Determinante einer 3x3 Matrix heißt **Sarrus'sche Regel.**

Zur Übung sind nachfolgend einige Aufgaben angeführt.

1) Berechnen Sie die Determinante der Matrix A:

$$A = \begin{pmatrix} 3 & -1 & -2 \\ -4 & 2 & 1 \\ 1 & 0 & 6 \end{pmatrix}$$

2) Wie lautet die Determinante der aus den folgenden Vektoren $\vec{a}$ und $\vec{b}$ gebildeten Matrix:

$$\vec{a} = \begin{pmatrix} 1 \\ 4 \end{pmatrix}; \quad \vec{b} = \begin{pmatrix} 3 \\ 5 \end{pmatrix}$$

3) Wie lautet die Determinante der folgenden Matrix:

$$B = \begin{pmatrix} 1 & 0 & a \\ 0 & 1 & 0 \\ 0 & a^2 & 1 \end{pmatrix}$$

Lösungsvorschläge:

1) Berechnen Sie die Determinante der Matrix A:

$$\det(A) = \det \begin{pmatrix} 3 & -1 & -2 \\ -4 & 2 & 1 \\ 1 & 0 & 6 \end{pmatrix}$$

$$= 3*2*6 + (-1)*1*1 + (-2)*(-4)*0 - 1*2*(-2) - 0*1*3 - 6*(-4)*(-1)$$

$$= 36 + (-1) + 0 - (-4) - 0 - 24$$

$$= 36 - 1 + 0 + 4 - 0 - 24 = 15$$

Die Determinante der Matrix A beträgt also 15.

2) Die durch die beiden Vektoren gebildete Matrix lautet folgendermaßen:

$$\begin{pmatrix} 1 & 3 \\ 4 & 5 \end{pmatrix}$$

Für die Determinante der Matrix ergibt sich:

$$\det \begin{pmatrix} 1 & 3 \\ 4 & 5 \end{pmatrix} = 1*5 - 4*3 = 5 - 12 = -7$$

Die Determinante der aus den beiden Vektoren gebildeten Matrix beträgt also -7.

3) Es ergibt sich:

$$\det(B) = \det\begin{pmatrix} 1 & 0 & a \\ 0 & 1 & 0 \\ 0 & a^2 & 1 \end{pmatrix}$$

$= 1*1*1 + 0*0*0 + a*0*a^2 - 0*1*a - a^2*0*1 - 1*0*0$
$= 1 + 0 + 0 - 0 - 0 - 0 = 1$

Abschließend seien noch einige **Rechenregeln** für **Determinanten** angeführt. Für die nachfolgend behandelten Anwendungen der Determinanten werden diese Regeln nicht unbedingt benötigt, in anderen Zusammenhängen können sie aber sehr nützlich sein.

1 $\det(A*B) = \det(A) * \det(B)$

2 $\det(A^{-1}) = \frac{1}{\det(A)}$

Diese Regel ergibt sich unter Ausnutzung der vorherigen Regel:

$\det(A) * \det(A^{-1}) = \det(A*A^{-1}) = \det(I) = 1 \Leftrightarrow \det(A^{-1}) = \frac{1}{\det(A)}$

3 $\det(A) = \det(A^T)$

4 Werden zwei Zeilen vertauscht, so wechselt das Vorzeichen der Determinante.

5 Wenn zu einer Zeile der Matrix das λ-fache einer anderen Zeile addiert wird, verändert sich der Wert der Determinante nicht.

6 Es kann eine Konstante in eine beliebige Zeile oder Spalte hineinmultipliziert werden:

$$\lambda*\det\begin{pmatrix} 2 & -2 & 0 \\ 1 & -1 & 2 \\ 1 & 1 & 1 \end{pmatrix} = \det\begin{pmatrix} 2 & -2 & 0 \\ \lambda*1 & -\lambda*1 & \lambda*2 \\ 1 & 1 & 1 \end{pmatrix}$$

Hier wurde das λ in die zweite Zeile "hineinmultipliziert". Es hätte natürlich auch in die erste oder dritte Zeile oder eine Spalte multipliziert werden können.

7 $\det(\lambda*A) = \lambda^n*\det A$ A sei hier eine $(n*n)$ Matrix

Diese Regel folgt aus der vorherigen, denn wenn das λ direkt vor der Matrix steht, muss jede Zeile mit λ multipliziert werden. Aus jeder Zeile kann dann aber das λ nach vorne gezogen werden.

9.2 Determinanten und lineare Abhängigkeit

9.2.1 Grundlagen

Nachfolgend soll anhand zweier Beispiele ein wesentlicher Zusammenhang zwischen Determinanten und den Spaltenvektoren[1], die die Determinante bilden, dargestellt werden.

In der Graphik sind drei Dreiervektoren gezeichnet:

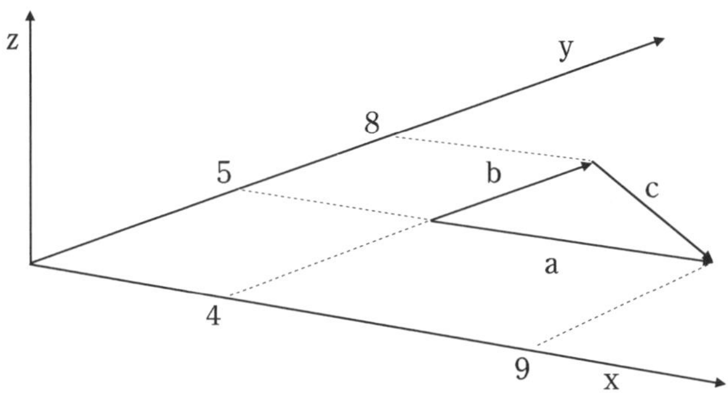

Als Spaltenvektoren lauten diese Vektoren:

$$\vec{a} = \begin{pmatrix} 5 \\ 0 \\ 0 \end{pmatrix} \qquad \vec{b} = \begin{pmatrix} 0 \\ 3 \\ 0 \end{pmatrix} \qquad \vec{c} = \begin{pmatrix} 5 \\ -3 \\ 0 \end{pmatrix}$$

Wenn man sie nun zu einer Matrix zusammenfasst, ergibt sich:

$$\begin{pmatrix} 5 & 0 & 5 \\ 0 & 3 & -3 \\ 0 & 0 & 0 \end{pmatrix}$$

Berechnet man die Determinante dieser Matrix, ergibt sich Folgendes:

$$\det \begin{pmatrix} 5 & 0 & 5 \\ 0 & 3 & -3 \\ 0 & 0 & 0 \end{pmatrix} = 5*3*0 + 0*(-3)*0 + 5*0*0 - 0*3*5 - 0*(-3)*5 - 0*0*0 = 0$$

1: Man kann eine Determinante auch aus Zeilenvektoren bilden, es gelten dann im Prinzip die gleichen Zusammenhänge. Um die Darstellung möglichst einfach zu halten, wird nachfolgend aber generell nur von Spaltenvektoren gesprochen.

Wie sich leicht erkennen lässt, muss die Determinante Null werden, wenn, wie in diesem Beispiel, eine Zeile oder Spalte nur aus Nullen besteht. Denn in einem derartigem Fall wird in jedem Produkt mindestens einmal mit Null multipliziert.

Nachfolgend werden drei Dreiervektoren betrachtet, die nicht in einer Ebene liegen.

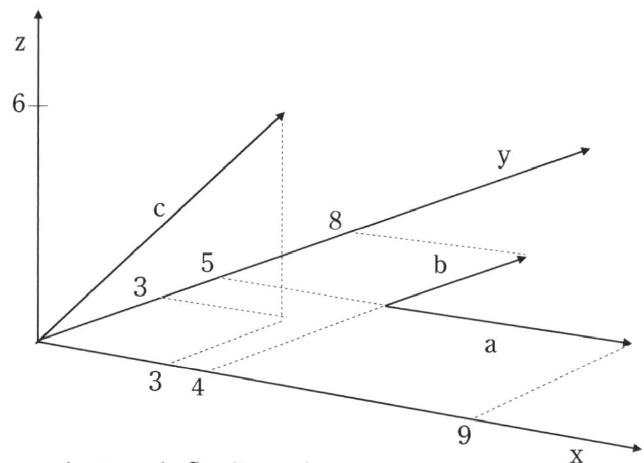

Die Vektoren lauten als Spaltenvektoren:

$$\vec{a} = \begin{pmatrix} 5 \\ 0 \\ 0 \end{pmatrix} \qquad \vec{b} = \begin{pmatrix} 0 \\ 3 \\ 0 \end{pmatrix} \qquad \vec{c} = \begin{pmatrix} 3 \\ 3 \\ 6 \end{pmatrix}$$

Für die Determinante der aus diesen Vektoren gebildeten Matrix ergibt sich:

$$\begin{pmatrix} 5 & 0 & 3 \\ 0 & 3 & 3 \\ 0 & 0 & 6 \end{pmatrix}$$

Berechnet man die Determinante dieser Matrix, ergibt sich Folgendes:

$$\det \begin{pmatrix} 5 & 0 & 3 \\ 0 & 3 & 3 \\ 0 & 0 & 6 \end{pmatrix} = 5*3*6+0*3*0+3*0*0-0*3*3-0*3*5-6*0*0 = 90$$

In den Beispielen ist die Determinante für drei Vektoren, die in einer Ebene liegen, also für drei linear abhängige Vektoren, Null. Für drei Vektoren, die nicht in einer Ebene liegen, also drei linear unabhängige Vektoren, ist sie ungleich Null. **Es lässt sich zeigen, dass dies generell gilt:**

Eine Determinante wird genau dann Null , wenn ihre Spaltenvektoren (und damit auch ihre Zeilenvektoren) linear abhängig sind.

9.2.2 Anwendung auf Aufgaben zur linearen Abhängigkeit

Der zuvor dargestellte Zusammenhang kann sehr nutzbringend bei Aufgaben im Zusammenhang mit der linearen Abhängigkeit verwendet werden. Anhand von drei Aufgaben soll dies nachfolgend demonstriert werden:

1) Sind die drei folgenden Vektoren linear abhängig?

$$\vec{a} = \begin{pmatrix} 0 \\ 1 \\ 0 \end{pmatrix}; \ \vec{b} = \begin{pmatrix} 3 \\ 1 \\ 2 \end{pmatrix} \text{ und } \vec{c} = \begin{pmatrix} 1 \\ 4 \\ 4 \end{pmatrix}$$

2) Bilden die drei folgenden Vektoren eine Basis des $\mathbb{R}^3$?

$$\vec{a} = \begin{pmatrix} 5 \\ 3 \\ 0 \end{pmatrix}; \ \vec{b} = \begin{pmatrix} 2 \\ 0 \\ 2 \end{pmatrix} \text{ und } \vec{c} = \begin{pmatrix} 1 \\ 3 \\ -4 \end{pmatrix}$$

3) Für welche Werte $c \in \mathbb{R}$ sind die Vektoren

$$\begin{pmatrix} 1 \\ 0 \\ 1 \end{pmatrix}, \quad \begin{pmatrix} c \\ c \\ 0 \end{pmatrix}, \quad \begin{pmatrix} 0 \\ 1 \\ c \end{pmatrix}$$

linear abhängig? Begründen Sie dies.

Lösungsvorschläge:

1) Die drei Vektoren bilden die folgende Matrix:

$$\begin{pmatrix} 0 & 3 & 1 \\ 1 & 1 & 4 \\ 0 & 2 & 4 \end{pmatrix}$$

Für die Determinante ergibt sich:

$$\det\begin{pmatrix} 0 & 3 & 1 \\ 1 & 1 & 4 \\ 0 & 2 & 4 \end{pmatrix} = 0 + 0 + 1*1*2 - 0 - 0 - 4*1*3 = 2 - 12 = -10$$

Da die Determinante ungleich Null ist, sind die drei Vektoren linear unabhängig.

2) Es liegen drei Vektoren aus dem $\mathbb{R}^3$ vor, diese bilden genau dann eine Basis des $\mathbb{R}^3$, wenn sie linear unabhängig sind. Dieses wird nachfolgend wiederum mittels der Determinante überprüft:

$$\det\begin{pmatrix} 5 & 2 & 1 \\ 3 & 0 & 3 \\ 0 & 2 & -4 \end{pmatrix} = 0 + 0 + 1*3*2 - 0 - 2*3*5 - (-4)*3*2$$

$$= 6 - 30 + 24 = 0$$

Die Determinante der aus den drei Vektoren gebildeten Matrix ergibt Null, somit sind die drei Vektoren linear abhängig, sie bilden daher keine Basis des $\mathbb{R}^3$.

3) Auch hier lässt sich zur Überprüfung auf lineare Abhängigkeit am besten die Determinante benutzen:

$$\det\begin{pmatrix} 1 & c & 0 \\ 0 & c & 1 \\ 1 & 0 & c \end{pmatrix} = c^2 + c$$

Wenn die Determinante Null ist, sind die Vektoren linear abhängig.

$c^2 + c = 0$

$\Leftrightarrow\ c*(c+1) = 0$

$\Leftrightarrow\ c = 0 \vee c + 1 = 0$

$\Leftrightarrow\ c = 0 \vee c = -1$

Die Vektoren sind also für c = 0 und für c = −1 linear abhängig.

Insgesamt kann man Folgendes festhalten:

Sollen zwei Vektoren aus dem $\mathbb{R}^2$ oder drei Vektoren aus dem $\mathbb{R}^3$ auf lineare Abhängigkeit untersucht werden, so benutzt man hierzu am besten die Determinante der aus den Vektoren gebildeten Matrix. Ist diese Determinante Null, sind die Vektoren linear abhängig, ist sie ungleich Null, sind sie linear unabhängig.

9.2.3 Parallelität von Gerade und Ebene

Mit Hilfe von Determinanten kann man auch sehr einfach untersuchen, ob eine Gerade und eine Ebene oder zwei Ebenen parallel sind. In Kapitel 3.5.2.3 wurden die folgende Ebene und Gerade auf Parallelität untersucht:

$$E:\ \vec{x} = \begin{pmatrix} 1 \\ 3 \\ 4 \end{pmatrix} + r \begin{pmatrix} 1 \\ 1 \\ 2 \end{pmatrix} + s \begin{pmatrix} 1 \\ -1 \\ 0 \end{pmatrix} \quad ; r, s \in \mathbb{R}$$

$$g:\ \vec{x} = \begin{pmatrix} 1 \\ 0 \\ 4 \end{pmatrix} + r \begin{pmatrix} 0 \\ 1 \\ 2 \end{pmatrix} \quad ; r \in \mathbb{R}$$

Wenn die Gerade und die Ebene parallel sind, liegen alle Richtungsvektoren auf einer Ebene. Die drei Richtungsvektoren sind also linear abhängig und entsprechend ist ihre Determinante Null. Man kann also Folgendes festhalten:

Eine Ebene und eine Gerade sind genau dann parallel, wenn die Determinante der aus den drei Richtungsvektoren gebildeten Matrix Null ergibt.

Für das betrachtete Beispiel ergibt sich:

$$\det\begin{pmatrix} 1 & 1 & 0 \\ 1 & -1 & 1 \\ 2 & 0 & 2 \end{pmatrix} = -2 + 2 + 0 - 0 - 0 - 2 = -2$$

Die Determinante ist also ungleich Null, somit sind die Ebene und die Gerade nicht parallel.

Außerdem wurden in Kapitel 3.5.2.3 die nachfolgende Ebene und Gerade auf Parallelität untersucht:

$$E:\ \vec{x} = \begin{pmatrix} 1 \\ 3 \\ 4 \end{pmatrix} + r\begin{pmatrix} 1 \\ 1 \\ 2 \end{pmatrix} + s\begin{pmatrix} 1 \\ -1 \\ 1 \end{pmatrix} \quad ; r, s \in \mathbb{R}$$

$$g:\ \vec{x} = \begin{pmatrix} 1 \\ 0 \\ 4 \end{pmatrix} + r\begin{pmatrix} 3 \\ 1 \\ 5 \end{pmatrix} \quad ; r \in \mathbb{R}$$

In diesem Fall ergibt sich:

$$\det\begin{pmatrix} 1 & 1 & 3 \\ 1 & -1 & 1 \\ 2 & 1 & 5 \end{pmatrix} = -5 + 2 + 3 + 6 - 1 - 5 = 0$$

Die Ebene und die Gerade sind also parallel.

9.2.4 Parallelität von Ebenen

In Abschnitt 3.5.3.3 wurden zwei Ebenen auf Parallelität untersucht. Auch diese Untersuchung kann durch Determinanten vereinfacht werden. Zwei Ebenen sind genau dann parallel, wenn beide Richtungsvektoren der einen Ebene parallel zu der anderen Ebene sind. Zur Überprüfung kann man die Richtungsvektoren der einen Ebene jeweils mit einem der Richtungsvektoren der anderen Ebene in eine Matrix schreiben. Wenn die Determinante von beiden Matrizen Null ergibt, sind die beiden Ebenen parallel, sonst nicht. Anhand des zweiten Beispiels aus Abschnitt 3.5.3.3 wird das Vorgehen nachfolgend demonstriert:

Sind die beiden folgenden Ebenen parallel?

$$E_1\colon\ \vec{x} = \begin{pmatrix} 2 \\ 0 \\ -1 \end{pmatrix} + r \begin{pmatrix} 1 \\ 1 \\ 3 \end{pmatrix} + s \begin{pmatrix} 1 \\ 0 \\ 2 \end{pmatrix} \quad ; r, s \in \mathbb{R}$$

$$E_2\colon\ \vec{x} = \begin{pmatrix} 0 \\ 1 \\ 2 \end{pmatrix} + r \begin{pmatrix} 1 \\ 2 \\ 4 \end{pmatrix} + s \begin{pmatrix} 2 \\ 1 \\ 5 \end{pmatrix} \quad ; r, s \in \mathbb{R}$$

Nachfolgend wird jeweils die Parallelität der Richtungsvektoren der zweiten Ebene mit den Richtungsvektoren der ersten Ebene überprüft:

$$\det\begin{pmatrix} 1 & 1 & 1 \\ 1 & 0 & 2 \\ 3 & 2 & 4 \end{pmatrix} = 0 + 6 + 2 - 0 - 4 - 4 = 0$$

$$\det\begin{pmatrix} 1 & 1 & 2 \\ 1 & 0 & 1 \\ 3 & 2 & 5 \end{pmatrix} = 0 + 3 + 4 - 0 - 2 - 5 = 0$$

Beide Determinanten ergeben Null, somit sind die beiden Ebenen parallel zueinander. Aus der Parallelität ergibt sich jeweils noch nicht, ob die Ebenen echt parallel oder identisch sind. Diese Untersuchung kann man, so wie in Abschnitt 3.5.3.3 beschrieben, durchführen.

Als weiteres Beispiel seien die beiden folgenden Ebenen auf Parallelität zu überprüfen:

$$E_1: \vec{x} = \begin{pmatrix} 1 \\ 3 \\ -1 \end{pmatrix} + r \begin{pmatrix} 1 \\ 1 \\ 1 \end{pmatrix} + s \begin{pmatrix} 4 \\ 0 \\ 1 \end{pmatrix} \quad ; r, s \in \mathbb{R}$$

$$E_2: \vec{x} = \begin{pmatrix} 0 \\ 1 \\ 0 \end{pmatrix} + r \begin{pmatrix} 1 \\ 2 \\ 1 \end{pmatrix} + s \begin{pmatrix} 3 \\ 2 \\ 2 \end{pmatrix} \quad ; r, s \in \mathbb{R}$$

Für den ersten Richtungsvektor der zweiten Ebene ergibt sich im Verhältnis zur ersten Ebene:

$$\det \begin{pmatrix} 1 & 4 & 1 \\ 1 & 0 & 2 \\ 1 & 1 & 1 \end{pmatrix} = 0 + 8 + 1 - 0 - 2 - 4 = 3$$

Die Determinante ist nicht Null, damit ist der erste Richtungsvektor der zweiten Ebene nicht parallel zu E_1. Somit können die beiden gegebenen Ebenen nicht parallel sein.

Anmerkung:

Die Überprüfung mit den Determinanten ist relativ einfach, daher kann es sinnvoll sein, diese Prüfung auch bei normalen Schnittproblemen zunächst durchzuführen. Wenn die Ebenen nicht parallel sind, wird dieses sich oft, wie in dem Beispiel, bereits nach der Berechnung einer Determinante ergeben. Wenn die Ebenen hingegen parallel sind, braucht man anschließend nur noch zu überprüfen, ob sie identisch oder echt parallel sind.

9.3 Die Cramer'sche Regel

9.3.1 Eindeutig lösbare Gleichungssysteme

Determinanten können auch zum Lösen von linearen Gleichungssystemen verwendet werden. Das entsprechende Verfahren heißt Cramer' sche Regel. Mit dieser Regel können **eindeutig lösbare** lineare Gleichungssysteme relativ elegant gelöst werden.

In Kapitel 1.8 war bereits angesprochen worden, dass man aus den Koeffizienten eines Gleichungssystems eine Matrix bilden kann, die man Koeffizientenmatrix nennt. Es sei das folgende Gleichungssystem betrachtet:

$$\begin{aligned} x &+ y - z = 1 \\ 2x &- 3y + z = 0 \\ x & - z = 2 \end{aligned}$$

Die Koeffizientenmatrix dieses Gleichungssystems lautet:

$$A = \begin{pmatrix} 1 & 1 & -1 \\ 2 & -3 & 1 \\ 1 & 0 & -1 \end{pmatrix}$$

Die Terme auf der rechten Seite des Gleichungssystems kann man nun noch zu einem Vektor zusammenfassen, dieser Vektor wird nachfolgend $\vec{b}$ genannt. Für das betrachtete Gleichungssystem ergibt sich:

$$\vec{b} = \begin{pmatrix} 1 \\ 0 \\ 2 \end{pmatrix}$$

Den Vektor $\vec{b}$ bezeichnet man auch als den inhomogenen Anteil des Gleichungssystems; wenn der Vektor $\vec{b}$ nur Nullen enthält, ist das Gleichungssystem homogen.

Mittels der Matrix A und dem Vektor $\vec{b}$ kann ein lineares Gleichungssystem durch folgende Gleichung beschrieben werden:

$$A * \vec{x} = \vec{b}$$

Wer diese Gleichung überprüfen will, kann mit der im vorherigen Abschnitt behandelten Regel zur Matrizenmultiplikation die linke Seite der Gleichung ausrechnen. Der Vektor $\vec{x}$ ist hierbei wie eine Matrix mit einer Spalte und 3 Zeilen zu behandeln.

Aus der angeführten Gleichung kann die Cramer'sche Regel hergeleitet werden. Für **drei Gleichungen mit drei Unbekannten** (x, y und z) lautet sie folgendermaßen:

Es sei ein eindeutig lösbares lineares Gleichungssystem mit der Koeffizientenmatrix A und dem Vektor $\vec{b}$ als inhomogenem Anteil gegeben. Die einzelnen Spaltenvektoren der Matrix A werden nachfolgend mit $\vec{a}_1$, $\vec{a}_2$, und $\vec{a}_3$ bezeichnet. Man kann die Matrix A also auch folgendermaßen schreiben:

$$A = (\vec{a}_1, \vec{a}_2, \vec{a}_3)$$

Nach der Cramer'schen Regel ergibt sich die Lösung des Gleichungssystems folgendermaßen:

$$x = \frac{\det(\vec{b}, \vec{a}_2, \vec{a}_3)}{\det(A)}$$

Im Zähler wird also bei der Matrix, deren Determinante berechnet wird, die Spalte der gerade zu berechnenden Variablen durch $\vec{b}$ ersetzt. Hier war dies die erste Spalte. x_2 und x_3 ergeben sich entsprechend folgendermaßen:

$$y = \frac{\det(\vec{a}_1, \vec{b}, \vec{a}_3)}{\det(A)}$$

$$z = \frac{\det(\vec{a}_1, \vec{a}_2, \vec{b})}{\det(A)}$$

Nachfolgend wird das Verfahren an dem bereits angeführten Beispiel verdeutlicht:

Die Koeffizientenmatrix und $\vec{b}$ lauteten:

$$A = \begin{pmatrix} 1 & 1 & -1 \\ 2 & -3 & 1 \\ 1 & 0 & -1 \end{pmatrix} \qquad \vec{b} = \begin{pmatrix} 1 \\ 0 \\ 2 \end{pmatrix}$$

Für die Determinante von A ergibt sich:

$$\det(A) = 3 + 1 + 0 - 3 + 0 + 2 = 3$$

Die einzelnen Variablen ergeben sich nun folgendermaßen:

$$x = \det \begin{pmatrix} 1 & 1 & -1 \\ 0 & -3 & 1 \\ 2 & 0 & -1 \end{pmatrix} * \frac{1}{3} = (3 + 2 - 6) * \frac{1}{3} = \mathbf{-\frac{1}{3}}$$

$$y = \det\begin{pmatrix} 1 & 1 & -1 \\ 2 & 0 & 1 \\ 1 & 2 & -1 \end{pmatrix} * \frac{1}{3} = (1 - 4 - 2 + 2) * \frac{1}{3} = \mathbf{-1}$$

$$z = \det\begin{pmatrix} 1 & 1 & 1 \\ 2 & -3 & 0 \\ 1 & 0 & 2 \end{pmatrix} * \frac{1}{3} = (-6 + 3 - 4) * \frac{1}{3} = -\frac{\mathbf{7}}{\mathbf{3}}$$

Also insgesamt $\mathbb{L} = \{-\frac{1}{3}, -1, -\frac{7}{3}\}$

Zuvor war die Cramer'sche Regel für 3 Gleichungen mit 3 Unbekannten angeführt worden, sie kann auch allgemein für Gleichungssysteme mit n Variablen und n Gleichungen formuliert werden. Auf diese allgemeine Formulierung wird hier aber bewusst verzichtet, denn Gleichungssysteme mit 2 Gleichungen (n=2) kann man mit den bekannten Mitteln relativ einfach lösen, und für Gleichungen mit 4 oder mehr Gleichungen ($n \geq 4$) müssten Determinanten von mindestens 4x4 Matrizen gelöst werden, was ziemlich aufwendig ist und in diesem Buch auch nicht näher behandelt wird.

9.3.2 Anwendung auf den Schnitt zwischen Gerade und Ebene

Mit der Cramer'schen Regel kann auch der Schnittpunkt zwischen einer Ebene und einer Geraden bestimmt werden, denn hierbei muss ein eindeutiges lineares Gleichungssystem gelöst werden. Nachfolgend wird nochmals die Aufgabenstellung aus Abschnitt 3.5.2.2 betrachtet:

Es seien eine Ebene und eine Gerade gegeben

$$E: \vec{x} = \begin{pmatrix} 1 \\ 3 \\ 4 \end{pmatrix} + r\begin{pmatrix} 1 \\ 1 \\ 2 \end{pmatrix} + s\begin{pmatrix} 1 \\ -1 \\ 0 \end{pmatrix} \quad ; r, s \in \mathbb{R}$$

$$g: \vec{x} = \begin{pmatrix} 1 \\ 0 \\ 4 \end{pmatrix} + r\begin{pmatrix} 0 \\ 1 \\ 2 \end{pmatrix} \quad ; r \in \mathbb{R}$$

Schneiden sich die Ebene und die Gerade? Wie lautet gegebenenfalls der Schnittpunkt?

Bevor man die Ebene und die Gerade gleichsetzt, muss noch dafür gesorgt werden, dass die Parameter unterschiedlich benannt sind. Wie schon in Abschnitt 3.5.2.2 wird der Parameter der Geraden in t umbenannt. Das Gleichsetzen von Ebene und Gerade ergibt somit:

$$\begin{pmatrix}1\\3\\4\end{pmatrix} + r\begin{pmatrix}1\\1\\2\end{pmatrix} + s\begin{pmatrix}1\\-1\\0\end{pmatrix} = \begin{pmatrix}1\\0\\4\end{pmatrix} + t\begin{pmatrix}0\\1\\2\end{pmatrix} \quad \Big| -t\begin{pmatrix}0\\1\\2\end{pmatrix}$$

Die Terme mit den Variablen werden zunächst nach links gebracht:

$$\begin{pmatrix}1\\3\\4\end{pmatrix} + r\begin{pmatrix}1\\1\\2\end{pmatrix} + s\begin{pmatrix}1\\-1\\0\end{pmatrix} - t\begin{pmatrix}0\\1\\2\end{pmatrix} = \begin{pmatrix}1\\0\\4\end{pmatrix} \quad \Big| - \begin{pmatrix}1\\3\\4\end{pmatrix}$$

Der Aufpunktvektor der linken Seite der Gleichung wird nun subtrahiert:

$$r\begin{pmatrix}1\\1\\2\end{pmatrix} + s\begin{pmatrix}1\\-1\\0\end{pmatrix} - t\begin{pmatrix}0\\1\\2\end{pmatrix} = \begin{pmatrix}0\\-3\\0\end{pmatrix}$$

Schließlich wird noch das Minus vor dem t in den Vektor multipliziert:

$$r\begin{pmatrix}1\\1\\2\end{pmatrix} + s\begin{pmatrix}1\\-1\\0\end{pmatrix} + t\begin{pmatrix}0\\-1\\-2\end{pmatrix} = \begin{pmatrix}0\\-3\\0\end{pmatrix}$$

Somit lauten die Koeffizientenmatrix und $\vec{b}$:

$$A = \begin{pmatrix}1 & 1 & 0\\1 & -1 & -1\\2 & 0 & -2\end{pmatrix} \qquad \vec{b} = \begin{pmatrix}0\\-3\\0\end{pmatrix}$$

Für die Determinante von A ergibt sich:

$$\det(A) = 2 - 2 + 0 - 0 - 0 - (-2) = 2$$

Für die Bestimmung des Schnittpunktes reicht es aus, den Parameter t auszurechnen:

$$t = \frac{\det(\vec{a}_1, \vec{a}_2, \vec{b})}{\det(A)}$$

$$t = \det\begin{pmatrix}1 & 1 & 0\\1 & -1 & -3\\2 & 0 & 0\end{pmatrix} * \frac{1}{2} = 0 - 6 + 0 - 0 - 0 - 0 = -6 * \frac{1}{2} = -3$$

Setzt man dieses Ergebnis für t in die Geradengleichung ein, ergibt sich der Schnittpunkt:

$$\vec{x}_S = \begin{pmatrix} 1 \\ 0 \\ 4 \end{pmatrix} + (-3) * \begin{pmatrix} 0 \\ 1 \\ 2 \end{pmatrix} = \begin{pmatrix} 1 \\ 0 \\ 4 \end{pmatrix} + \begin{pmatrix} 0 \\ -3 \\ -6 \end{pmatrix} = \begin{pmatrix} 1 \\ -3 \\ -2 \end{pmatrix}$$

Die Gerade und die Ebene schneiden sich also in dem Punkt $(1|-3|-2)$

Das Verfahren für den Schnitt zwischen einer Ebene und einer Geraden kann man auch schematisieren:

> Es seien eine Ebene und eine Gerade gegeben:
>
> $$E: \ \vec{x} = \vec{p} + r\vec{a} + s\vec{b} \quad ; r, s \in \mathbb{R}$$
>
> $$g: \ \vec{x} = \vec{q} + t\vec{c} \quad t \in \mathbb{R}$$
>
> Zunächst wird die folgende Determinante berechnet:
>
> $$\det(A) = \det(\vec{a}, \vec{b}, \vec{c})$$
>
> Falls diese Determinante 0 ist, ist die Gerade parallel zur Ebene und es muss nur noch untersucht werden, ob die Gerade echt parallel zur Ebene ist oder ob sie direkt auf der Ebene liegt. Ist die Determinante nicht 0, so wird folgende Determinante bestimmt:
>
> $$\det(\vec{a}, \vec{b}, \vec{p}-\vec{q})$$
>
> Für den Parameter t der Geradengleichung gilt nun:[1]
>
> $$t = \frac{\det(\vec{a}, \vec{b}, \vec{p}-\vec{q})}{\det(\vec{a}, \vec{b}, \vec{c})}$$
>
> Schließlich wird der gefundene Wert für t in die Geradengleichung eingesetzt:
>
> $$\vec{x}_S = \vec{q} + t\vec{c}$$

1: Entsprechend dem Vorgehen bei dem Beispiel müsste t folgendermaßen berechnet werden: $t = \det(\vec{a}, \vec{b}, -\vec{c}) \,/\, \det(\vec{a}, \vec{b}, \vec{q}-\vec{p})$

Allerdings gilt aufgrund der Rechenregeln für Determinanten (Regel 6 für $\lambda = -1$):

$$\det(\vec{a}, \vec{b}, -\vec{c}) = -\det(\vec{a}, \vec{b}, \vec{c})$$

und $\det(\vec{a}, \vec{b}, \vec{q}-\vec{p}) = -\det(\vec{a}, \vec{b}, \vec{p}-\vec{q})$

Ersetzt man die beiden Terme, kürzt sich das „-" und es ergibt sich der dargestellte Zusammenhang.

9.3.3 Anwendung auf den Schnitt zwischen zwei Ebenen

Für den Fall, dass das lineare Gleichungssystem mehrdeutig lösbar ist, kann man eine abgewandelte Form der Cramer'schen Regel verwenden. Nachfolgend wird diese Variante der Cramer'schen Regel direkt auf die Bestimmung der Schnittgeraden zweier Ebenen angewendet. Denn diese Aufgabenstellung lässt sich mit der Hilfe von Determinanten besonders elegant lösen.

In Abschnitt 3.5.3.2 wurde die Schnittgerade für zwei in Parameterform gegebene Ebenen berechnet. Die beiden Ebenen lauteten:

$$E_1: \vec{x} = \begin{pmatrix} 2 \\ 0 \\ -1 \end{pmatrix} + r\begin{pmatrix} -1 \\ 3 \\ 10 \end{pmatrix} + s\begin{pmatrix} -1 \\ 2 \\ 4 \end{pmatrix} \quad ; r, s \in \mathbb{R}$$

$$E_2: \vec{x} = \begin{pmatrix} 0 \\ 1 \\ 0 \end{pmatrix} + r\begin{pmatrix} -1 \\ 1 \\ 3 \end{pmatrix} + s\begin{pmatrix} 4 \\ 0 \\ 2 \end{pmatrix} \quad ; r, s \in \mathbb{R}$$

Zum Gleichsetzen wurden die Parameter der zweiten Gleichung in t und u umbenannt, so dass sich folgende Gleichung ergab:

$$\begin{pmatrix} 2 \\ 0 \\ -1 \end{pmatrix} + r\begin{pmatrix} -1 \\ 3 \\ 10 \end{pmatrix} + s\begin{pmatrix} -1 \\ 2 \\ 4 \end{pmatrix} = \begin{pmatrix} 0 \\ 1 \\ 0 \end{pmatrix} + t\begin{pmatrix} -1 \\ 1 \\ 3 \end{pmatrix} + u\begin{pmatrix} 4 \\ 0 \\ 2 \end{pmatrix}$$

Es liegen 4 Variable vor, aber nur 3 Gleichungen (wenn man die Vektorgleichung in einzelne Gleichungen überträgt), das Gleichungssystem ist also auf jeden Fall unterbestimmt. Die Lösung des Gleichungssystems ist eine Gerade und beinhaltet einen freien Parameter. Die Vektorgleichung wird nun so umgeformt, dass einer der Parameter auf der rechten Seite der Gleichung verbleibt:

$$\begin{pmatrix} 2 \\ 0 \\ -1 \end{pmatrix} + r\begin{pmatrix} -1 \\ 3 \\ 10 \end{pmatrix} + s\begin{pmatrix} -1 \\ 2 \\ 4 \end{pmatrix} = \begin{pmatrix} 0 \\ 1 \\ 0 \end{pmatrix} + t\begin{pmatrix} -1 \\ 1 \\ 3 \end{pmatrix} + u\begin{pmatrix} 4 \\ 0 \\ 2 \end{pmatrix} \quad \Big| - \begin{pmatrix} 2 \\ 0 \\ -1 \end{pmatrix}$$

$$\Leftrightarrow r\begin{pmatrix} -1 \\ 3 \\ 10 \end{pmatrix} + s\begin{pmatrix} -1 \\ 2 \\ 4 \end{pmatrix} = \begin{pmatrix} -2 \\ 1 \\ 1 \end{pmatrix} + t\begin{pmatrix} -1 \\ 1 \\ 3 \end{pmatrix} + u\begin{pmatrix} 4 \\ 0 \\ 2 \end{pmatrix} \quad \Big| -t\begin{pmatrix} -1 \\ 1 \\ 3 \end{pmatrix}$$

$$\Leftrightarrow r\begin{pmatrix}-1\\3\\10\end{pmatrix}+s\begin{pmatrix}-1\\2\\4\end{pmatrix}-t\begin{pmatrix}-1\\1\\3\end{pmatrix}=\begin{pmatrix}-2\\1\\1\end{pmatrix}+u\begin{pmatrix}4\\0\\2\end{pmatrix}$$

Schließlich wird das Minus vor dem t noch in den Vektor multipliziert:

$$\Leftrightarrow r\begin{pmatrix}-1\\3\\10\end{pmatrix}+s\begin{pmatrix}-1\\2\\4\end{pmatrix}+t\begin{pmatrix}1\\-1\\-3\end{pmatrix}=\begin{pmatrix}-2\\1\\1\end{pmatrix}+u\begin{pmatrix}4\\0\\2\end{pmatrix}$$

Die Koeffizientenmatrix und der Vektor $\vec{b}$ des Gleichungssystems lauten gewissermaßen:

$$A=\begin{pmatrix}-1 & -1 & 1\\3 & 2 & -1\\10 & 4 & -3\end{pmatrix};\quad \vec{b}=\begin{pmatrix}-2+4u\\1\\1+2u\end{pmatrix}$$

Hierbei sind r, s und t die Variablen des Gleichungssystems.

Nun kann die Cramer'sche Regel angewendet werden:

$$\det(A) = 6 + 10 + 12 - 20 - 4 - 9 = -5$$

Die zu berechnenden Determinanten lauten folgendermaßen:

$$\det(\vec{b}, \vec{a}_2, \vec{a}_3) = \det\begin{pmatrix}-2+4u & -1 & 1\\1 & 2 & -1\\1+2u & 4 & -3\end{pmatrix}$$

$$\det(\vec{a}_1, \vec{b}, \vec{a}_3) = \det\begin{pmatrix}-1 & -2+4u & 1\\3 & 1 & -1\\10 & 1+2u & -3\end{pmatrix}$$

$$\det(\vec{a}_1, \vec{a}_2, \vec{b}) = \det\begin{pmatrix}-1 & -1 & -2+4u\\3 & 2 & 1\\10 & 4 & 1+2u\end{pmatrix}$$

Für die Aufgabenstellung reicht es aus, einen Wert für t zu bestimmen, deshalb wird nachfolgend nur die dritte Determinante berechnet

$$\begin{aligned}\det(\vec{a}_1, \vec{a}_2, \vec{b}) &= (-1)*2*(1+2u) + (-1)*1*10 + (-2+4u)*3*4\\ &\quad - 10*2*(-2+4u) - 4*1*(-1) - (1+2u)*3*(-1)\\ &= -2 - 4u - 10 - 24 + 48u + 40 - 80u + 4 + 3 + 6u\\ &= 11 - 30u\end{aligned}$$

Die dritte Variable t ergibt sich nun nach der Cramer'schen Regel folgendermaßen:

$$t = \frac{\det(\vec{a}_1, \vec{a}_2, \vec{b})}{\det(A)}$$

Also ergibt sich für t:

$$t = \frac{11 - 30u}{-5} = -2{,}2 + 6u$$

Die Schnittgerade erhält man, indem der für t gefundene Wert in die Gleichung der zweiten Ebene eingesetzt wird:

$$\Rightarrow \; \vec{x} = \begin{pmatrix} 0 \\ 1 \\ 0 \end{pmatrix} + (-2{,}2 + 6u) * \begin{pmatrix} -1 \\ 1 \\ 3 \end{pmatrix} + u \begin{pmatrix} 4 \\ 0 \\ 2 \end{pmatrix}$$

$$\Leftrightarrow \; \vec{x} = \begin{pmatrix} 0 \\ 1 \\ 0 \end{pmatrix} - 2{,}2 \begin{pmatrix} -1 \\ 1 \\ 3 \end{pmatrix} + 6u \begin{pmatrix} -1 \\ 1 \\ 3 \end{pmatrix} + u \begin{pmatrix} 4 \\ 0 \\ 2 \end{pmatrix}$$

$$\Leftrightarrow \; \vec{x} = \begin{pmatrix} 2{,}2 \\ -1{,}2 \\ -6{,}6 \end{pmatrix} + u \begin{pmatrix} -2 \\ 6 \\ 20 \end{pmatrix}$$

So wie schon bei dem Schnitt einer Geraden mit einer Ebene soll nachfolgend auch für den Schnitt zweier Ebenen ein allgemeines Verfahren zur Lösung mittels der Cramer'schen Regel angeführt werden:[1]

Die Schnittgerade zweier Ebenen soll bestimmt werden:

$$E_1: \; \vec{x} = \vec{p} + r\vec{a} + s\vec{b} \quad ; r,s \in \mathbb{R}$$

$$E_2: \; \vec{x} = \vec{q} + t\vec{c} + u\vec{d} \quad ; t,u \in \mathbb{R}$$

Zunächst wird die folgende Determinante berechnet:

$$\det(A) = \det(\vec{a}, \vec{b}, \vec{c})$$

Falls diese Determinante ungleich 0 ist, wird folgende Determinante bestimmt:

$$\det(\vec{a}, \vec{b}, (\vec{p} - \vec{q} - u\vec{d}))$$

1: Wie bereits im vorherigen Abschnitt gezeigt worden ist, müsste eigentlich die Determinante $\det(\vec{a}, \vec{b}, -\vec{c})$ bestimmt werden. Das „-“ kann allerdings wie zuvor bei der Berechnung des Schnittpunktes einer Geraden mit einer Ebene mit der Determinante im Nenner gekürzt werden, so dass sich die nachfolgend angeführte Formel ergibt.

Der Parameter t von E_2 ergibt sich nun folgendermaßen:

$$t = \frac{\det(\vec{a}, \vec{b}, (\vec{p} - \vec{q} - u\vec{d}))}{\det(\vec{a}, \vec{b}, \vec{c})}$$

Der gefundene Wert für t wird schließlich in die Gleichung von E_2 eingesetzt:

$$\vec{x}_S = \vec{q} + t\vec{c} + ud$$

$\vec{q} + t\vec{c}$ ist hierbei der Aufpunktvektor der sich als Schnittmenge ergebenden Geraden.

Sollte die zunächst berechnete Determinante, $\det(\vec{a}, \vec{b}, \vec{c})$, Null ergeben, so ist der Vektor $\vec{c}$ parallel zu E_1. In diesem Fall muss der zweite Richtungsvektor von E_2 untersucht werden. Es wird entsprechend die folgende Determinante bestimmt:

$$\det(A) = \det(\vec{a}, \vec{b}, \vec{d})$$

Ist diese Determinante ebenfalls Null, sind beide Richtungsvektoren von E_2 parallel zu E_1, damit liegen die Ebenen parallel zueinander. Entweder sie sind echt parallel und haben keine Schnittmenge, oder sie sind identisch. Ist $\det(\vec{a}, \vec{b}, -d)$ ungleich Null, entspricht die weitere Berechnung dem zuvor beschriebenen Verfahren.

Für den Parameter u gilt:

$$u = \frac{\det(\vec{a}, \vec{b}, (\vec{p} - \vec{q} - t\,\vec{c}))}{\det(\vec{a}, \vec{b}, \vec{d})}$$

Die Schnittgerade ergibt sich nun, indem der für u gefundene Wert in E_2 eingesetzt wird.

9.4 Flächen- und Volumenbestimmung

Nachfolgend wird der Zahlenwert einer Determinante erläutert. Zunächst seien zwei Vektoren aus dem Zweidimensionalen betrachtet:

$\vec{a} = \begin{pmatrix} 4 \\ 0 \end{pmatrix}; \ \vec{b} = \begin{pmatrix} 2 \\ 3 \end{pmatrix}$

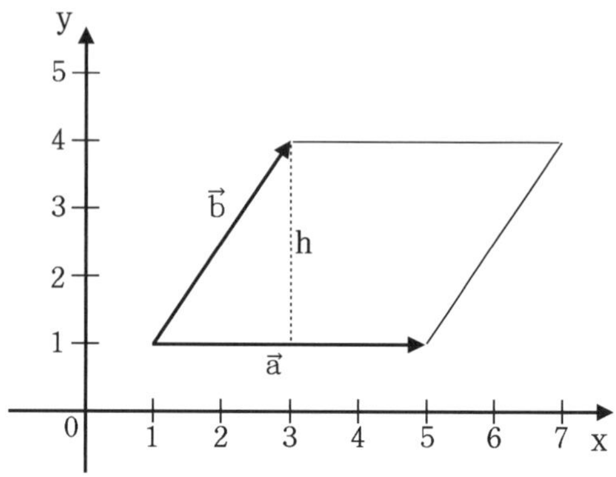

Nebenstehend ist das von den beiden Vektoren aufgespannte Parallelogramm dargestellt. Die Fläche des Parallelogramms kann folgendermaßen berechnet werden:

$$A = a * h = 4 * 3 = 12$$

Für die Determinante der aus den beiden Vektoren gebildeten Matrix ergibt sich:

$$\det(\vec{a}, \vec{b}) = \det\begin{pmatrix} 4 & 2 \\ 0 & 3 \end{pmatrix} = 4 * 3 - 0 * 2 = 12$$

Der Wert der Determinante entspricht also in dem Beispiel genau dem Flächeninhalt des von den beiden Spaltenvektoren aufgespannten Parallelogramms. Allerdings kann der Zahlenwert einer Determinante auch negativ sein: Wenn man bei dem obigen Beispiel die Reihenfolge der beiden Vektoren in der Determinante vertauscht, ergibt sich -12 als Wert der Determinante. Es kann gezeigt werden, dass stets der Betrag der Determinante der Fläche des Parallelogramms entspricht.

Für die Fläche des von den Vektoren $\vec{a}$ und $\vec{b}$ aus dem Zweidimensionalen aufgespannten Parallelogramms gilt:

$$A_{Parallelogramm} = |\det(\vec{a}, \vec{b})|$$

Der angeführte Zusammenhang lässt sich mittels des Vektorproduktes beweisen. Für alle, bei denen das Vektorprodukt im Unterricht behandelt worden ist, werden die entsprechenden Zusammenhänge im nächsten Abschnitt näher erläutert.

Die Fläche eines Dreiecks beträgt genau die Hälfte des zugehörigen Parallelogramms. Eine Zeichnung hierzu findet sich in Abschnitt 6.3.

Die Fläche des von den Vektoren $\vec{a}$ und $\vec{b}$ aus dem Zweidimensionalen aufgespannten Dreiecks beträgt:

$$A_{Dreieck} = \frac{1}{2} \left|\det(\vec{a}, \vec{b})\right|$$

Für 3 Vektoren **aus dem Dreidimensionalen** lässt sich zeigen, dass der Zahlenwert ihrer Determinante identisch mit ihrem Spatprodukt (vgl. Abschnitt 6.5) ist:

$$\det(\vec{a}, \vec{b}, \vec{c}) = (\vec{a} \text{ x } \vec{b}) * \vec{c}$$

Für das Volumen des von den Vektoren $\vec{a}$, $\vec{b}$ und $\vec{c}$ aufgespannten Spates gilt also:

$$V_{Spat} = \left|(\vec{a} \text{ x } \vec{b}) * \vec{c}\right| = \left|\det(\vec{a}, \vec{b}, \vec{c})\right|$$

Der Zahlenwert einer Determinante von 3 Vektoren aus dem Dreidimensionalen ist also ein Maß für das Volumen des von den Vektoren aufgespannten Spates.

In Abschnitt 6.5 war gezeigt worden, dass das Volumen einer dreiseitigen Pyramide (Vierflach) genau $\frac{1}{6}$ des zugehörigen Spates beträgt. Somit lässt sich die Determinante folgendermaßen zur Volumenberechnung verwenden:

Für 3 Vektoren aus dem Dreidimensionalen gilt für das Volumen der aufgespannten Körper:

$$V_{Spat} = \left|\det(\vec{a}, \vec{b}, \vec{c})\right|$$

$$V_{\text{dreiseitige Pyramide}} = \frac{1}{6} * \left|\det(\vec{a}, \vec{b}, \vec{c})\right|$$

Wenn die Vektoren ein Rechtssystem bilden, ist das Ergebnis immer positiv. In diesen Fällen kann der Betrag der Determinante auch weggelassen werden.

9.5 Determinanten und Vektorprodukt

Die hier aufgeführten Zusammenhänge sind für diejenigen von Interesse, die im Unterricht sowohl Determinanten als auch das Vektorprodukt behandelt haben.

Das Vektorprodukt kann mittels einer Determinante dargestellt werden, es gilt:

$$\vec{a} \times \vec{b} = \det(\vec{a}, \vec{b}, \vec{e})$$

Der Vektor $\vec{e}$ wird hierbei aus den Einheitsvektoren gebildet.

$$\det\begin{pmatrix} a_1 & b_1 & \vec{e}_x \\ a_2 & b_2 & \vec{e}_y \\ a_3 & b_3 & \vec{e}_z \end{pmatrix} = a_1b_2\vec{e}_z + b_1\vec{e}_ya_3 + \vec{e}_xa_2b_3 - a_3b_2\vec{e}_x - b_3\vec{e}_ya_1 - \vec{e}_za_2b_1$$

Sortiert man diese Terme nach den Einheitsvektoren, ergibt sich:

$$= a_2b_3\vec{e}_x - a_3b_2\vec{e}_x + a_3b_1\vec{e}_y - a_1b_3\vec{e}_y + a_1b_2\vec{e}_z - a_2b_1\vec{e}_z$$

$$= (a_2b_3 - a_3b_2)\vec{e}_x + (a_3b_1 - a_1b_3)\vec{e}_y + (a_1b_2 - a_2b_1)\vec{e}_z$$

Die Ausdrücke vor den Einheitsvektoren entsprechen genau den Komponenten des Vektorproduktes:

$$= \begin{pmatrix} a_2b_3 - a_3b_2 \\ a_3b_1 - a_1b_3 \\ a_1b_2 - a_2b_1 \end{pmatrix} = \vec{a} \times \vec{b}$$

Der Zusammenhang für das Spatprodukt, $(\vec{a} \times \vec{b}) * \vec{c} = \det(\vec{a}, \vec{b}, \vec{c})$, kann ähnlich wie bei der vorherigen Berechnung gezeigt werden. Statt der Einheitsvektoren erscheinen dann in der Determinante die Komponenten des Vektors $\vec{c}$.

Schließlich sei der Zusammenhang $A_{Parallelogramm} = |\det(\vec{a}, \vec{b})|$ bewiesen:

Zwei beliebige Vektoren in der xy-Ebene können auch als Vektoren im Dreidimensionalen geschrieben werden. Sie haben jeweils die z-Komponente 0. Für das Vektorprodukt dieser beiden Vektoren ergibt sich:

$$\begin{pmatrix} a_1 \\ a_2 \\ 0 \end{pmatrix} \times \begin{pmatrix} b_1 \\ b_2 \\ 0 \end{pmatrix} = \begin{pmatrix} 0 \\ 0 \\ a_1b_2 - a_2b_1 \end{pmatrix}$$

Der Betrag dieses Vektorproduktes ist $|a_1b_2 - a_2b_1| = |\det(\vec{a}, \vec{b})|$

Da der Betrag des Vektorproduktes der Fläche des Parallelogramms entspricht, liefert auch der Betrag der Determinante diese Fläche.

10 Anhang

Hier sei zunächst auf den Anhang des ersten Bandes verwiesen. Zahlreiche dort besprochene Grundfertigkeiten werden auch im Rahmen der linearen Algebra/Analytischen Geometrie benötigt. Nachfolgend ist ein Auszug aus dem Inhaltsverzeichnis des ersten Bandes (5. Auflage) angeführt.

10.1 Anhang aus Band 1

Nachfolgend werden die auch für dieses Buch relevanten Themen aus dem Anhang von Band 1 aufgeführt:

10.2 Schema zum Gauß-Algorithmus

1) Falls nötig, werden die Gleichungen **umgeformt**, so dass auf der einen Seite die Variablen nacheinander stehen und auf der anderen Seite alle Zahlen oder Konstanten.

2) **Falls** in der ersten Gleichung kein "x" auftaucht, so wird die erste Gleichung mit einer anderen Gleichung **vertauscht**, in der "x" vorhanden ist.

3) Die erste Gleichung wird **durch den Koeffizient vor dem x geteilt.** Das x kommt in der Gleichung dann genau einmal vor. (Hierbei wird auch durch das Vorzeichen geteilt, wenn also z.B. in der ersten Gleichung $-5x$ steht, wird diese durch -5 geteilt.)

4) **Vielfache der ersten Gleichung werden von allen anderen Gleichungen subtrahiert beziehungsweise zu ihnen addiert**, so dass die Terme mit "x" in den Gleichungen verschwinden. (Steht z.B. in der zweiten Gleichung 4x und in der dritten Gleichung $-0{,}3x$, so wird von der zweiten Gleichung 4 mal die erste Gleichung subtrahiert und zu der dritten Gleichung 0,3 mal die erste Gleichung addiert.

5) Nun nimmt man sich die zweite Gleichung vor und betrachtet "y". In allen Gleichungen unterhalb der zweiten Gleichung werden nun **die Terme mit "y" eliminiert.** Hierzu geht man genauso vor, wie es zuvor in Schritt 2 bis 4 für die Eliminierung der Terme mit x beschrieben wurde. Wenn mehr als 3 Gleichungen vorhanden sind, wird nachfolgend die dritte Variable in allen Gleichungen unter der dritten Gleichung eliminiert usw.

6) Fertig ist man, wenn das System in **Stufenform** (Dreiecksform) ist. Unterhalb der übrig gebliebenen Variablen lassen sich dann "Treppenstufen" einzeichnen, wobei es immer nur "einen Schritt" nach unten gehen darf.

7) Wenn eine Gleichung entstanden ist, die zu einem Widerspuch führt (z.B. $0 = 4$), ist **das Gleichungssystem unlösbar.**

8) Für lösbare Gleichungssysteme wird abgezählt, wieviele "**echte Gleichungen**" übrig geblieben sind (alle Gleichungen, die nicht $0 = 0$ lauten). Die Anzahl der "echten Gleichungen" wird nun mit der Anzahl der Variablen verglichen:

a) Es gibt **genauso viele** „echte Gleichungen" wie Variable. Das Gleichungssystem ist in diesem Fall eindeutig lösbar.
b) Es gibt **weniger** "echte Gleichungen" als Variable. Das Gleichungssystem ist in diesem Fall unterbestimmt. Wenn eine "echte Gleichung" weniger existiert, ist es **einfach unterbestimmt.** Sind es zwei "echte Gleichungen" weniger als Variable, so ist es ein zweifach unterbestimmtes Gleichungssystem.
Für die nächsten Lösungsschritte wird weiterhin nach a) und b) unterschieden.

9) a) Aus der letzten Gleichung erhält man nun direkt eine Lösung für die letzte Variable. Diese Lösung setzt man in die vorletzte Gleichung ein und berechnet auf diese Weise eine Lösung für die vorletzte Variable usw..
b) Wenn das Gleichungssystem einfach unterbestimmt ist, sollte die letzte Variable als freie Variable gewählt werden. Alle anderen Variablen müssen dann abhängig von dieser Variablen dargestellt werden. Dies erreicht man am besten, indem man schrittweise von unten nach oben in die Gleichungen einsetzt. Die Lösung für die anderen Variablen ist hierbei abhängig von der freien Variablen auszudrücken. (Bisweilen wird die freie Variable zur besseren Unterscheidung auch umbenannt, z.B. in λ.) Wenn das Gleichungssystem zweifach unterbestimmt ist, werden entsprechend die letzten beiden Variablen als freie Variablen gewählt und die anderen Variablen abhängig von diesen Variablen dargestellt.

Alternativ zu dem unter a) und b) beschriebenen schrittweisen Einsetzen kann man auch den Gauß-Algorithmus weiter anwenden und auch oberhalb der Variablen in der Diagonalen alle Variablen eliminieren.

10) Schließlich sollte man die Lösungsmenge angeben. Bei a) ist die Lösungsmenge ein Punkt, der durch die Werte der verschiedenen Variablen eindeutig beschrieben wird. Bei b) hingegen ergibt sich eine unendliche Lösungsmenge, diese sollte auch direkt als Menge angegeben werden.

10.3 Lineare Abhängigkeit

Zwei Vektoren

Die Vektoren $\vec{a}$ und $\vec{b}$ sind linear abhängig (kollinear), wenn die folgende Gleichung eine Lösung für r hat:

$$\vec{b} = r * \vec{a}$$

Drei Vektoren:

Drei Vektoren $\vec{a}$, $\vec{b}$ und $\vec{c}$ sind linear abhängig (komplanar), wenn **eine der beiden** folgenden Bedingungen erfüllt ist:

1) Es gibt Parameter r und s, so dass gilt:

   $\vec{c} = r * \vec{a} + s * \vec{b}$ ($\vec{c}$ lässt sich als Linearkombination durch $\vec{a}$ und $\vec{b}$ darstellen)

2) Es gibt einen Parameter t, so dass gilt:

   $\vec{a} = t * \vec{b}$ ($\vec{a}$ und $\vec{b}$ sind linear abhängig (kollinear))

Beliebig viele Vektoren:

Die Vektoren $\vec{a}_1$, $\vec{a}_2$, ..., $\vec{a}_n$ sind **genau dann linear unabhängig**, wenn die Gleichung $\mathbf{r_1\vec{a}_1 + r_2\vec{a}_2 + ... + r_n\vec{a}_n = \vec{0}}$ nur erfüllbar ist, wenn alle Parameter (r_i) gleich Null sind, die Gleichung also nur die Triviallösung hat.

Wenn es eine Lösung gibt, bei der nicht alle Parameter Null sind, sind die Vektoren **linear abhängig.** In diesem Fall lässt sich mindestens einer der Vektoren als Linearkombination der anderen Vektoren darstellen.

Untersuchung mittels Determinanten:

2 Zweiervektoren: $\det(\vec{a}, \vec{b}) = 0 \Leftrightarrow$ $\vec{a}$ und $\vec{b}$ sind linear abhängig (kollinear)

3 Dreiervektoren: $\det(\vec{a}, \vec{b}, \vec{c}) = 0 \Leftrightarrow$ $\vec{a}$, $\vec{b}$ und $\vec{c}$ sind linear abhängig (komplanar).

Wenn die Determinate ungleich Null ist, sind die Vektoren jeweils linear unabhängig.

10.4 Skalarprodukt

Für das Skalarprodukt gilt folgendes für alle $\vec{a}$, $\vec{b}$, $\vec{c} \in \mathbb{V}$:

SP1 $\vec{a} * (\vec{b} + \vec{c}) = \vec{a} * \vec{b} + \vec{a} * \vec{c}$ (Distributivgesetz)

SP2 $\vec{a} * \vec{b} = \vec{b} * \vec{a}$ (Kommutativgesetz)

SP3 $\vec{a} * \vec{b} = a * b * \cos(\gamma)$

SP4 $\vec{a}^2 = a^2$ bzw. $\vec{a} * \vec{a} = a * a$

Hierbei ist γ der von den beiden Vektoren eingeschlossene Winkel und a (bzw. b) ist der Betrag von $\vec{a}$ (bzw. $\vec{b}$).

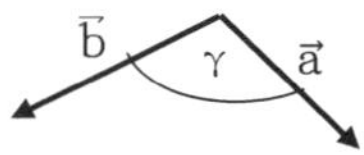

Nachfolgend sind einige wichtige Spezialfälle angeführt:

Winkel (γ)	0°	90°	180°
cos (γ)	cos(0°) = 1	cos(90°) = 0	cos(180°) = -1
Zeichnung	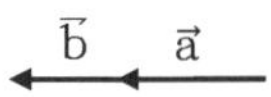	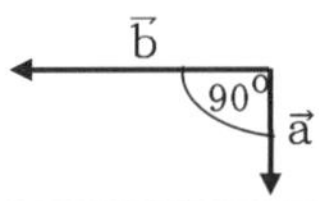	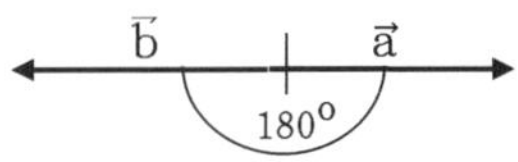
$\vec{a} * \vec{b}$ $= a * b * \cos(\gamma)$	$\vec{a} * \vec{b}$ $= a * b$	$\vec{a} * \vec{b}$ $= 0$	$\vec{a} * \vec{b}$ $= -a * b$

Für das Skalarprodukt von Vektoren in Koordinatenschreibweise gilt:

$$\begin{pmatrix} a_1 \\ a_2 \end{pmatrix} * \begin{pmatrix} b_1 \\ b_2 \end{pmatrix} = a_1 * b_1 + a_2 * b_2$$

bzw.
$$\begin{pmatrix} a_1 \\ a_2 \\ a_3 \end{pmatrix} * \begin{pmatrix} b_1 \\ b_2 \\ b_3 \end{pmatrix} = a_1 * b_1 + a_2 * b_2 + a_3 * b_3$$

Für die **<u>Länge</u>** (Betrag, Norm) eines Vektors ergibt sich mittels des Skalarproduktes:

Vektor mit zwei Komponenten:

$$\vec{a} = \begin{pmatrix} a_1 \\ a_2 \end{pmatrix} \Rightarrow |\vec{a}| = a = \sqrt{a_1^2 + a_2^2}$$

Vektor mit 3 Komponenten:

$$\vec{a} = \begin{pmatrix} a_1 \\ a_2 \\ a_3 \end{pmatrix} \Rightarrow |\vec{a}| = a = \sqrt{a_1^2 + a_2^2 + a_3^2}$$

Für den **Winkel** zwischen zwei Vektoren ergibt sich mittels des Skalarproduktes:

$$\gamma = \arccos\left(\frac{\vec{a} * \vec{b}}{a * b}\right)$$

10.5 Vektorprodukt

1) Das Vektorprodukt der Vektoren $\vec{a}$ und $\vec{b}$ aus dem $\mathbb{R}^3$ ist folgendermaßen definiert:

$$\vec{a} \times \vec{b} = \begin{pmatrix} a_1 \\ a_2 \\ a_3 \end{pmatrix} \times \begin{pmatrix} b_1 \\ b_2 \\ b_3 \end{pmatrix} = \begin{pmatrix} a_2b_3 - a_3b_2 \\ a_3b_1 - a_1b_3 \\ a_1b_2 - a_2b_1 \end{pmatrix}$$

2) Das Vektorprodukt zweier linear unabhängiger Vektoren steht immer senkrecht auf den beiden Vektoren. Das Vektorprodukt stellt somit einen Normalenvektor der von $\vec{a}$ und $\vec{b}$ aufgespannten Ebene dar.

3) Die Vektoren $\vec{a}$, $\vec{b}$ und $\vec{a} \times \vec{b}$ bilden ein Rechtssystem.

4) Das Vektorprodukt zweier linear abhängiger Vektoren liefert den Nullvektor als Ergebnis.

5) Für den Betrag des Vektorproduktes der Vektoren $\vec{a}$ und $\vec{b}$ gilt:

$$|\vec{a} \times \vec{b}| = a * b * \sin(\gamma)$$

Wobei γ der von den beiden Vektoren eingeschlossene Winkel ist.

6) Das Vektorprodukt ist antikommutativ, es gilt:

$$\vec{a} \times \vec{b} = - \vec{b} \times \vec{a}$$

7) Es gilt das Distributivgesetz:

$$\vec{a} \times (\vec{b} + \vec{c}) = \vec{a} \times \vec{b} + \vec{a} \times \vec{c}$$

8) Es gilt das gemischte Assoziativgesetz:

$$(r * \vec{a}) \times \vec{b} = r * (\vec{a} \times \vec{b})$$

9) Das Assoziativgesetz gilt nicht, das heißt, im Allgemeinen ist

$$(\vec{a} \times \vec{b}) \times \vec{c} \neq \vec{a} \times (\vec{b} \times \vec{c})$$

10.6 Geraden- und Ebenengleichungen

Normalenform

Gerade im $\mathbb{R}^2$ (im Zweidimensionalen)

Punkt-Normalenform:

g: $\vec{n} * \vec{x} - \vec{n} * \vec{p} = 0$, mit $\vec{n}, \vec{x}, \vec{p} \in \mathbb{R}^2$

Allgemeine Normalenform:

g: $\vec{n} * \vec{x} - c = 0$, mit $\vec{n}, \vec{x} \in \mathbb{R}^2$

Hessesche Normalenform:

g: $\vec{n}_0 * \vec{x} - d = 0$, mit $\vec{n}_0, \vec{x} \in \mathbb{R}^2$, $\vec{n}_0$: Einheitsnormalenvektor

Hierbei gilt $d = \vec{n}_0 * \vec{p} \geq 0$, wobei $\vec{p}$ ein beliebiger Aufpunktvektor auf die Gerade ist. $d \geq 0$ ist identisch mit der Forderung, dass $\vec{n}_0$ so gewählt wird, dass er vom Ursprung aus zu der Geraden hin zeigt. d gibt den Abstand der Geraden zum Ursprung an.

Ebene im $\mathbb{R}^3$ (im Dreidimensionalen)

Punkt-Normalenform:

g: $\vec{n} * \vec{x} - \vec{n} * \vec{p} = 0$, mit $\vec{n}, \vec{x}, \vec{p} \in \mathbb{R}^3$

Allgemeine Normalenform:

g: $\vec{n} * \vec{x} - c = 0$, mit $\vec{n}, \vec{x} \in \mathbb{R}^3$

Hessesche Normalenform:

g: $\vec{n}_0 * \vec{x} - d = 0$, mit $\vec{n}_0, \vec{x} \in \mathbb{R}^3$ $\vec{n}_0$: Einheitsnormalenvektor

Hierbei gilt $d = \vec{n}_0 * \vec{p} \geq 0$, wobei $\vec{p}$ ein beliebiger Aufpunktvektor auf die Gerade ist. $d \geq 0$ ist identisch mit der Forderung, dass $\vec{n}_0$ so gewählt wird, dass er vom Ursprung aus zu der Ebene hin zeigt. d gibt den Abstand der Ebene zum Ursprung an.

Gleichungen in Parameterform (Punkt-Richtungsform):

Gerade: g: $\vec{x} = \vec{p} + r\vec{a}$; $r \in \mathbb{R}$

Den Vektor $\vec{p}$ nennt man **Aufpunktvektor** oder auch **Stützvektor** der Geraden. Den Vektor $\vec{a}$, der parallel zur Geraden ist, nennt man **Richtungsvektor** der Geraden, und r ist der **Parameter** der Geradengleichung.

Ebene: E: $\vec{x} = \vec{p} + r\vec{a} + s\vec{b}$; $r,s \in \mathbb{R}$

Die Menge aller Ortsvektoren der Ebene ($\vec{x}$) ergibt sich also, indem man einen Aufpunktvektor (Stützvektor) auf die Ebenen ($\vec{p}$) nimmt und zu diesem beliebige Vielfache der beiden Richtungsvektoren ($\vec{a}$ und $\vec{b}$) addiert. Da die beiden Richtungsvektoren die Ebene aufspannen, nennt man sie auch **Spannvektoren**.

Koordinatenform:

Gerade: $c * x + d * y = e$; $c, d, e \in \mathbb{R}$

Ebene: E: $d * x + e * y + f * z = g$; $d, e, f, g \in \mathbb{R}$

Achsenabschnittsform:

Gerade: $\frac{1}{a_1} * x + \frac{1}{a_2} * y = 1$

Ebene: E: $\frac{1}{a_1} * x + \frac{1}{a_2} * y + \frac{1}{a_3} * z = 1$; $a_1, a_2, a_3 \in \mathbb{R}$

a_1 gibt hierbei den Achsenabschnitt auf der x-Achse an usw.

10.7 Schnittwinkel

	Winkel	siehe Kapitel
Gerade - Gerade beide in Parameterform	$\varphi = \arccos \frac{\lvert\vec{a} * \vec{b}\rvert}{a * b}$	5.5.1.1
Gerade in Parameterform - Gerade bzw. Ebene in Normalenform	$\varphi = \arcsin\left(\frac{\lvert\vec{n} * \vec{b}\rvert}{\lvert\vec{n}\rvert * \lvert\vec{b}\rvert}\right)$	5.5.1.3 bzw. 5.5.2
Gerade - Gerade oder Ebene - Ebene beide Normalenform	$\varphi = \arccos \frac{\lvert\vec{n}_1 * \vec{n}_2\rvert}{\lvert\vec{n}_1\rvert * \lvert\vec{n}_2\rvert}$	5.5.1.2 bzw. 5.5.3

10.8 Schnitt von Geraden/Ebenen

Wenn es eine Lösung gibt, liefert der Schnitt zweier Geraden einen Punkt, der Schnitt einer Geraden mit einer Ebenen ebenfalls einen Punkt und der Schnitt zweier Ebenen eine Gerade. Keine Lösung gibt es, wenn die Geraden/Ebenen echt parallel sind oder wenn zwei Geraden im Dreidimensionalen windschief sind.

Im Zweidimensionalen

Gerade - Gerade	Ansatz	siehe Kapitel
beide Parameterform	Die Werte für $\vec{x}$ gleichsetzen	3.3.2
Parameter- und Normalenform	Den Wert für $\vec{x}$ aus der Parameterform in die Normalenform einsetzen	5.4.2.1
beide Normalenform /Koordinatenform	Zunächst die Normalenformen in die Koordinantenform umwandeln	5.4.3.1

Im Dreidimensionalen

	Ansatz	siehe Kapitel
Gerade - Gerade beide Parameterform	Die Werte für $\vec{x}$ gleichsetzen. Gibt es keine Lösung, sind die Geraden echt parallel oder windschief.	3.3.3
Gerade - Ebene		
beide Parameterform	Die Werte für $\vec{x}$ gleichsetzen	3.5.2 bzw. 9.3.2
Gerade: Parameterform Ebene: Normalenform	Den Wert für $\vec{x}$ aus der Parameterform in die Normalenform einsetzen	5.4.2.2
Ebene - Ebene		
beide Parameterform	Die Werte für $\vec{x}$ gleichsetzen	3.5.3 bzw. 9.3.3
E_1: Parameterform E_2: Normalenform	Den Wert für $\vec{x}$ aus E_1 in E_2 einsetzen	5.4.2.2
beide Normalenform /Koordinatenform	Zunächst die Normalenformen in die Koordinantenform umwandeln	5.4.3.2

Soll die Schnittmenge zwischen einer in Koordinantenform und einer in Parameterform gegebenen Geraden/Ebene bestimmt werden, so bietet es sich an, zunächst aus der Koordinatenform die Normalenform zu ermitteln (Kapitel 5.3.3).

10.9 Flächen- und Volumenberechnung

Flächenberechnung	Verwendetes Verfahren: Vektorprodukt	Verwendetes Verfahren: Determinante
Parallelogramm	$A = \lvert\vec{a} \times \vec{b}\rvert$ (Dreiervektoren)	$\lvert\det(\vec{a}, \vec{b})\rvert$ (Zweiervektoren)
Dreieck	$A = \frac{1}{2}\lvert\vec{a} \times \vec{b}\rvert$ (Dreiervektoren)	$\frac{1}{2}\lvert\det(\vec{a}, \vec{b})\rvert$ (Zweiervektoren)

Volumenberechnung (nur Dreiervektoren)	Verwendetes Verfahren: Vektorprodukt	Verwendetes Verfahren: Determinante
Spat	$V = \lvert(\vec{a} \times \vec{b}) * \vec{c}\rvert$	$V = \lvert\det(\vec{a},\vec{b},\vec{c})\rvert$
dreiseitige Pyramide (Vierflach)	$V = \frac{1}{6} * \lvert(\vec{a} \times \vec{b}) * \vec{c}\rvert$	$V = \frac{1}{6} * \lvert\det(\vec{a},\vec{b},\vec{c})\rvert$

Genauere Erklärungen finden sich in Kapitel 6.3 bzw. 6.5 (Vektorprodukt) und Kapitel 9.4 (Determinanten). Wenn die Vektoren ein Rechtssystem bilden, können die Beträge außer bei der Flächenberechnung mittels des Vektorproduktes auch weggelassen werden.

10.10 Kreis und Kugel

Gleichung für Kreis und Kugel:

Kreis: $(\vec{m} - \vec{x})^2 = r^2 ; \quad \vec{m}, \vec{x} \in \mathbb{R}^2$

Kugel: $(\vec{m} - \vec{x})^2 = r^2 ; \quad \vec{m}, \vec{x} \in \mathbb{R}^3$

Gleichung für die Tangente/Tangentialebene:

Tangente an einen Kreis im Punkt P:

$$g: (\vec{x} - \vec{m}) * (\vec{p} - \vec{m}) = r^2 ; \quad \vec{x}, \vec{m}, \vec{p} \in \mathbb{R}^2$$

Tangentialebene an eine Kugel im Punkt P:

$$E: (\vec{x} - \vec{m}) * (\vec{p} - \vec{m}) = r^2 ; \quad \vec{x}, \vec{m}, \vec{p} \in \mathbb{R}^3$$

10.11 Typische Fehler

Nachfolgend werden typische Fehler, die immer wieder gemacht werden, angeführt. Für die meisten dürfte es nützlich sein, die Liste auf eigene Fehler zu durchforsten. Nachfolgend wird für die nicht erlaubten Umformungen das Zeichen ≠ benutzt. Hiermit ist gemeint, dass die angeführten Umformungen im Allgemeinen nicht gestattet sind. In Spezialfällen können sie natürlich gelten.

1) $\frac{2b-5}{b} \neq 2-5$

2) $\frac{1}{a}+\frac{1}{b} \neq \frac{1}{a+b}$

3) $a-(3+b) \neq a-3+b$

Skalarprodukt:

4) $\begin{pmatrix} 4 \\ 2 \end{pmatrix} * \begin{pmatrix} 3 \\ 5 \end{pmatrix} \neq \begin{pmatrix} 4*3 \\ 2*5 \end{pmatrix}$

Spezielle Fehler bei Determinanten:

5) $\det(A+B) \neq \det(A)+\det(B)$

6) $\det(2A) \neq 2*\det(A)$

Spezielle Fehler bei Matrizen:

7) $A*B \neq B*A$

8) $A*B-A*C \neq (B-C)*A$

9) $(A+B)^2 \neq A^2+2AB+B^2$

Im Folgenden werden Erläuterungen zu den Fehlern angeführt:

1) Auch die 5 muss durch b geteilt werden.
2) Brüche müssen zum Addieren auf den Hauptnenner gebracht werden, dann können die Zähler der Brüche addiert werden.
3) Beim Auflösen der Klammer ergibt sich „−b“.
4) Das richtige Ergebnis lautet: $4*3+2*5=22$
5) Die entsprechende Regel gilt nur für „*“ und nicht für „+“ oder „−“.
6) Es gilt $\det(2A)=2^n*\det(A)$, wobei A eine (n, n)-Matrix ist.
7) Die Matrizenmultiplikation ist nicht kommutativ.
8) A muss nach links ausgeklammert werden.
9) Die Binomischen Formeln gelten bei Matrizen nicht, weil die Multiplikation nicht kommutativ ist.

10.12 Mathematische Zeichen

Mengen:

$\mathbb{N}$	Menge der natürlichen Zahlen	{1,2,3,4,......}
$\mathbb{N}_0$	Menge der natürlichen Zahlen einschließlich der Null	{0,1,2,3,4,......}
$\mathbb{Z}$	Menge der ganzen Zahlen	{....-3,-2,-1,0,1,2,3,....}
$\mathbb{Q}$	Menge der rationalen Zahlen	Menge aller als Bruch ganzer Zahlen darstellbarer Zahlen (Ratio = Verhältnis).
$\mathbb{R}$	Menge der reellen Zahlen	zusätzlich zu $\mathbb{Q}$ sind auch alle irrationalen Zahlen (z.B. Π,e,$\sqrt{2}$) enthalten.
$\mathbb{R}^+$	Menge der positiven reellen Zahlen	Für die Elemente x dieser Menge muss gelten: $x \in \mathbb{R}$ und $x > 0$
$\mathbb{R}_0^+$	Menge der nichtnegativen reellen Zahlen	Für die Elemente x dieser Menge muss gelten: $x \in \mathbb{R}$ und $x \geq 0$
$\mathbb{C}$	Menge der komplexen Zahlen	zusätzlich zu $\mathbb{R}$ sind auch alle Wurzeln aus negativen Zahlen (imaginäre Zahlen) enthalten.

Logische Verknüpfungen

$\vee$ oder $\wedge$ und $\setminus$ ohne

Verknüpfungen von Mengen

$\cup$ vereinigt

$\cap$ geschnitten

$\in$ ist Element

$\subset$ ist Teilmenge

$\supset$ ist Obermenge (die zweitgenannte Menge ist in diesem Fall Teilmenge der ersten Menge)

Weitere Zeichen:

$\sum$ Summenzeichen

$\prod$ Produktzeichen

$*$ In diesem Buch verwendetes "mal" Zeichen

$\Rightarrow$ daraus folgt

$\Leftrightarrow$ Äquivalent (gleichbedeutend) (dieses Zeichen wird bei der Umformung von Gleichungen verwendet, wenn das "daraus folgt"($\Rightarrow$) in beide Richtungen, also auch "rückwärts", gilt.

$\neq$ ungleich

$\exists$ es existiert ein ...

$\forall$ es gilt für alle ...

10.13 Griechisches Alphabet

In der Mathematik werden häufig griechische Buchstaben verwendet Daher wird nachfolgend ein Überblick über das griechische Alphabet gegeben:

Klein	Groß	Name
α	A	Alpha
β	B	Beta
γ	Γ	Gamma
δ	Δ	Delta
ε	E	Epsilon
ζ	Z	Zeta
η	H	Eta
ϑ	Θ	Theta
ι	I	Jota
$\varkappa$	K	Kappa
λ	Λ	Lambda
μ	M	My
ν	N	Ny
ξ	Ξ	Xi
o	O	Omikron
π	Π	Pi
ρ	P	Rho
σ	Σ	Sigma
τ	T	Tau
υ	Υ	Ypsilon
φ	Φ	Phi
χ	X	Chi
ψ	Ψ	Psi
ω	Ω	Omega

Stichwortverzeichnis

H

I

K

Lehrbücher aus dem PD-Verlag (Stand Juli 2010):

Mathematik

Oberstufenmathematik leicht gemacht
Band 1: Differential- und Integralrechnung
6. Auflage, 270 S., ISBN 978-3-86707-166-6
Band 2: Lineare Algebra/Analytische Geometrie
5. Auflage, 318 S., ISBN 978-3-86707-265-6

Mathematik - anschaulich dargestellt - für Studierende der Wirtschaftswissenschaften, 14. Auflage, 400 S., ISBN 978-3-86707-014-0
Über den Stoff der Reihe „Oberstufenmathematik leicht gemacht“ hinaus sind folgende Bereiche in dem Buch behandelt:
Lineare Algebra: Inverse Matrizen, Rang, Laplacescher Entwicklungssatz, lineare Optimierung
Analysis im $\mathfrak{R}^n$: Partielle Ableitungen, Lagrangeverfahren, Ableitungsmatrizen, Mehrdimensionale Kettenregel, Totales Differential, Extremwerte im $\mathfrak{R}^n$
Differential- und Differenzengleichungen, Finanzmathematik

„Die geraffte Darstellung, die mit den schulmathematischen Kenntnissen (Mittelstufe) beginnt und bis zum Vordiplom führt, ist so anschaulich, dass innerhalb von 13 Monaten bereits die 4. Auflage des preiswerten Buches erscheinen konnte ...“

„Diese ausgezeichnete Darstellung sei nachdrücklich weiterhin empfohlen.“
ekz-Informationsdienst (Besprechung der 4. und 9. Auflage)

Mathematik in den Wirtschaftswissenschaften. Aufgabensammlung mit Lösungen
9. Auflage, 190 S., ISBN 978-3-86707-109-3
Über 160 grundlegende Klausuraufgaben mit ausführlichen Lösungsvorschlägen.

„ ... Da die Aufgaben größtenteils allgemein gehalten sind (nicht speziell auf Fragen der Ökonomie bezogen), ist das Buch auch für Schüler an Gymnasien und Fachoberschulen interessant ...“
ekz-Informationsdienst (Besprechung der 4. Auflage)

Fortsetzung auf der nächsten Seite